Verwaltung

Einführung in das Management von Organisationen

Von

Dr. Herbert Strunz

Wirtschaftsuniversität Wien

R. Oldenbourg Verlag München Wien

Die Manuskripterstellung erfolgte mit Förderung des Bundesministeriums für Wissenschaft und Forschung in Wien.

Die Deutsche Bibliothek – CIP-Einheitsaufnahme

Strunz, Herbert:
Verwaltung : Einführung in das Management von Organisationen / Herbert Strunz. – München ; Wien : Oldenbourg, 1993
ISBN 3-486-22563-4

Gesamtherstellung: Grafik + Druck, München

ISBN 3-486-22563-4

Vorwort

Verwaltung und Bürokratie zählen heute zu den wesentlichen Merkmalen der gesellschaftlichen, politischen und ökonomischen Gegebenheiten. Einerseits ist dies sicherlich nicht als positive Erscheinung zu werten; andererseits kann Verwaltung auch als notwendige und sinnvolle Tätigkeit gesehen werden, die aus dem menschlichen Zusammenleben resultiert und zur Lenkung und Beaufsichtigung der individuellen Leistungen dient. Durch Verwaltung sollen diese Leistungen auf bestimmte gemeinschaftliche Zwecke abgestimmt werden. Die darauf gerichteten Aktivitäten sind üblicherweise in Organisationen konzentriert. Deren Existenz und Wirken ist somit immer auch vor dem Hintergrund des Gemeinwohls zu sehen. In diesem Sinn ist Verwaltung als Management von Organisationen zu begreifen und erstreckt sich somit auf öffentliche und private Tätigkeit gleichermaßen. Dabei stellt sich die grundsätzliche Frage "Wie administrieren wir diese Welt?". Der Begriff "Administrieren" hat in diesem Zusammenhang durchaus positiven Charakter und meint die erfolgreiche Bewältigung der großen Probleme der heutigen Zeit. Als Beispiel sei der Umgang mit knappen Ressourcen genannt. Deutlich zeigt sich, daß derartige Fragen nicht mehr als rein wirtschaftliche zu betrachten sind; es geht vielmehr um die Lösung von Aufgaben der Gemeinschaft, die zum zentralen Problem wird.

Der Gang der Untersuchung sieht zunächst eine historische Analyse der Entwicklung der Verwaltung vor. Dabei zeigt sich, wie in der Vergangenheit diesbezügliche Aufgaben und Probleme in oft bemerkenswerter Weise bewältigt werden konnten. Zudem wird dadurch ermöglicht, Probleme der heutigen Zeit im Kontext der historischen Perspektive zu betrachten. Im Anschluß daran versucht eine begriffliche Analyse, den Terminus "Verwaltung" in seinen vielfältigen Aspekten und Dimensionen zu erörtern. Den einführenden Teil abschließend werden Organisationen als Gegenstand wissenschaftlicher Betrachtung thematisiert. Aufgrund des Umstandes, daß Organisationen als wichtige Zellen menschlichen Handelns in Erscheinung treten und gleichzeitig den Rahmen der vorliegenden Untersuchung bilden, sind die organisationsbezogenen Forschungsinteressen der einzelnen wissenschaftlichen Disziplinen im vorliegenden Zusammenhang relevant.

Anschließend wird der Versuch unternommen, verschiedene Typen von Organisationen zu differenzieren: Dabei werden öffentliche Verwaltungen, Verbände, öffentliche Unternehmen, Genossenschaften, private Unternehmen und private Haushalte voneinander abgegrenzt. Diese institutionelle Abgrenzung dient zur Beantwortung der Frage, inwieweit "Verwaltung" als Tätigkeit in den jeweiligen Organisationstypen relevant ist.

Im Anschluß daran werden die Elemente von Verwaltung im Sinne des Managements als zentrale Aufgabe in Organisationen im einzelnen dargestellt. Diese Elemente zeigen sich vor allem in Form von Funktionen: Führungsfunktionen, Sachfunktionen und Informationswesen erfassen die wesentlichen Aufgaben des Managements der zuvor differenzierten Organisationen. Die Untersuchung konzentriert sich dabei vor allem auf öffentliche Verwaltungen und private Organisationen. Über deren allgemeine

Berücksichtigung hinaus sind schließlich spezielle Fragen öffentlichen und privaten Managements Gegenstand des Interesses.

Abschließend werden ausgewählte Probleme als Herausforderungen moderner Verwaltung im umfassenden Sinn thematisiert. Zunächst wird dabei die Gestaltung der gesellschaftlichen und wirtschaftlichen Rahmenbedingungen, die für eine erfolgreiche Tätigkeit von Organisationen Voraussetzung sind, behandelt. Anschließend steht Umweltmanagement - als wichtige Aufgabe der heutigen Zeit - im Mittelpunkt der Untersuchung. Ein Bericht über eine empirische Erhebung zu jüngsten Bemühungen einer weitgreifenden Reform der öffentlichen Verwaltung in Österreich steht schließlich zur Diskussion.

Das vorliegende Buch ist gedacht als Einführung für alle an diesbezüglicher Orientierung Interessierten, etwa Studierende oder Praktiker. Deshalb hat sich der Autor auf eine überblicksartige Darstellung beschränkt und um leichte Lesbarkeit bemüht. Zahlreiche Übersichten sowie ein Index versuchen, dieses Vorhaben zu unterstützen. Bei der Auswahl der Literatur wurde - ebenfalls in diesem Sinn - darauf geachtet, hauptsächlich einführende Werke und Beiträge zu berücksichtigen und gleichzeitig die Anzahl der zitierten Quellen möglichst gering zu halten.

Herbert Strunz

Inhaltsverzeichnis

1. Einführung

Verwaltung und Bürokratie können zweifellos - wenngleich überwiegend im nicht positiven Sinn - als wesentliche Merkmale der gesellschaftlichen, politischen und ökonomischen Verhältnisse der Gegenwart betrachtet werden. Man spricht von der "verwalteten Welt" (Adorno 1958) und vom "verwalteten Individuum". Dabei liegt die Befürchtung nahe, daß die Menschheit mehr und mehr zum Objekt "totaler Verwaltung" werden könnte (Marcuse 1967, 26 ff.). Letztlich scheint die Prognose von Max Weber zuzutreffen, der in der fortschreitenden Bürokratisierung das Schicksal moderner Gesellschaften sah. Die gegenwärtige Entwicklung der Verwaltung ist jedenfalls gekennzeichnet durch ihre Ausbreitung und Verselbständigung sowie durch ihren Strukturwandel in Richtung der von Weber idealtypisch beschriebenen modernen Bürokratie (Mayntz 1963, 14).

Materiell kann Verwaltung begriffen werden als aus dem menschlichen Zusammenleben (dennoch) erforderliche Tätigkeit zur Lenkung und Beaufsichtigung der individuellen Leistungen. Diese Leistungen sollen durch Verwaltung auf die gemeinschaftlichen Aufgaben und Ziele oder auf bestimmte Zwecke abgestimmt werden (Sellien 1980, 1962).

Charakter und Auswirkungen der Verwaltung sind - wie oben beschrieben - allgemein betrachtet zwar häufig negativ besetzt; demgegenüber kann Verwaltung allerdings auch als notwendige und sinnvolle Tätigkeit aufgefaßt werden. Verwaltung bedeutet dann Management und ist in allen Arten von Organisationen und Bereichen menschlicher Tätigkeit relevant. Dabei stellt sich nicht zuletzt die grundsätzliche Frage "Wie administrieren wir diese Welt ?" In diesem Zusammenhang hat das Wort "Administrieren" positiven Charakter und meint die erfolgreiche Bewältigung der großen Probleme der Menschheit von heute. Diese sind - wie etwa der Umgang mit knappen Ressourcen - nicht mehr als rein wirtschaftliche Fragen zu betrachten; vielmehr wird dabei die Lösung von Gemeinschafts- und Versorgungsaufgaben zum zentralen Problem. Dies geht über primär privates Wirtschaften und die damit verbundene Befriedigung von individuellen Bedürfnissen weit hinaus.

Die Dimension von "Verwaltung" erstreckt sich somit auf öffentliche und private Tätigkeit gleichermaßen. Der wesentliche Aspekt dabei ist, daß diese üblicherweise in Organisationen konzentrierten Aktivitäten letztlich immer vor dem Hintergrund des Gemeinwohls zu betrachten sind. Dies ist auch der Leitgedanke des vorliegenden Buches. Dessen Ziel ist es, "Verwaltung" als Management von Organisationen zu analysieren und davon ausgehend Anregungen zur Lösung der diesbezüglichen Probleme anzubieten. Der Untersuchung von Differenzen und Gemeinsamkeiten des Managements öffentlicher und privater Organisationen wird dabei besonderes Augenmerk gewidmet.

Im einzelnen wird wie folgt vorgegangen: Kapitel 2 "Zur historischen Entwicklung der Verwaltung" versucht zu zeigen, wie in der Vergangenheit Aufgaben und Probleme von Management, Verwaltung und Organisation in oft bemerkenswerter Weise bewältigt wurden. Anhand illustrativer Beispiele aus staatlicher Verwaltung, Kultur und Wirtschaft zeigt sich, daß - meist mit vergleichsweise einfachen Mitteln - auch nach heutigen

Maßstäben überzeugende Leistungen erbracht wurden. Die Beschäftigung mit diesem in der Literatur häufig vernachläßigten Aspekt soll dazu beitragen, Verwaltung im Kontext der Zeit zu betrachten; nicht zuletzt dazu, gegenwärtige Probleme und Lösungen vor dem Hintergrund der historischen Perspektive beurteilen zu können.

In Kapitel 3 "Der Begriff 'Verwaltung'" erfolgt eine terminologische Analyse dieses vielschichtigen Begriffs mit seiner langen Tradition. Zunächst steht dessen Entstehung und sprachliche Bedeutung im Vordergrund. Die Ausprägungen und vielfältigen Inhalte des Terminus, der vor allem in Rechtswissenschaft, Betriebswirtschaftslehre und Soziologie Verwendung findet, stehen im Zentrum des Interesses. Dabei versteht das öffentliche Recht Verwaltung als Aufgabe im Rahmen des staatlichen Handelns sowie institutionell als Gesamtheit vollziehender Instanzen. Privatrecht wie Betriebswirtschaftslehre betrachten Verwaltung hauptsächlich funktional als leitende Aufgabe, die der Führung etwa von Unternehmen dient. Die Soziologie interpretiert Verwaltung im Sinne von "Bürokratie" und analysiert primär deren Auswirkungen auf den Ebenen der Organisation und der Gesellschaft. Die Bestandsaufnahme und Diskussion des Begriffs "Verwaltung" zeigt insbesondere, daß bisher diesbezüglich in keiner Weise ein inhaltlicher Konsens gefunden wurde. Dieser Umstand ist allerdings auch als aussagekräftiger Indikator für die Komplexität des Begriffs zu werten.

Kapitel 4 behandelt "Organisationen als Gegenstand wissenschaftlicher Betrachtung". Die moderne Gesellschaft ist letztlich als organisierte Gesellschaft zu verstehen. Organisationen bilden in diesem Rahmen die einzelnen Zellen des Handelns, etwa wirtschaftlicher Art. Öffentliche wie private Organisationen stehen nicht zuletzt deshalb im Mittelpunkt zahlreicher wissenschaftlicher Disziplinen. Da "Verwaltung" regelmäßig in Organisationen praktiziert wird, sind die organisationsbezogenen Forschungsinteressen dieser Disziplinen hier von unmittelbarer Relevanz. Ziel der Analyse ist es, die einzelnen Erkenntnisinteressen überblicksartig herauszuarbeiten, gegenüberzustellen und voneinander abzugrenzen. Dadurch wird die Vielfältigkeit organisationsrelevanter Aspekte fokussiert und die häufig anzutreffende Verwirrung eingegrenzt, die beim Verlassen enger fachlicher Grenzen üblicherweise auftritt.

In Kapitel 5 "Differenzierung von Organisationen" wird versucht, verschiedene Typen von Organisationen zu unterscheiden. Dies erfolgt vor dem Hintergrund der zahlreichen bereits existierenden Organisationstypologien. Der hier vorliegende Typologisierungsversuch geht davon aus, daß wirtschaftliches Handeln - durchaus im weiteren Sinn verstanden - als primärer Zweck moderner Organisationen gesehen werden kann. Demgemäß erfolgt auch die Auswahl der Kriterien zur Unterscheidung der Organisationstypen wie folgt: öffentliche Verwaltungen, Verbände, öffentliche Unternehmen, Genossenschaften, private Unternehmen und private Haushalte. Sie werden anhand der gewählten Unterscheidungskriterien schließlich überblicksartig voneinander abgegrenzt. Diese institutionelle Abgrenzung dient als Basis für die Frage, inwieweit "Verwaltung" als Tätigkeit in den einzelnen Organisationstypen von Relevanz ist.

Kapitel 6 "Verwaltung als Management von Organisationen" geht davon aus, daß "Verwaltung" als Funktion im Sinne von Management - verstanden als zentrale Aufgabe in

Organisationen - gesehen werden kann. "Verwaltung" in institutioneller Hinsicht meint hingegen vor allem Großorganisationen. Beispiele dafür wären öffentliche Verwaltungen und große private Organisationen, wie etwa private Unternehmen. In der Folge konzentriert sich die Untersuchung auch auf diese Organisationstypen, insbesondere in Form von Gegenüberstellung und Vergleich in Hinblick auf Gemeinsamkeiten und Unterschiede. Dieser Umstand wird bei der Darstellung der einzelnen Elemente von Verwaltung berücksichtigt. Die Elemente stellen sich vor allem in Form von Funktionen dar - konkret Führungsfunktionen, Sachfunktionen und Informationswesen. Damit sind die wesentlichen Aufgaben des Managements von Organisationen erfaßt, wobei diese Darstellung die wesentlichen Inhalte der jeweiligen Funktion umreißt, deren Hauptprobleme aufzeigt und versucht, davon ausgehend Vorschläge zu deren Lösung anzubieten.

Kapitel 7 "Ausgewählte Probleme öffentlichen und privaten Managements" hat das Ziel, wichtige - in Kapitel 6 bereits angedeutete - Unterschiede des Managements öffentlicher und privater Organisationen detaillierter zu behandeln. In diesem Rahmen sind etwa Fragen des strategischen Managements, wie Unterschiede zwischen öffentlichen Aufgaben und privaten Zielen oder der Steuerung öffentlicher und privater Organisationen, Gegenstand des Interesses; aber auch Probleme des operativen Managements, wie etwa die Auswahl anzubietender Leistungen in öffentlichen und privaten Organisationen oder die Unterschiedlichkeit öffentlichen und kaufmännischen Rechnungswesens.

Kapitel 8 "Herausforderungen an moderne Verwaltung" versucht, ausgewählte Probleme heutiger Administration - verstanden im umfassenden Sinn - zu skizzieren und ebenfalls auf Lösungsvorschläge hinzuweisen. Zunächst stehen die Anforderungen an ein effizientes "Makro-Management" im Vordergrund. Gemeint ist damit die Gestaltung der gesellschaftlichen und insbesondere wirtschaftlichen Rahmenbedingungen, die für eine erfolgreiche Tätigkeit von Organisationen Voraussetzung sind. Erst aufgrund einer entsprechenden Gestaltung der Rahmenbedingungen sind Organisationen nämlich in der Lage, ihre gesellschaftlichen Aufgaben in befriedigender Weise zu erfüllen. Anschließend wird Umweltmanagement als wichtiger Faktor der heutigen Zeit thematisiert. Dabei wird einerseits auf die Möglichkeiten entsprechender Steuerung seitens des Staates, etwa mit Hilfe von Umweltrecht und Umweltpolitik, hingewiesen; andererseits interessieren die vielfältigen Möglichkeiten von Unternehmen, betrieblichen Umweltschutz als wesentliches Ziel wahrzunehmen. Letztlich bieten - insbesondere bei produzierenden Wirtschaftsunternehmen - alle betrieblichen Bereiche und Aufgaben die Chance, Umweltschutz in aktiver Weise zu verwirklichen. Schließlich steht eine empirische Erhebung zu jüngsten Bemühungen einer umfassenden Reform öffentlicher Verwaltungen am Beispiel Österreichs zur Diskussion. Das diesbezügliche Reformprojekt wird dabei von Mitarbeitern des öffentlichen Dienstes evaluiert. Dabei zeigt sich vielfach Selbstkritik, die in konstruktiven, auf überwiegend umfassender beruflicher Erfahrung beruhenden Vorschlägen zu nachhaltigen Verbesserungen mündet.

2. Zur historischen Entwicklung der Verwaltung

Trotz der häufigen Konfrontation des Menschen mit Verwaltung und trotz vielfältiger Bemühungen von Wissenschaft und Praxis zur Lösung der immer größer werdenden diesbezüglichen Probleme wird nur selten darauf geachtet, wie in der Vergangenheit Aufgaben und Probleme in Management, Verwaltung und Organisation - in oft bemerkenswerter Weise - gelöst wurden.

Letztlich gibt es auch nur wenige Publikationen, die historische Vorgänge unter diesem Gesichtspunkt behandeln. Über gewisse verwaltungsspezifische Bezüge hinaus gibt es kaum ein Werk, das eine umfassende Darstellung anbietet (vgl. dazu vor allem George 1972).

Ein Blick auf die historische Entwicklung der Verwaltung ist im Rahmen einer Darstellung zum gegenständlichen Thema jedenfalls interessant und wichtig gleichermaßen. Deshalb sollen eingangs zumindest einige der hervorragendsten Leistungen in Management und Verwaltung anhand von Beispielen skizziert werden.

Interessant erscheinen vor allem folgende Beispiele, die auch nach heutigen Maßstäben als bemerkenswerte Leistungen gesehen werden können (Strunz 1988):

- Der Bau der Pyramiden in Ägypten
- Die Organisation der Olympischen Spiele im antiken Griechenland
- Die Verwaltung des Römischen Weltreiches
- Die Organisation des weltweiten Netzwerkes der römisch-katholischen Kirche
- Die Verwaltung der Fürstenreiche im Europa des 15. bis 17. Jahrhunderts
- Die Entstehung der Macht des Handelskapitals
- Die Militär am Beispiel der preußischen Heeresverwaltung
- Der Aufstieg des industriellen Kapitalismus.

Im Anschluß an diese kurzen Fallstudien zur Praxis der Verwaltung wird auf wichtige Ansätze zur Theorie der Verwaltung eingegangen. Dabei werden der Bürokratieansatz von Max Weber und der Ansatz der anglo-amerikanischen Managementlehre behandelt. Schließlich wird versucht, die gewonnenen Erkenntnisse zu verallgemeinern und Hypothesen als Basis für die weitere Arbeit zu formulieren.

2.1. Fallstudien zur Praxis der Verwaltung

2.1.1. Der Bau der Pyramiden in Ägypten

Versucht man, interessante Fallstudien auszuwählen, so zeigt sich, daß Organisations- und Verwaltungsprobleme in den meisten Kulturen zuerst von staatlicher Verwaltung, Militär und Kirche aufgegriffen wurden. Eine der ältesten Quellen mit organisatorischem Inhalt stammt aus Ägypten. Besonders große organisatorische Probleme resultierten dort aus dem Bau der Pyramiden. Zwar gibt es davon nur wenige Überlieferungen, diese halten jedoch die organisatorischen Regeln, die sich im Zuge der Bewältigung der Probleme ergaben, in interessanter Weise fest. So lassen sich Aufzeichnungen über die Notwendigkeit eines hierarchischen Leitungssystems, die Durchführung von Planung und Kontrolle und das Anlegen von Akten nachweisen. Bezüglich der technischen Vorgänge beim Bau der Pyramiden gibt es kaum Aufzeichnungen. Allerdings können aus den Bauten selbst und aus diversen Anmerkungen durchaus Rückschlüsse gezogen werden (Breasted 1936, Edwards 1947, Grinsell 1947, Legrand 1948, Kozinski 1969, Strunz 1988, 9 ff.)

In der Gegend von Kairo sind die Spuren von 67 Pyramiden nachweisbar. Jede dieser Pyramiden war als Grabmal eines Königs bestimmt, einige kleinere für Mitglieder der königlichen Familie. Der Brauch, Pyramiden zu errichten, bestand nur im alten und mittleren Reich, bis etwa 2000 v. Chr. Die beiden größten und berühmtesten Pyramiden sind die des Cheops und des Chephren aus der 4. Dynastie (2700 - 2550 v. Chr.). Auf diese Pyramiden beziehen sich auch die folgenden Ausführungen.

Die Zeit während der Herrschaft der 4. Dynastie war gekennzeichnet durch ein mächtiges Königtum und ein gut geführtes Staatswesen. Da es kaum zu kriegerischen Auseinandersetzungen kam, konnten die Humanressourcen des Landes für die aufwendigen Bauarbeiten herangezogen werden. Diese Arbeiten können als technische und organisatorische Höchstleistung gesehen werden.

Die Leitung des Pyramidenbaus erfolgte in Kooperation zwischen Architekten, Bauleitung, Priestern und dem König selbst, der aktiv in die Bauleitung involviert war. Neben den leitenden Funktionen wurden vier Gruppen von Ausführenden unterschieden:

- Ein Stab von Architekten, Spezialisten für Vermessung, Schreibern und Angehörigen unterstützender Berufe (z.B. Bäcker, Weber, Töpfer, Werkzeugmacher)

- Die Arbeiter an der Baustelle, wie z.B. Steinmetze und Bildhauer, die direkt an der Pyramide arbeiteten (diese Gruppe umfaßte nach Schätzungen ca. 4.000 Mann)

- Die Arbeiter in den Steinbrüchen, die mit der Materialgewinnung befaßt waren

- Transportarbeiter.

Die verbreitete These von der Sklavenarbeit beim Pyramidenbau kann als umstritten bezeichnet werden: Arbeitskräfte waren relativ leicht zu verpflichten, da der Staat in der durch die Überschwemmungen bedingten arbeitslosen Zeit für die Arbeit beim Bau Unterkunft, Verpflegung und Entlohnung gewährleistete. Gemäß einer überlieferten Bemerkung von Herodot arbeiteten ca. 100.000 Mann regelmäßig während der dreimonatigen Zeit der Überschwemmung an den Bauten. Besonders die Rekrutierung und der Unterhalt der Mannschaften während dieser Periode stellten hohe organisatorische Anforderungen. In der übrigen Zeit dürften nur die Steinbruchsarbeiter und die Handwerker an den Pyramiden tätig gewesen sein.

Der Transport des Materials aus den Steinbrüchen in der ägyptischen Wüste erfolgte mittels Eselskarawanen bzw. mit Hilfe von Rollen und Schlitten über Gleitbalken oder Schlammbahnen, gezogen von Menschen und Rindern. Von den Ausladeplätzen und den lokalen Steinbrüchen wurden die Steine auf flachen, rampenartigen Transportwegen direkt zur Baustelle befördert.

Über den technischen Ablauf des Baus gibt es nur wenige Quellen. Herodot verweist hier auf eine riesige Steinrampe mit äußerst flachem Neigungswinkel, die mit zunehmender Höhe der Pyramide zur Materialbeförderung errichtet wurde. Der Bau dieser Rampe soll insgesamt 10 Jahre in Anspruch genommen haben. Mittels Hebewerkzeuge wurden die Baumaterialien von der Rampe aus auf die einzelnen Stufen der Pyramide befördert.

Der Schwierigkeitsgrad der Organisation der eigentlichen Bauarbeiten zeigt sich daran, daß während der Bauzeit von 20 Jahren insgesamt etwa 2,3 Millionen Steinblöcke verbaut wurden. Dies bedeutet, daß jährlich 115.000 Blöcke mit einem Gewicht von je zweieinhalb Tonnen versetzt wurden. Bei einer Gesamtarbeiterzahl von 100.000 Mann hatte jede der Gruppen zu ca. 8 Personen in den drei Monaten jährlicher Arbeitszeit den Transport von 10 Blöcken zu bewältigen.

Die außerordentlich große Anzahl der eingesetzten Arbeiter stellte hohe Anforderungen an Organisation und Personalverwaltung. Diese Aufgaben wurden weitgehend von Militärs wahrgenommen. Die vorhandenen Quellen geben aufschlußreiche Informationen über die straffe Gliederung des Militärs. Dabei zeigt sich eine der heute üblichen Gliederung in Gruppen durchaus ähnliche Form: Einheitsgrößen, Kontrollspannen und hierarchisch gestaffelte Dienstgrade entsprechen bereits Erkenntnissen, die den Stand des Wissens um einige Jahrtausende vorwegnehmen. Nicht nur die militärischen Einheiten, sondern auch die Arbeiter wurden nach diesen Prinzipien organisiert.

Hohe Ansprüche an das Transportwesen stellten die Lage der Steinbrüche und die Unterschiedlichkeit der Materialien. Die Materialgewinnung erfolgte in lokalen Steinbrüchen nahe der Baustelle, in der Wüste und im Gebiet des Sinai. Die logistische Schwierigkeit, die richtigen Materialien zur richtigen Zeit am richtigen Ort bereitzustellen, das heißt insbesondere die Sicherstellung der ständigen Materialzufuhr zur Baustelle, erforderte ein Höchstmaß an organisatorischen Leistungen.

Beim Materialtransport standen die Möglichkeiten des See- bzw. Flußtransports und des Landtransports zur Verfügung. Transportflotten, die unter dem Kommando von Expeditionsleitern standen, brachten die Materialien aus entfernteren, über Wasserwege erreichbaren Gebieten über die Kanäle vom Nil bis zu Entladestellen nahe der Baustellen.

Aus den Quellenangaben lassen sich Rückschlüsse auf den gesamten Aufwand an Ressourcen und auf die Schwierigkeiten der Organisation ziehen. Insbesondere das Versorgungswesen im weitesten Sinn stellte höchste Anforderungen an die Verwaltungs- und Organisationsleistungen. Der Erfolg der Leistungen von Management und Ausführenden wird dadurch bestätigt, daß die einzelnen Bauprojekte normalerweise auch fertiggestellt wurden.

2.1.2. Die Organisation der Olympischen Spiele im antiken Griechenland

Die Olympischen Spiele im antiken Griechenland wurden alle vier Jahre zu Ehren des Zeus abgehalten und fanden bis zu ihrem Verbot durch den römischen Kaiser Theodosius 394 n. Chr. insgesamt über dreihundert Mal statt. Quellen mit genaueren Angaben über Organisation und Ablauf der Spiele gibt es - abgesehen von wenigen Inschriften bzw. Überlieferungen von Zeitgenossen (z.B. Herodot) - kaum (Krause 1972; Strunz 1988, 12 ff.).

Mit der Vorbereitung und Durchführung der Spiele war ein Organisationskomitee betraut, das folgende Aufgaben wahrzunehmen hatte: Festsetzung der Festspielzeit, Verkündung der Waffenruhe sowie der Unverletzlichkeit des Festes und der zum Fest Reisenden. Aufgabe des Organisationskomitees dürfte auch die Errichtung und Instandhaltung der Olympischen Anlagen gewesen sein. Diese bestanden neben dem Stadion selbst vor allem aus dem Gymnasion und den dazugehörigen Sportstätten sowie zahlreichen Tempeln.

Nur weniges ist auch überliefert über die Finanzierung der Spiele. Insbesondere drei Varianten werden dabei erwähnt: das Anlegen von Fonds durch die Herrscher, Spenden fremder Fürsten und Machthaber, die am Zustandekommen der Spiele interessiert waren, und schließlich die Initiative einzelner Wohlhabender.

Eine wesentliche Aufgabe des Organisationskomitees war die Bestellung der Kampfrichter, eine Kommission, die ein Jahr vor Beginn der Spiele ernannt wurde. Die Aufgabe der sorgfältig ausgebildeten und vereidigten Kampfrichter bestand in der Entgegennahme der Anmeldungen der Athleten, der Prüfung der geforderten Voraussetzungen, des Anlegens eines Verzeichnisses der Teilnehmer und Disziplinen (z.B. Laufdisziplinen, Fünfkampf).

Unter Leitung und Aufsicht der Kampfrichter fand auch die Vorbereitung der Athleten im Gymnasion am Ort der Spiele statt. In die Kompetenz der Kampfrichter fiel weiters die Eröffnung der Spiele und die Festlegung des Rahmenprogramms (z.B. Vorträge). Die Spiele selbst wurden nach erfolgter Vereidigung der Athleten und deren Vorstellung sowie der Auslosung der Kampfgegner eröffnet. Den Kampfrichtern oblag die Abwicklung der Kampfhandlungen und die Aufsicht über die Einhaltung der Vorschriften sowie die Schlichtung von Zwistigkeiten, die Zuerkennung des Sieges und die Verteilung der Preise. Bei Abwicklung der Spiele hatten die Kampfrichter auf die Einhaltung der Regeln zu achten und gegebenenfalls Sanktionen vorzunehmen.

Für die Sieger der Wettkämpfe waren folgende Ehrungen vorgesehen: Eintragung in die öffentlichen Siegerverzeichnisse, Preise, feierlicher Einzug in die Vaterstadt, Ehrenplätze bei öffentlichen Schauspielen, Befreiung von öffentlichen Lasten und freie Verköstigung in Athen.

Betrachtet man die Teilnehmer an den Spielen im allgemeinen, lassen sich drei Kategorien unterscheiden: Neben den Athleten vor allem jene Personen, die im Zusammenhang mit den Spielen kommerzielle Zwecke verfolgten, und schließlich die Zuschauer, meist

Wohlhabende (z.B. Politiker, Künstler), da die Aufbringung der Reisekosten für weniger Begüterte kaum möglich war.

Im Stadion war für Sitzgelegenheiten gesorgt. Es gab abgegrenzte Sektoren für verschiedene Zuschauergruppen (z.B. alle Zuschauer eines bestimmten Staates) sowie Ehrenplätze für Würdenträger.

Berichtet wird auch von einer Art Infrastruktur: So wurden Zelte an Fremde vermietet, Speisehäuser und als Vergnügungsplätze bestimmte Häuser waren ebenso vorgesehen wie Schlafhäuser und Einrichtungen, in denen Kaufleute ihre Waren anboten. Mit den Spielen war darüber hinaus meist eine Messe oder ein Jahrmarkt verbunden.

Der gewöhnlich große Wassermangel wurde (allerdings erst in späterer Zeit) durch den Bau einer Wasserleitung behoben.

Im Laufe der Zeit verzeichnete der Sport durch die wachsende Anzahl der überregionalen Spiele einen enormen Aufschwung. Die Athleten entfernten sich allmählich vom Amateurstatus, da sportliche Siege von der Heimatstadt großzügig honoriert wurden. Schließlich zogen die Athleten mit ihren Trainern von einem gewinnträchtigen Wettkampf zum nächsten.

Erst 1.500 Jahre nach den letzten antiken olympischen Spielen regte Pierre Coubertin 1894 die Erneuerung der Veranstaltung an. Ein internationales olympisches Komitee (IOC) wurde gebildet, Griechenland erhielt den Auftrag, die ersten Olympischen Spiele der Neuzeit 1896 in Athen zu veranstalten.

An verschiedenen Orten der Welt fanden seither 24 Sommerolympiaden und 15 Winterspiele statt. Der eigentliche organisatorische Träger der Spiele ist das IOC, das seine Mitglieder aus den betreffenden Ländern wählt. Diese treten allerdings nicht als Vertreter der Länder oder der jeweiligen nationalen olympischen Komitees (NOC) auf, sondern als Vertreter des IOC im betreffenden Land.

Als Beispiel für die Größenordnung der heutigen olympischen Spiele sei die Sommerolympiade 1972 in München genannt. 122 Nationen mit über 10.000 aktiven Athleten nahmen teil, begleitet und betreut von mehreren tausend Offiziellen. Darüber hinaus fungierten etwa 6.000 Journalisten der Presse und etwa die gleiche Zahl Mitarbeiter und Techniker der elektronischen Medien. Zu verzeichnen waren über eine Million Besucher und ca. eine Milliarde Zuschauer am Fernsehschirm. In Verbindung mit dem baulichen und organisatorischen Aufwand zur Durchführung können die Olympischen Spiele heute durchaus als die größten Veranstaltungen der Welt bezeichnet werden.

2.1.3. Die Verwaltung des Römischen Weltreiches

Besonders hohe Anforderungen an die Verwaltung und Organisation des Staates stellte der Aufbau und die Aufrechterhaltung des Römischen Weltreiches. Die folgenden

Ausführungen beziehen sich vor allem auf den Zeitraum um das 1. Jahrhundert v. Chr., jener Periode in der das Reich seine größte Macht und Ausdehnung erfuhr (Nack/Wägner 1976; Strunz 1988, 14 ff.).

Die Bevölkerung jener Zeit gliederte sich in Klassen mit unterschiedlichen Rechten. Freien, vollberechtigten Bürgern standen halbfreie Bürger und unfreie, rechtlose Sklaven gegenüber. Ohne Bürgerrechte, allerdings im Status von Bundesgenossen waren die auf italienischem Gebiet unterworfenen Gemeinden. Diese verfügten über eine eigene Verwaltung und Gerichtsbarkeit sowie über ein Heer, das im Kriegsfall Rom zur Verfügung zu stellen war.

Die Staatsgewalt war zur Zeit der Republik zwischen Volk, Senat und den Magistraten etwa gleich verteilt. Das Volk besaß höchste Macht und souveräne Gewalt, die in Volkversammlungen ausgeübt wurde. Die Volksversammlung wandelte mehrfach ihre Form. Grundsätzlich diente sie zur Wahl der Könige, zur Erlassung von Beschlüssen über Krieg und Frieden, zur Wahl höherer Beamten, als Instanz zur Berufung in politischen Prozessen und zur Abfassung von Beschlüssen über Verträge und Bündnisse. Die Beschlüsse der Versammlungen unterlagen der Bestätigung durch den Senat. Nach dessen Bestätigung erfolgte die Veröffentlichung der Beschlüsse.

Der Senat fungierte als beratende Körperschaft des obersten Magistrates. In die Befugnisse des Senats fielen neben der Verifizierung der Beschlüsse der Volksversammlungen auch Kultwesen, Finanzverwaltung (Entscheidung über Einnahmen und Ausgaben von Staatsgeldern, Verpachtungen und Angelegenheiten im Zusammenhang mit den Steuerpächtern), Aufsicht über die Beamten, auswärtige Angelegenheiten (völkerrechtliche Beziehungen und diplomatischer Verkehr), Verfügungen bei Kriegsausbruch (Ernennung der Feldherren, Mobilisierung der Legionen) sowie das Verfügungsrecht über die Provinzen.

Neben Volk und Senat war der Magistrat Träger der Amtsgewalt. Die vom Volk gewählten Beamten nahmen ihre Ämter als Ehrenämter wahr. Nach dem Prinzip der Kollegialität wurden alle Ämter von einem Kollegium von zwei oder mehreren gleichberechtigten Beamten, deren Funktionsperiode auf ein Jahr beschränkt war, ausgeübt. Die Bewerber für Ehrenämter mußten keinen speziellen Nachweis ihrer Befähigung erbringen. Sie wurden bei der Ausübung ihres Amtes durch gut ausgebildetes, bezahltes Kanzleipersonal unterstützt. Die Folge der Ehrenämter führte vom Quästor über den Tribun und Prätor zum Konsul.

An der Spitze des Staates standen zwei Konsuln. Ihre Aufgaben bestanden darin, Senat und Volksversammlung einzuberufen und deren Beschlüsse zu vollstrecken. Im Kriegsfall führten die Konsuln den Oberbefehl über die Truppen. In kritischen Zeiten bestand für die Konsuln die Möglichkeit, mit Zustimmung des Senats einen Diktator einzusetzen, der als höchster außerordentlicher Beamter mit unumschränkter militärischer und ziviler Gewalt ausgestattet wurde und nicht rechenschaftspflichtig war.

Die höchsten richterlichen Beamten (Prätoren) konnten auch zur Vertretung von Konsuln herangezogen werden. Nach Ablauf ihres Amtes im richterlichen Dienst erhielten sie in der Regel die Position des Statthalters einer Provinz mit voller militärischer und richterlicher Gewalt. Das Rechtswesen im Römischen Reich war durch einen hohen Entwicklungsstand gekennzeichnet. Unterschieden wurden Privatrecht und öffentliches Recht. Das Privatrecht war höher entwickelt als das öffentliche Recht. Es umfaßte die Gebiete Sachenrecht, Obligationenrecht, Familienrecht und Erbrecht. Im Prozeßverfahren ging die Anklage vom Bürger aus, zur Rechtsprechung waren zunächst die Konsuln, später die Prätoren befugt. In besonderen Fällen wurden außerordentliche Kommissionen berufen, die sich zu Gerichten mit ständigen Geschworenen entwickelten. Hoch entwickelt war auch das Römische Völkerrecht, was nicht zuletzt durch zahlreiche Verträge mit fremden Völkern bewiesen ist.

Alle fünf Jahre wurden Schätzungen des Vermögens des Volkes durch Zensoren vorgenommen. Diese Schätzungen bildeten die Grundlage für die Festsetzung der Leistungen (insbesondere Abgaben) und Rechte der Bürger. Zu den Aufgaben der Zensoren gehörte neben der Vermögensschätzung und der Volkszählung auch die Erstellung von Vorschlägen für folgende Angelegenheiten des Gemeinwesens: Ergänzung des Senats, Verwaltung des Staatsschatzes, Verpachtung der Staatseinkommen und Staatsländereien sowie das öffentliche Bauwesen.

Das insbesondere für die Schaffung einer leistungsfähigen Infrastruktur wichtige öffentliche Bauwesen umfaßte die Errichtung und Instandhaltung öffentlicher Bauten, Straßen und Anlagen. Die Bedeutung dieses Amtes zeigt sich besonders am Beispiel des Straßenbaus. Dieser war aufgrund der wirtschaftlichen und kriegerischen Aktivitäten des Römischen Reichs außerordentlich wichtig. Vor allem ein gut ausgebautes Netz von Fernstraßen sollte rasche Truppenbewegungen ermöglichen und darüber hinaus auch dem Handel und Nachrichtenwesen dienen. Für die Instandhaltung der gut befestigten Straßen waren eigene Straßenmeister verantwortlich. Stationen etwa für den Wechsel der Pferde und zur Übernachtung waren in regelmäßigen Abständen eingerichtet. Ein ebenso bemerkenswertes Beispiel für hervorragende bauliche und organisatorische Leistungen ist die Errichtung zahlreicher Wasserleitungen.

In der Kompetenz der Ädilen standen die Agenden der Polizei, die Aufsicht über Markt und Verkehr, die Feuerwachen, die Vorbereitung der Spiele, die Versorgung mit Getreide und dessen Verteilung sowie die Überwachung von Maßen, Gewichten und Lebensmittel im allgemeinen.

Die Finanzverwaltung oblag den Quästoren und stand unter der Oberleitung des Senats. Dieser entschied vor allem über die Ausgaben auf den Gebieten des öffentlichen Bauwesens und des Militärwesens. Die Quästoren führten die Zahlungen und die Rechnungslegung sowie die Verwaltung des Staatsschatzes durch. Eine wesentliche Aufgabe der Quästoren bestand zudem in der Überwachung des Eingangs der Abgaben. Bezüglich des Finanzwesens des Römischen Staates wurde unterschieden zwischen ordentlichen Einnahmen (z.B. Pachtgelder, Steuern aus Kapital und Erwerb, Zölle), außerordentlichen Einnahmen (z.B. Erlöse aus dem Verkauf von Kriegsbeute) und Staatsausgaben (z.B. Kosten des Militärs, Gehälter der Beamten).

Die Volkstribunen waren mit Immunität ausgestattet und konnten aufgrund ihres Vetorechts gegen administrative Maßnahmen der Beamten und Beschlüsse von Senat und Volksversammlung Einspruch erheben.

Bezüglich der Verwaltung des Staates wurden Gebiete mit verschiedenem Status unterschieden: Rom war Hauptstadt, die italienischen Städte hatten aus historischen Gründen eine ungleiche rechtliche Stellung. Den Status von Munizipien hielten die mit unterschiedlichen Rechten ausgestatteten autonomen Gemeinden Latiums, die über eigene Magistrate, Gemeinderäte und Verwaltungen verfügten. Darüber hinaus gab es Gemeinden, die zur Hauptstadt Rom in einem besonderen Verhältnis hinsichtlich des gemeinsamen Bündnisses und der daraus resultierenden Rechte standen. Zur Sicherung der eroberten Gebiete wurden Kolonien angelegt. Die Verfassung und Verwaltung der Kolonien wurden nach dem Muster der Hauptstadt Rom eingerichtet. Die Rekrutierung des in den Kolonien tätigen administrativen Personals erfolgte aufgrund freiwilliger Meldungen oder militärischer Rekrutierung. Provinzen wurden von siegreichen Feldherren und von einer Senatskommission errichtet, als steuerpflichtiges Staatseigentum erklärt und in Steuerbezirke und Gerichtssprengel geteilt. Die Verwaltung der Provinzen oblag Prätoren, die über die höchste militärische und richterliche Gewalt verfügten. Die operative Verwaltung war nach dem städtischen System ausgerichtet, einzelne Provinzen verfügten zur Beratung über Landtage als übergeordnete Gremien.

Grundlage für die große Macht und Ausdehnung des Römischen Imperiums war ein hervorragend organisiertes Heerwesen. Der Kern des Heeres wurde durch die Infanterie begründet, die in Legionen gegliedert war. Eine Legion hatte ihren Standort in einem befestigten Lager und war einem Legionskommandanten unterstellt. Die Zusammensetzung einer Legion war nach Funktionen gegliedert und umfaßte insgesamt ca. 11.500 Mann. Dazu kamen entsprechendes Gerät und etwa 2.500 Pferde und Lasttiere. In der Blüte des Reichs war das Militär als Berufsheer organisiert. Die Rekrutierung erfolgte nicht aufgrund der Ergebnisse der Volkszählung, sondern über den Weg der freiwilligen Meldung. Dadurch wurde im Gegensatz zu früheren Zeiten - in denen sich die Soldaten selbst ausrüsten mußten - auch Bürgern ohne Besitz und Beruf der Zugang zum Heer möglich. Durch den durchschnittlich mehrere Jahrzehnte ausgeübten Dienst im Berufsheer entwickelte sich das Soldatentum allmählich zu einem eigenen Berufsstand. Die Soldaten erhielten Sold, anteilige Kriegsbeute und bei Ausscheiden aus dem Heer eine staatliche Versorgung in Form von Landzuteilung.

In späteren Zeiten verfügte das Römische Reich auch über Flotten zur Sicherung des Reiches und zum Schutz des Handels. Die Flotten bestanden aus Kriegsschiffen und Transportschiffen. Die Kriegsschiffe waren mit etwa 450 Personen, davon rund 120 Legionäre, ausgerüstet.

Den Oberbefehl über das Heer führten Konsuln. Die strategische, taktische und operative Führung des Heeres wurde von einem großen Offiziers- und Unteroffizierskorps wahrgenommen.

2.1.4. Die Kirche als Weltorganisation

Hinter allen bedeutenden Religionen stehen religiöse Organisationen verschiedenster Art. Aufgrund des Umfangs der zu behandelnden Materie ist auch im Rahmen einer Betrachtung vom Standpunkt der Organisation und Verwaltung eine schwerpunktartige Behandlung notwendig. Im folgenden wird daher nur auf die christliche Kirche eingegangen (May 1969; Strunz 1988, 19 ff.).

Mayntz (1963, 10) bezeichnet die christliche Kirche als eine von Beginn an voll ausgebildete, differenzierte und sogar in mancher Hinsicht bürokratisierte Organisation und sieht in der kirchlichen Verwaltung das vielleicht stabilste durchgehende Ordnungssystem.

Die Kirche war über weite Strecken ihrer Geschichte gekennzeichnet durch weltliche und geistliche Autorität, die vor allem zu beträchtlicher politischer Macht führte. Darüber hinaus nahm die Kirche Aufgaben als Kulturträger, Bildungsmonopolist, Bauherr, Kunstmäzen sowie karitative Aufgaben wahr. Die Ausübung dieser Funktionen wurde oft durch die wirtschaftliche Autonomie der Kirche infolge umfangreichen Grundbesitzes ermöglicht.

Als Beispiel für die Organisation der Kirche wird in der Folge die römisch-katholische Kirche herangezogen. Deren Organisation ist durch eine strikte hierarchische Ordnung gekennzeichnet, die unter der zentralistischen Leitung des Papstes steht. In bezug auf die Ausübung der Ämter werden Hirtengewalt und Weihegewalt unterschieden. Die Hirtengewalt besteht aus hoheitlicher und einfacher Gewalt. Die hoheitliche Hirtengewalt beinhaltet Kompetenzen in Gesetzgebung, Rechtsprechung und Verwaltung. Normalerweise bedeutet dies, daß der Träger der hoheitlichen Gewalt die Befugnisse der Gesetzgebung selbst wahrnimmt, während jene der Rechtsprechung und Verwaltung delegiert werden. Die einfache Hirtengewalt sieht die Leitung kleinerer kirchlicher Gemeinschaften unter Verzicht auf die hoheitliche Gewalt vor.

Weiters zu unterscheiden sind Territorialprinzip und Personalprinzip. Nach dem Territorialprinzip stehen die Organisationsformen im Bereich der ordentlichen Kirchenverfassung (Kirchenprovinz, Bistum, Dekanat, Pfarre) und im Missionsgebiet nebeneinander. Das Personalprinzip unterscheidet als Organisationsformen Nationalpfarren, Sprachpfarren und Personalpfarren sowie die überwiegend autonomen klösterlichen Verbände, die wiederum zentralistisch oder föderalistisch organisiert sein können.

Der Papst besitzt die höchste Leitungsgewalt über die Gesamtkirche. Der Papst wird vertreten und beraten von den Kardinälen. Die in Rom ansässigen Kardinäle bilden die bedeutende römische Kurie, die sich wiederum in Kongregationen, Ämter, Räte, Kommissionen und Gerichtshöfe gliedert. Gesandte werden zur Beobachtung und Regelung kirchlicher Verhältnisse und zur Pflege diplomatischer Beziehungen zu fremden Staaten entsandt. Diese Form von Zentralismus läßt sich am Beispiel des Papstes Sixtus V. (1585 - 1590) anschaulich illustrieren: Er ordnete die zentralen Aufgaben 15 Kardinalskongregationen zu, die die kath. Kirche in der Art von Ministerien mit genau definierten Arbeitsbereichen und Kompetenzen zu leiten und zu beaufsichtigen hatten. Ein Berichtswesen wurde in der Art aufgebaut, daß jeder Bischof in Abständen von 5 Jahren einen umfassenden Bericht über seine Diözese vorzulegen hatte. Visitatoren mit umfassenden Vollmachten wurden zur Kontrolle der Verhältnisse in einzelne Länder entsandt. Ihre Informationen beeinflußten vor allem die kirchliche Personalpolitik.

Die höchste Gewalt über die Gesamtkirche besitzt das allgemeine Konzil der Bischöfe unter dem Vorsitz des Papstes. Dieses Konzil ist dem Papst nicht übergeordnet. Die Synode der Bischöfe fungiert als zentrale kirchliche Einrichtung zur Vertretung des Episkopates und zur Beratung des Papstes bei der Amtsausübung. Eine eigene hierarchische Instanz bilden die Konferenzen der Bischöfe. Diese sind mit bestimmten hoheitlichen Kompetenzen besonders bezüglich der Gesetzgebung ausgestattet.

Nach Hoheitsgebieten erfolgt die Gliederung der kath. Kirche in Diözesen, Dekanate und Pfarren. Eine Diözese steht unter der Führung eines vom Papst ernannten Bischofs. Der Bischof verfügt über das alleinige Recht zur Gesetzgebung, Rechtsprechung und Verwaltung. Ein Dekanat umfaßt als Teil einer Diözese jeweils mehrere Pfarren und steht unter der Leitung eines Dechants. Dieser besitzt als Aufsichtsorgan des Bischofs stellvertretende Gewalt. Pfarren wiederum sind abgegrenzte Teile von Diözesen mit eigenem Pfarrer, eigener Kirche und entsprechend zugeordneter Bevölkerung. Der Pfarrer besitzt eigenberechtigte Gewalt und wird bei Bedarf von Kaplänen und Diakonen unterstützt.

Vom Klerus zu unterscheiden ist der Bestand der Laien, der zunehmend an Bedeutung gewinnt. Laien werden bereits vielfach in bischöfliche Kommissionen und päpstliche Organe integriert. Auch im klösterlichen Verbund finden Laien zunehmend Eingang. Von großer Bedeutung für die Wahrnehmung der Aufgaben der Kirche sind die zahlreichen katholischen Organisationen und Verbände (Laienorganisationen). Dabei handelt es sich meist um freiwillige Zusammenschlüsse von Gläubigen in eigener Initiative und Verantwortung.

Als spezielles Beispiel auf dem Gebiet der Organisation und Verwaltung sind auch die Klöster zu erwähnen. Ihre Aufgabe bestand zunächst in der Mithilfe des Aufbaus neuer Gesellschaftsordnungen und Wirtschaftsräume in der Zeit nach dem Untergang des Römischen Weltreiches. Ihre Bedeutung entstand vor allem im Zusammenhang mit der Wahrnehmung vielfältigster Aufgaben kultureller und wirtschaftlicher Natur. Besonders die kulturellen Leistungen wie Wissenschaft, Geschichtsschreibung, Gründung von Kulturzentren, Bildung und Erziehung sowie ihre Rolle als stabilisierendes Element in unruhigen Zeiten sind dabei hervorzuheben.

Besonders im frühen Mittelalter fanden in Europa zahlreiche Gründungen von Klöstern statt. Stiftungen und Schenkungen von Herrschern, Kirche und Adel wurden urkundlich legitimiert und begründeten rechtliche Ansprüche des jeweiligen Klosters. Das Ausmaß der Schenkung oder Stiftung bestimmte wesentlich die wirtschaftlichen Bedingungen des Klosters. Garantierter Zuwachs des Vermögens, eingeräumte Immunität und Privilegien im Handel, Befreiung von Abgaben, Zöllen und Steuern wirkten in vielen Fällen zusätzlich positiv. Wichtigste Quelle für Einnahmen und Versorgung waren Erzeugung und Verkauf von landwirtschaftlichen Gütern.

Die innere Organisation und Verteilung der Aufgaben im Kloster war streng arbeitsteilig und hierarchisch gegliedert. Die Bewirtschaftung der bedeutendsten Teile des Großgrundbesitzes behielten sich die Klöster meist selbst vor. Andere Güter wurden verpachtet und von eigenen Verwaltern geführt.

Kirchen und Klöster haben im Gegensatz zu ihrer großen früheren Bedeutung im Laufe der Zeit ihre beherrschende Stellung auf vielen Gebieten allmählich verloren und sich zunehmend auf religiöse Aufgaben beschränkt. Traditionelle Aufgaben der kath. Kirche wurden öffentlichen Institutionen übertragen (z.B. Schulen und Krankenhäuser); aber auch viele andere Aufgaben wurden vom modernen Staat übernommen.

2.1.5. Die Rolle des Adels

In der Zeit der Wende vom Mittelalter zur Neuzeit gibt es interessante Beispiele für Verwaltungs- und Organisationsleistungen in Staatswesen und Wirtschaft, gefördert besonders durch den innovativen Geist der Renaissance (Strunz 1988, 22 ff.).

Die staatliche Verwaltung vollzog mit zunehmender Macht der Fürstenhäuser eine starke Entwicklung. In Staatsführung und Heeresverwaltung läßt sich die Entstehung von Praktiken des Managements feststellen. Besonders die Erfolge der Wirtschaft, die diese Zeit mit sich brachte (vgl. auch 2.1.6. "Die Macht des Handelskapitals"), führten zur Kumulierung von Macht und Reichtum in verschiedenen adeligen Familien. Diese Familien beeinflußten die Politik der Städte, die überwiegend Handelspolitik war, in oligarchischer Weise außerordentlich.

Gewissermaßen als Kommentar zu dieser Entwicklung verfaßte der Florentiner Politiker und Schriftsteller Niccolo Machiavelli (1469-1527) seine staatstheoretischen Werke. Dabei enthält sein wichtigstes, 1513 verfaßtes und 1532 erschienenes Werk "Il Principe" auch Vorschläge für organisatorische Maßnahmen. Diese beruhen auf philosophischen Überlegungen und erfuhren durch ihre Bewährung in der Praxis eine Rechtfertigung. "Il Principe" kann aus heutiger Sicht vielleicht als erstes Lehrbuch für "Management" betrachtet werden. Machiavellis Überlegungen werden repräsentativ für die in dieser Zeit praktizierten Grundsätze der Verwaltung und des Managements überblicksartig dargestellt. Machiavelli fokussiert dabei hauptsächlich kleine, raschen Veränderungen ausgesetzte Machtgebilde, wie es die Fürstentümer Italiens in der Zeit der Renaissance waren.

Machiavellis Ansichten stießen nicht auf ungeteilte Zustimmung, wurden häufig aber auch mißverstanden. Machiavelli postuliert letztlich Handeln unter Anwendung aller Mittel: Vor allem widmete er sich Fragen des Heerwesens und der Verwaltung eines entsprechenden Apparates. Dabei standen insbesondere das Wesen der Herrschaft, die Analyse der Mittel ihrer Erwerbung und Behauptung sowie der Ursachen ihres Verlusts im Vordergrund.

Als Formen der Herrschaft werden Republik und Monarchie unterschieden. Als Formen des Erwerbs der Herrschaft kommen Erbe und Neuerwerb in Betracht. Neuerwerbungen vollziehen sich vor allem durch die Eroberung von Gebieten und deren anschließende Angliederung an das erobernde Land. Dadurch entstehen sogenannte "gemischte Reiche", deren Verwaltung sich - etwa gegenüber ererbten Gebieten - schwierig gestaltet. Der Grund dafür liegt darin, daß der Eroberer in gemischten Reichen die Eroberten üblicherweise als Feinde hat. Gleichzeitig droht die Gefahr, diejenigen, mit deren Hilfe die Eroberung gelang, nicht als Freunde halten zu können, da die Befriedigung ihrer oft anspruchsvollen Wünsche meist schwierig ist.

In der Folge diskutiert Machiavelli verschiedene Möglichkeiten der Verwaltung eroberter Gebiete: Als Alternative zur - vielfach praktizierten - Vernichtung der ehemals herrschenden Klasse des eroberten Landes bietet sich insbesondere die Aufrechterhaltung der alten Ordnung mit ihrer Verfassung und ihren Gesetzen unter Aufsicht der Eroberer an. In Betracht kommt auch die Verlegung der Residenz des Eroberers in das eroberte Gebiet, mit dem Vorteil der direkten Kontrolle und Verwaltung, die in diesem Fall nicht Verwaltern überlassen werden müssen. Darüber hinaus erscheint es für den Eroberer sinnvoll, mit geeigneten Maßnahmen um die Gunst der Eroberten zu werben, was jedoch relativ schwierig erscheint.

Der Erwerb der Macht kann für Machiavelli auf verschiedene Arten gelingen: mit Hilfe von Heeren, Glück oder Tüchtigkeit. Die Sicherung der Macht wird jedenfalls von der Art ihres Erwerbs beeinflußt. So wird es etwa für Fürsten, die Macht nur durch Glück erlangten, schwer sein, diese zu behalten.

In der Geschichte häufig zu beobachten ist neben den genannten Erwerbsarten der Macht noch ihr Erwerb durch Verbrechen. In diesem Fall erfolgt die Sicherung der Macht meist durch eine von Grausamkeiten gekennzeichnete Schreckensherrschaft. Eine weitere Art des Erwerbs der Macht besteht in der Übertragung der Herrschaft an den Fürsten durch das Volk. An sich ist dem Herrscher in diesem Fall die Unterstützung des Volkes gewährleistet. Es besteht jedoch die Gefahr des Verlusts der Gunst des Volkes.

Die Erhaltung der erreichten Macht steht in engem Zusammenhang mit den Möglichkeiten eines Fürsten, eine Armee zu rekrutieren und auszurüsten. Machiavelli unterstreicht in diesem Zusammenhang die Notwendigkeit eines Heeres, und zwar nicht eines Söldnerheeres, sondern einer in geistiger Verbundenheit zum Staat stehenden Bürgermiliz. Ist dies beispielsweise aufgrund mangelnder Ressourcen nicht möglich, ist der Herrscher von fremder Hilfe abhängig. Bleibt diese versagt, muß zumindest die eigene Festung verteidigt werden. Dabei muß für eine ausreichende Versorgung an Lebensmitteln und Verteidigungsgütern gesorgt sein, um zumindest geringe Erfolgschancen zu haben.

Um eine erworbene Herrschaft zu erhalten, ist es letztlich notwendig, daß diese auf guten Grundlagen beruht. Voraussetzungen dafür sind vor allem überlegte Gesetze und ein gut ausgebildetes Militär. Darüber hinaus ist es im Rahmen der Regierung und Verwaltung (im Sinne von "Führung") des Herrschers notwendig, sein "Prestige" zu pflegen. Für Machiavelli erscheint eine derartige Imagepflege auch nicht allzu schwierig, solange Vermögen und Ehre der Untertanen weitgehend unangetastet bleiben. Darüber hinaus kann sich ein Fürst "Prestige" durch große Unternehmungen und glänzende Leistungen, auffallende Maßnahmen in der inneren Verwaltung, jedenfalls durch Handlungen, die besonders beeindrucken, verschaffen.

Weiters mißt Machiavelli der Auswahl der Vertrauten durch den Fürsten besonders große Bedeutung bei. Diese müssen vor allem im Sinne des Fürsten wirken. Diese Loyalität kann für Machiavelli letztlich dadurch erkauft werden, indem der Fürst seine Vertrauten mit ausreichend Ehre und Reichtum ausstattet. Dies soll die Vertrauten daran hindern, nach Höherem zu streben, mehr zu begehren und in dieser Art dem Herrscher gefährlich zu werden.

Als Kardinalfehler eines Fürsten bzgl. Machtverlustes bezeichnete Machiavelli die auffällige Vermehrung eigenen Vermögens, Fehler in der Heerespolitik und Feindschaft zum Volk oder den Mächtigen des Reiches.

Im Anschluß an die obigen, auch in heutiger Zeit - zumindest im übertragenen Sinn - durchaus gültigen Grundsätze öffentlichen und privaten Managements soll hier noch auf die Rolle des Adels in der Verwaltung im allgemeinen eingegangen werden (Brunner 1949).

Ein interessantes Beispiel bietet das österreichische Reich im späten Mittelalter. Dieses kann als Territorialstaat begriffen werden, der sich in Länder gliederte, die den Status von dauernden verfassungsrechtlichen Einheiten hatten. Die unter der Herrschaft eines Fürsten stehenden Länder gliederten sich in Gerichtsgemeinden, innerhalb derer geistliche und weltliche Grundherrschaften etabliert waren, die neben einer Vielzahl von Untertanen meist ganze Dörfer, Märkte und Kleinstädte umfaßten. Diese Grundherrschaften bildeten die wirtschaftliche Basis für die politische und militärische Macht der Grundherren. Darüber hinaus sicherten sich die Landesfürsten ihr finanzielles Fundament durch Kontrolle spezieller - insbesondere wirtschaftlich ertragreicher - Landesteile. Diese brachten Erträge in Form von Zöllen oder Gewinne aus profitablen Monopolbetrieben hervor.

Fragen der Finanzierung waren überhaupt elementarer Bestandteil des adeligen Lebens. Der Ausbau und die Sicherung der Machtansprüche erforderten erhebliche finanzielle Ressourcen. Häufig war es aufgrund der begrenzten Ergiebigkeit der eingehobenen Abgaben notwendig, alternative Finanzierungsquellen zu erschließen. Dies führte etwa zur Aufnahme von Anleihen ebenso wie zu Verpfändungen von Einnahmen und Grundherrschaften.

Ein weiteres Beispiel für administrative Herrschaft bildet der Merkantilismus, der, beginnend im 16. Jahrhundert, als Zugriff des absolutistischen Staates auf die Wirtschaft zu verstehen ist. In praktischer Hinsicht kann der Merkantilismus als ein System wirtschaftspolitischer, administrativ stark unterstützter Maßnahmen zur Erschließung möglichst vieler Geldquellen gesehen werden.

Vor allem äußerte sich dies in der starken Förderung von Monopolindustrien manufakturieller Art. Derartige Förderungen waren etwa die Gewährung staatlicher Unterstützungen sowie Steuerfreiheit. Darüber hinaus widmete man sich der Erörterung betriebswirtschaftlicher Probleme, wie zum Beispiel der effizienten Verwaltung von Betrieben der Landwirtschaft, Forstwirtschaft oder des Gewerbes. Ein wesentliches Augenmerk wurde dem Aufbau von Außenhandelsbeziehungen und der damit verbundenen - allerdings meist einseitigen - Zollpolitik geschenkt. Dabei standen vor allem die Beseitigung von Ausfuhrzöllen, die Einführung von Ausfuhrprämien bei gleichzeitig äußerst restriktiven Einfuhrbestimmungen sowie hohe Einfuhrzölle oder Einfuhrverbote im Vordergrund. Eine wesentliche Maßnahme zur Steigerung des Reichtums wurde auch in der Gründung von Kolonien gesehen.

Einen weiteren Schwerpunkt bildete die Bevölkerungspolitik, wobei der Staat besonders Maßnahmen zur Steigerung des Bevölkerungswachstums, wie z.B. die Aufhebung der Eheverbote und die Prämierung kinderreicher Ehen, sowie spezielle Maßnahmen der Preis- und Lohnpolitik, Auswanderungsverbote und die Förderung der Einwanderung forcierte.

2.1.6. Die Macht des Handelskapitals

An der Wende vom Mittelalter zur Neuzeit gibt es nicht nur bemerkenswerte Beispiele für Leistungen in Verwaltung und Organisation im Rahmen des Staatswesens (vgl. Abschnitt 2.1.5.); auch in der Wirtschaft lassen sich interessante diesbezügliche Entwicklungen verzeichnen. Besonders die Fortschritte im Bankenwesen und Handel machten eine Anpassung der Verwaltung an die Erfordernisse der Zeit notwendig. Der Aufstieg verschiedener europäischer Städte zu Bankplätzen und Zentren des Kapitalumschlags sowie der Verwaltung von Vermögen gehört zu den Charakteristika dieser Zeit. So war etwa Florenz eine wichtige Metropole des Bankwesens, Augsburg war im Handel von besonderer Bedeutung. Durch Verwaltung des Vermögens europäischer Fürstenhäuser und durch die Gewährung von Darlehen an weltliche und geistliche Herrscher kam es in diesem Bereich zu einem enormen Zuwachs an Macht. Dies bedingte auch die Involvierung der wirtschaftlichen Organisationen in die internationale Politik. Die großen Häuser dieser Zeit, etwa die Medici in Florenz und die Fugger und Welser in Augsburg, waren Mittelpunkt weitreichender Handelsbeziehungen. Diese, aber auch andere Handelshäuser hatten Niederlassungen in wichtigen europäischen Metropolen und in den großen Städten des Heimatlandes.

Durch ihre Tätigkeit wurde letztlich ein sehr positiver Einfluß auf die Entwicklung von leistungsfähigen Techniken im Nachrichtenwesen, in Lagerhaltung, Transport und bei der

Durchführung finanzieller Operationen sowie im Rechnungswesen ausgeübt. So wurden als Instrumente des Finanz- und Rechnungswesens sowie der allgemeinen Verwaltung von Unternehmen neben Wechseln Rechnungsbücher, Systeme doppelter Buchhaltung und Archive zur Aufbewahrung von Korrespondenz und Verträgen ebenso verwendet wie auch Kalkulationen von Preisen durchgeführt.

Zur näheren Illustration der privaten Unternehmen dieser Zeit können zwei interessante Beispiele herangezogen werden (Braudel 1990). Zum einen die Tätigkeit des Handelshauses Fugger, das vor allem durch seinen Einfluß auf die Politik in Europa bedeutend war; zum anderen die Ostindischen Kompanien, deren Tätigkeit Einblick in das internationale Netzwerk moderner Gesellschaften der damaligen Zeit gibt.

Die Blütezeit des Hauses Fugger in Augsburg war die Zeit um die Wende des 15. zum 16. Jahrhundert. Diese Epoche war besonders von den Machtansprüchen des Adels gekennzeichnet. Die Unterhaltung eines Verwaltungsapparates, eines Militärs sowie die Neigung der Herrscher zu Luxus führten zu permanentem Geldbedarf. Da die Erhöhung von Steuern stets ein unpopuläres Mittel der staatlichen Finanzierung ist, suchten Machthaber jeden Ranges kontinuierlich nach alternativen Möglichkeiten der Finanzierung ihrer Interessen. Aufgrund des sich in dieser Zeit gerade vollziehenden Aufstiegs des Handels bot es sich für die herrschende politische Klasse an, bei Kaufleuten Kredite und Anleihen aufzunehmen. Für diese war die Gewährung von Finanzierungen an staatliche Instanzen zunächst ein sicheres und gewinnträchtiges Geschäft. Im Laufe der Zeit zeigte sich allerdings die geringe Bonität der Kaiser und Fürsten. Diese konnten häufig weder die Darlehen zurückzahlen, noch die anfallenden Zinsen begleichen. Der Grund dafür war, daß die aufgenommenen Gelder üblicherweise für Zwecke des Konsums und nicht produktiv verwendet wurden. Manche Handelshäuser erzielten durch abenteuerliche Spekulationen zunächst zwar große Gewinne. Diese wurden zu meist überhöhten Zinssätzen als Darlehen an adelige Häuser vergeben. Deren schlechte Bonität führte letztlich allerdings für so manches Handelshaus zum Konkurs.

Das Haus Fugger erreichte in dieser Zeit allerdings durch erfolgreiche Aktivitäten im Handel erheblichen Wohlstand. Aber auch durch Geschäfte, die im Zusammenhang mit dem Haus Habsburg standen, konnten bedeutende Erfolge erzielt werden. Beispielsweise waren die Fugger maßgeblich am Geschäft mit der Bereitstellung von Silber für die Prägung von Münzen beteiligt. In ähnlicher Weise wurde - selbstverständlich ebenfalls gewinnbringend - Kupfer für die Rüstungsindustrie bereitgestellt. Darüber hinaus wurden politische Aktivitäten des Hauses Habsburg durch die laufende Gewährleistung von Darlehen unterstützt.

Zwar war das Haus Fugger auf die möglichst geschickte Absicherung der getätigten Geschäfte bedacht; allerdings waren diese dennoch, vor allem wenn sie mit adeligen Häusern eingegangen wurden, meist mit hohem Risiko verbunden. Zunächst wurde versucht, diesem Risiko mit gewissen Strategien des - heute würde man sagen - Risk Management zu begegnen. Eine in diesem Zusammenhang geübte Praxis war, die gegebenen Darlehen mit dem (wachsenden) Umfang des gesamten eigenen Geschäfts im Gleichgewicht zu halten. Im Haus Fugger wurde diese Strategie lange Zeit gepflegt, weil man die Unbekümmertheit der Machthaber in Belangen des Geldes mit großer Vorsicht betrachtete.

Die zunehmende Involvierung der Fugger in die Finanzierung des Hauses Habsburg bedingte eine beträchtliche Steigerung des Einflusses der Geldgeber. Dies führte allerdings auch dazu, daß die Öffentlichkeit die Aktivitäten und vor allem das Wachstum der großen Handelsgesellschaften mißtrauisch verfolgte. Das Haus Fugger zeigte in diesem Zusammenhang ein Vorgehen, das man heute als Public Relations bezeichnen würde. Im Zentrum dieser Bemühungen stand das Problem, dem Bürger die vielfältigen Interdependenzen zwischen Politik und Wirtschaft auf einfache Weise zu verdeutlichen.

Im Zuge der Expansion des Hauses Fugger kam es auch zur Beteiligung von stillen Teilhabern am Handelshaus. Letztlich stellte eine Reihe von Geldgebern in der heute bekannten Form des Kommanditisten dem Unternehmen fremdes Kapital zur Verfügung. Diese Partner waren naturgemäß auch bestrebt, dem Haus potente Kunden zuzuführen. Sogar die Kirche trat im Rahmen einer Beteiligung am Unternehmen in Erscheinung und sicherte sich dadurch Renditen. Die katholische Kirche war neben dem Staat Partner in diversen - teils fragwürdigen - Geschäften. Eine besonders kreative Geschäftsmöglichkeit, die einiges an Phantasie benötigt, war beispielsweise der Handel mit dem Nachlaß von Sünden. Die Kirche hatte den Nachlaß von Sünden kommerzialisiert: Allen Personen, die - gemessen am Gewicht ihrer Sünden - gewisse Beträge bezahlten, wurden ihre Sünden nachgelassen. Die Fugger organisierten zu diesem Zweck in weiten Teilen Europas ein Netzwerk von Repräsentanten, die diesen Geschäftszweig vor Ort erfolgreich verfolgten. An den Erträgen waren die katholische Kirche und das Haus Fugger je zur Hälfte beteiligt. Auch in Geschäfte, die im Zusammenhang mit der Machtpolitik der Kirche standen, waren die Fugger häufig involviert. In diesem Rahmen standen vor allem (finanzielle) Transaktionen bzgl. personellen Besetzungen der Kirche im Vordergrund. Dies sicherte dem Haus Fugger nicht zuletzt auch beträchtlichen Einfluß auf die Politik der katholischen Kirche.

Die zahlreichen und komplexen Aktivitäten des Unternehmens stellten hohe Anforderungen an das Rechnungswesen. Bereits früh wurde im Hause Fugger erkannt, daß ein funktionierendes, aussagefähiges Rechnungswesen große Bedeutung für die Akkumulation von Reichtum hatte. Damit in engem Zusammenhang steht auch die Erkenntnis der Notwendigkeit exakter Kalkulationen. Entscheidungen wurden meist anhand exakter Zahlen und Fakten getroffen. Damit konnte das Risiko der geschäftlichen Aktivitäten relativ gut abgeschätzt werden. Aufgrund der vielfältigen internationalen Geschäfte war man auch mit zahlreichen fremden Währungen konfrontiert. Diese waren nicht nur häufig inkompatibel, auch - teilweise großen - Schwankungen im Wert der Währungen war zu begegnen. Für diesen Zweck wurden im Laufe der Zeit effiziente Techniken entwickelt. Anzumerken ist hier, daß zahlreiche Kaufleute gerade diesen - zweifellos hohen - Anforderungen der Verwaltung nicht gewachsen waren und nicht zuletzt dadurch langfristig nicht überleben konnten.

Trotz üblicherweise nüchternem kaufmännischen Kalkül wurde das Haus Fugger jedoch zunehmend in die Finanzierung des Hauses Habsburg involviert. Diese Aktivität wurde im

Laufe der Zeit immer mehr zum Abenteuer. Besonders Finanzierungen im Zusammenhang mit der Wahl von Karl V. zum Kaiser führten schließlich zur Abhängigkeit der Fugger vom Haus Habsburg. Die finanzielle Involvierung war bereits so groß, daß der Wohlstand des Unternehmens untrennbar mit dem Erfolg oder Mißerfolg der Politik des Hauses Habsburg verbunden war. Die Schulden des Herrscherhauses erreichten ein Ausmaß, welches den ehemals großen Einfluß der Fugger auf das Haus Habsburg in eine Interessengemeinschaft auf Gedeih und Verderb transformierte. Dies führte, gemeinsam mit dem Konkurs wichtiger anderer Schuldner, schließlich auch zum Ende der Blütezeit des Unternehmens.

Betrachtet man das Beispiel des Hauses Fugger, wird die erhebliche Macht des Handelskapitals im 15. und 16. Jahrhundert deutlich. Allerdings beschränkte sich diese letztlich auf nur wenige Handelshäuser in Europa. Die meisten Kaufleute dieser Zeit waren demgegenüer noch in den traditionellen Lebensformen des Mittelalters verhaftet. Dabei wurden in konservativer Weise meist einfache, lokale Geschäfte mit einfachen Mitteln getätigt.

Während sich die Interessen etwa des Hauses Fugger hauptsächlich auf Geschäfte innerhalb Europas konzentrierten, begann man am Beginn des 17. Jahrhunderts mit der Etablierung internationaler Handelsbeziehungen. Bisher waren Überseegeschäfte für die europäischen, am Binnenhandel orientierten Kaufleute Ausnahmen. Besondere Bedeutung im Überseehandel erlangten die im Handel mit dem Fernen Osten tätigen Ostindischen Kompanien. Sowohl die Engländer als auch die Niederländer verfügten über eine derartige "Ostindische Kompanie".

Aufgrund der bei der Anbahnung und Abwicklung von Geschäften entstehenden großen Aufwände, häufig in Form von beträchtlichen Investitionen, aber auch aufgrund erheblicher Risiken waren die am internationalen Handel interessierten Kaufleute zunehmend zu Konzentrationen bzw. Fusionen gezwungen. Der Vorteil derartiger Zusammenschlüsse bestand - damals wie heute - in der Möglichkeit der Verteilung der Investitionen auf viele Kapitalgeber sowie der Streuung des Risikos. Zunächst etablierten sich auf diese Weise sogenannte "Regulierte Companien", die letztlich spezielle, für bestimmte Anlässe gebildete Gesellschaften waren: Reeder und Kaufleute rüsteten eines oder mehrere Schiffe auf gemeinsame Rechnung und Gefahr für eine große Reise nach Übersee aus. Der dabei erzielte Gewinn wurde anteilig dem zur Verfügung gestellten Kapital auf die einzelnen Gesellschafter ausgeschüttet. Je nach Umfang und Kapital solcher Gelegenheitsgesellschaften entstanden manchmal ganze Flotten, die - im Verband fahrend - nicht nur die Gelegenheit zur Erzielung großer Gewinne boten, sondern auch das Risiko der aufwendigen Reise beträchtlich minderten.

Zunächst war die Tätigkeit dieser Gesellschaften auf einzelne, spezielle Gelegenheiten ausgerichtet. Die "Aktionäre" stellten ihr Kapital für eine Reise, für ein bestimmtes Unternehmen zur Verfügung. Nach Abwicklung aller damit in Zusammenhang stehenden Geschäfte wurde der Gewinn verteilt. Der Aktionär konnte sich seine Einlage wieder auszahlen lassen. Die Niederländer entwickelten diese Art von Geschäft schließlich weiter. Sie erkannten, daß gelegentliche Einkaufsfahrten weniger einträglich waren als langfristig disponierte Geschäfte. Deshalb wurden von den Niederländern in Ostindien Niederlassungen errichtet. Allerdings erforderten derartige langfristige Investitionen auch langfristig verfügbares Kapital. 1613 kam es aufgrund dessen zur ersten Subskription von Gesellschaftsanteilen der "Niederländisch-Ostindischen Companie". In diesem Rahmen wurde der Gesellschaft zunächst auf vier Jahre Kapital als feste Einlage zur Verfügung gestellt. Ein der heutigen Form der Aktiengesellschaft vergleichbares, dauerhaftes Vermögen existiert allerdings erst seit dem Ende des 17. Jahrhunderts.

Üblicherweise sind Kaufleute an Privilegien und Vergünstigungen, etwa in Form von Monopolen, interessiert und auch darauf angewiesen, daß diese von seiten des Staates zur Verfügung gestellt werden. Daher ist es für Kaufleute stets notwendig, am politischen Geschehen teilzunehmen und zu beobachten, inwieweit Förderungen ihrer geschäftlichen Interessen möglich sind. Im Falle der Ostindischen Kompanien war die Verbindung von staatlichen und geschäftlichen Interessen besonders ausgeprägt. Die Kompanien wurden für die Staaten zu wichtigen Faktoren bei der Bestrebung, Kolonien zu begründen. Über die Kompanien konnten die Staaten in den auswärtigen Gebieten politische Interessen verfolgen, ohne offiziell in Erscheinung zu treten. Auf diese Weise wurden die Kompanien schließlich zu Interessenvertretungen der Staaten. Diese übertrugen ihnen wiederum hoheitliche Rechte, die für die geschäftlichen Interessen der Kaufleute zu erheblichen Vorteilen führten.

Das Management der Kompanien war üblicherweise auch am Kapital beteiligt. Die Mehrheit der Kapitalanteile befand sich im Besitz von relativ wenigen Personen, der Rest im Streubesitz. Diesbezüglich zeigt sich das Bild von angestellten Unternehmern, die häufig auch mit eigenen Mitteln Geschäfte vorantrieben und zu Risiken bereit waren. Die Aktionäre waren zwar nicht unmittelbar in die Geschäftsführung involviert; dennoch waren sie an möglichst hohen Renditen interessiert.

Ein besonderes Problem war die laufende Kontrolle der entfernt gelegenen Niederlassungen. Deren Leiter waren mit umfassenden Vollmachten, Freiheiten und Rechten ausgestattet; die Tätigkeit der Niederlassungen war - wohl auch durch unzureichende Möglichkeiten der Kommunikation bedingt - für die Stammhäuser nicht immer unproblematisch. Hohe Spesen, stark eingeschränkte Möglichkeiten der Kontrolle und oft auch eigenmächtiges Handeln waren die Probleme, die mit dem Betrieb von Niederlassungen verbunden waren. Nicht nur von seiten der Stammhäuser, sondern auch vor Ort wurde zwischen den Ostindischen Kompanien ein heftiger Konkurrenzkampf geführt. Dieser war gelegentlich sogar mit der Anwendung von Waffengewalt verbunden.

Trotz aller Probleme war die Tätigkeit in Übersee mit lukrativen geschäftlichen Möglichkeiten und entsprechendem Gewinn verknüpft. Grundlage dafür war der Abschluß exklusiver Verträge, meist mit den herrschenden Mächten des betreffenden Gebietes. Derartige Verträge beinhalteten etwa den freien Kauf, Verkauf und Tausch innerhalb des betreffenden Gebietes, Zollfreiheit für Importe und Exporte sowie zahlreiche andere Privilegien.

2.1.7. Das Militär am Beispiel der preußischen Heeresverwaltung

Die bisher diskutierten Themenkreise waren jeweils auf bestimmte Zeitabschnitte konzentriert. Das Militärwesen kann demgegenüber als auf die gesamte Geschichte bezogene bedeutende Einrichtung betrachtet werden. Natürlich ist diese Einrichtung im Laufe der Zeit gewissen Wandlungen unterworfen. So wurden ursprünglich Söldnerheere für den Kriegsfall gebildet. Diese mit zahlreichen Problemen (z.B. Kontrolle, Identifikation) behaftete Form der militärischen Organisation wurde in der Zeit nach dem 30jährigen Krieg - besonders in Preußen - durch die systematische Bildung stehender Heere abgelöst.

Militärorganisationen der heutigen Zeit sind gekennzeichnet durch ihren politischen Auftrag (politische Situation, gesetzliche Regelungen), durch ihre Anpassung an die von jeweils unterschiedlichen Bedingungen geprägten Aufgaben, durch den Umfang militärischen Potentials und durch den Einfluß der technischen Entwicklung.

Als Organisationsprinzipien des Militärs entwickelten sich aus den Besonderheiten militärischen Einsatzes die Grundprinzipien Befehl und Gehorsam, Auftragserteilung und Auftragsausführung sowie die Meldepflicht. Die Gliederung der Streitkräfte (Aufbauorganisation) erfolgt normalerweise in Form einer Stab-Linienorganisation, wobei die Linie im wesentlichen aus Einheiten und in funktionaler Hinsicht aus Waffengattungen besteht. Die Stäbe haben vor allem eine linienunterstützende Funktion. Die Organisation der Abläufe hat vorwiegend Fragen der Organisation militärischer Operationen zum Gegenstand (z.B. Truppenbewegungen, Gefechtseinsatz) (vgl. dazu von Kortzfleisch 1969).

Es soll nun die Entwicklung des preußischen Heerwesens und seiner Administration dargestellt werden, da dies eine interessante Möglichkeit bietet, hervorragende Verwaltungs- und Organisationsleistungen im militärischen Bereich zu zeigen (Helfritz 1938; Strunz 1988, 27 ff.).

Die Entwicklungsgeschichte der preußischen Heeresverwaltung läßt sich in vier Hauptabschnitte gliedern. Bis zum Ende des 30jährigen Krieges 1648 kann im Grunde nur von Vorläufern eines Heerwesens gesprochen werden. Wesentlich interessanter ist demgegenüber die folgende Periode des Aufstiegs Preußens zur Großmacht in der Zeit zwischen 1648 und dem Sieg Napoleons über Preußen 1806. Die Konsequenz dieser Niederlage war letztlich der Verlust der Vormachtstellung Preußens. In den folgenden Jahren bis zum Ende des Wiener Kongresses kam es aufgrund dessen zu umfangreichen Reformen. Die größte Veränderung im Heerwesen war die Einführung - und auch praktische Durchführung - der allgemeinen Wehrpflicht 1814. In der Zeit bis zum Ersten Weltkrieg wurden die bisherigen Formen beibehalten, jedoch weiterentwickelt und optimiert.

Die Vorläufer des organisierten Heerwesens waren etwa bis zum Endes des 30jährigen Krieges Söldnerheere, die aus Landsknechten rekrutiert wurden. Zur Regelung der wesentlichen Grundzüge des Heerwesens und seiner Verwaltung wurde 1486 eine kaiserliche Heeresordnung als Gesetz erlassen. Diese wurde im Laufe der Zeit durch Verwaltungsvorschriften ergänzt, die Rechte und Pflichten, Disziplin sowie die innere Ordnung im allgemeinen reglementierten. Als zentrale Problematik der Heeresverwaltung - über einzelne Epochen hinaus - treten Fragen der Rekrutierung hervor. Dabei wurden lebhafte Diskussionen darüber geführt, welcher Personenkreis für Dienstleistung im Heer heranzuziehen ist, bzw. Fragen über die Art von Ersatzleistungen und Strafregelungen behandelt.

Die Finanzierung des Heerwesens erfolgte in dieser Zeit durch die Landesfürsten. Sie kann dadurch als staatliche Verwaltungsangelegenheit bezeichnet werden. Vorwiegend im Zusammenhang mit disziplinären Problemen innerhalb der Söldnerheere entwickelten sich auch Ansätze eines Militärrechts. Im Prinzip wurde dabei versucht, ein Militärstrafrecht zu schaffen. In dessen Zentrum standen Kataloge von Geboten, Verboten und strafbaren Handlungen.

Zu betonen ist zusätzlich die Rolle der Städte, denen die Durchführung der Stellungspflicht oblag. Im konkreten bestanden ihre Aufgaben in der Feststellung des Potentials, der Musterung sowie der Überwachung der Ausbildung. Grundsätzlich kann von allgemeiner Wehrpflicht gesprochen werden. Abgesehen von gewissen Mängeln bei deren praktischer Durchführung, waren eine Reihe von Ausnahmen von der allgemeinen Wehrpflicht vorgesehen. So waren etwa Lehrer und Studenten von der Wehrpflicht befreit. Neben einer letztlich doch mangelhaften Heeresverfassung wirkten sich besonders die relativ großen Verwaltungsprobleme negativ aus. Diese bestanden vor allem in Hinblick auf die Einziehung der Wehrpflichtigen, die sich oft schwierig gestaltete, aber auch in bezug auf die Ausrüstung und Versorgung der Truppen. Nicht zuletzt aufgrund der gegebenen Probleme führten in der Folge Verbesserungsbemühungen zur Neuordnung der Besoldung und des Versorgungswesens sowie zu einer Änderung der Behördenorganisation.

Nach dem Ende des 30jährigen Kriegs und am Beginn der Periode des Aufstiegs Preußens zur Großmacht standen vor allem Bemühungen zur Schaffung geordneter Verhältnisse im Militärwesen im Vordergrund. Insbesondere zielte man auf die Bildung eines stehenden Heeres und auf eine organisierte Heeresverwaltung ab. Dabei kann allerdings nicht von allgemein gültigen Regelungen - etwa im Sinne von Rechtsnormen oder generellen Verwaltungsvorschriften - gesprochen werden. Vielmehr versuchte man auf dem Wege von einzelnen Verordnungen, z.B. auf den Gebieten der Heeresfürsorge und der Heeresversorgung, Veränderungen herbeizuführen.

Auf dem Gebiet der Behördenorganisation erfolgte die Einrichtung einer Militärbehörde mit umfassenden Kompetenzen. Ihre Aufgaben lagen nicht nur in der Heeresverwaltung im eigentlichen Sinn, wie z.B. Kontrolle der Heeresfinanzen und Beschaffungswesen; diese Behörde hatte auch die Leitung und Aufsicht der heeresbezogenen Steuerangelegenheiten wahrzunehmen. Dadurch erweiterten sich die Befugnisse dieser Stelle der Heeresverwaltung allmählich in Richtung allgemeine Verwaltung. Aufgrund der großen Bedeutung der Finanzen für das Heerwesen wurde in der Folge eine zentrale Behörde für das Finanz- und Rechnungswesen des Heeres gegründet. Diese Stelle wickelte die gesamte Ausgaben- und Einnahmenverwaltung, die Verrechnung mit nachgeordneten Kassen, die Kassen- und Rechnungsführung mit Voranschlägen und Rechnungsprüfungen ab.

Nicht zuletzt aufgrund der Bewährung der eben genannten Behörden wurde die allgemeine Staatsverwaltung im Laufe der Zeit durch die Heeresverwaltung nicht unerheblich beeinflußt. Es bedarf keiner weiteren Betonung, daß die Behördenorganisation der Heeresverwaltung aufgrund der Anforderungen und des Bestrebens nach ständiger Weiterentwicklung im Laufe der Zeit häufigen Wandlungen unterlag. Allmählich waren regelmäßig angewendete bürokratische Elemente in ausgeprägterer Form zu beobachten. Beispiele dafür wären etwa in diversen Reglements vorgegebene Bearbeitungsordnungen, Dienstwege und andere Elemente eines Verwaltungsverfahrens.

1723 kam es zu einer wichtigen Reorganisation des Militärwesens, die für lange Zeit wegweisend war. Im Rahmen dieser Reorganisation wurde vor allem eine einheitliche Zentralbehörde für das Heereswesen errichtet. Allerdings kam es im Zuge der Zentralisierung zu häufigen Unklarheiten und Streitigkeiten in der Kompetenzverteilung, vor allem in geographischer Hinsicht. Aufgrund derartiger Probleme fanden in der Folge kontinuierlich organisatorische Veränderungen in mehr oder weniger großem Ausmaß statt.

Interessant zu beobachten ist die Entwicklung des Ergänzungswesens, in allen Epochen eines der zentralen Probleme der Heeresverwaltung. Diesem Problem wurde auch besonderes Augenmerk gewidmet. Man bemühte sich etwa, das Verfahren der Musterung präzise zu regeln und dafür entsprechende Abläufe festzulegen. Als begleitende Maßnahme wurde der Finanzierung der militärischen Einheiten besondere Priorität eingeräumt.

Aufgrund der zunehmenden Größe und Bedeutung des Militärs gewann dieses an volkswirtschaftlicher Bedeutung. Im Zusammenhang damit ist vor allem der aus der Versorgung des Heeres resultierende Bedarf an Gütern wie Nahrungsmittel und Ausrüstungsgegenstände zu nennen. Aus diesem Bedarf entwickelte sich ein Vergabewesen für Heeresaufträge an Lieferanten.

Zunehmend problematisch wurden im Zuge der steigenden Bedeutung des Militärs auch die Verwaltung der Bestände und die logistischen Aktivitäten. Ferner waren Verbesserungen des Heeresfürsorgewesens, die Entwicklung des Sanitätswesens, des Militärrechts und der Militärseelsorge notwendig. Durch neuartige Problemstellungen kam es - jeweils begleitend - auch zur Schaffung neuer oder zur Veränderung bestehender Organisationseinheiten der Heeresverwaltung.

Die Niederlage Preußens gegen Frankreich 1806 führte zu einem grundsätzlichen Überdenken des Staatswesens und der Heeresorganisation. In der Folge brachte dies abermalige umfangreiche Reformen, geleitet von Stein und Hardenberg. Im Heerwesen bedeutete dies eine Reorganisation sowohl der Heeresverfassung als auch der Heeresverwaltung. Eigene Komitees zur Reorganisation arbeiteten Maßnahmenprogramme aus. Diese sahen neben einer weitgehenden Zentralisierung durch die Bildung eines eigenen Kriegsministeriums vor allem die schrittweise Loslösung von der nach wie vor relativ föderalistischen Behördenorganisation vor. Darüber hinaus standen die Einführung eines effizienten Berichtswesens, eines Revisionswesens und die Verbesserung der Verwaltung innerhalb der militärischen Einheiten im Vordergrund. Begleitend dazu sahen geeignete Maßnahmen der Öffentlichkeitsarbeit vor, die Attraktivität des Militärdienstes zu heben. Vor allem sollte dadurch dem offenbar häufigen Versuch von Wehrpflichtigen, den Militärdienst nicht ausüben zu müssen, entgegengewirkt werden. Als Folge der ständigen Vergrößerung des Heeres und des damit steigenden Bedarfs an Unterkünften wurde eine Neuregelung des Militärbauwesens notwendig. Aufgrund der hohen Aufwände für Bauten, Ausstattung und Instandhaltung der militärischen Einrichtungen wurde als flankierende Maßnahme besonders auf ein starkes Kostenbewußtsein der Verantwortlichen hingearbeitet.

Die Periode des Aufstiegs Preußens zur Großmacht sowie die daran anschließende Zeit der Reformen des Staats- und Heerwesens endeten in einem hohen Entwicklungsstand, der auch die Folgezeit entscheidend beeinflußte. Die Zunahme des Umfangs der Verwaltungsgeschäfte in Staat und Militär führte natürlich zu einer Erhöhung des Personalstandes. Damit verbunden waren besondere Bemühungen zur fundierten Ausbildung der Beamten. So wurden in diesem Zusammenhang beispielsweise Dienstprüfungen obligatorisch. Im Rahmen des Personalwesens ist auch die Schaffung umfassender Regelungen zur Versorgung und Pensionierung von Militärpersonal zu nennen.

Aus dieser lediglich kurzen Darstellung der Entwicklung der preußischen Heeresverwaltung läßt sich erkennen, daß sich das Militärwesen aus relativ bescheidenen Anfängen zu einem bemerkenswert hohen Stand entwickelte. Neben den Leistungen in Verwaltung und Organisation ist vor allem die volkswirtschaftliche Bedeutung eines derart entwickelten Militärwesens hervorzuheben. Im Zusammenhang mit den bei der Verwaltung des preußischen Staates und Militärs erbrachten Leistungen ist auf die erwiesenermaßen hohe Auffassung von Pflichterfüllung des preußischen Beamtentums hinzuweisen. Diese beruht letztlich auf gewissen Grundsätzen der Erziehung und ist sicherlich eine der wesentlichen Grundlagen für die genannte Entwicklung.

2.1.8. Der Aufstieg des industriellen Kapitalismus

In der Zeit des Übergangs von der traditionellen, gewerblichen Form der Wirtschaft zum entwickelten industriellen Kapitalismus lassen sich mehrere Organisationsformen unterscheiden. Besonders dominant waren im 18. Jahrhundert die Formen des Verlagswesens und der Manufaktur (Bauer/Matis 1988, 345 ff.).

Das Verlagswesen ist als eine arbeitsteilige, dezentralisierte Form der Produktion zu verstehen, bei der - meist als Nebenerwerb - in Heimarbeit Halbfertigprodukte hergestellt wurden. Diese Produkte wurden üblicherweise Manufakturen zugeliefert und dort weiterverarbeitet. Die Manufaktur stellt im Gegensatz dazu eine ebenfalls arbeitsteilig organisierte, jedoch zentralisierte Form der Produktion dar. Die Manufaktur tritt meistens gekoppelt mit dem Verlagswesen auf. In zahlreichen Branchen war die Heimarbeit wesentlicher Bestandteil der Produktion, so besonders in der Textilindustrie (z.B. Spinnen, Weben). Durch die wachsende Bevölkerung und die - nicht zuletzt damit verbundene - steigende Armut waren große Teile der Bevölkerung gezwungen, Heimarbeit anzunehmen. Vom Staat wurde dies gefördert, weil dadurch die soziale Disziplinierung und Beschäftigung der unteren Schichten erleichtert wurde.

Als Verbindung zwischen Manufakturen und Heimarbeitern fungierten überwiegend Vermittler. Diese vergaben auf Stückbasis Rohstoffe, teilweise auch Werkzeuge an die Heimarbeiter. Material und Ausrüstung wurden gegen Abzug vom Lohn zur Verfügung gestellt. Der Vermittler trat für den Heimarbeiter als eine Art Arbeitgeber in Erscheinung und stand seinerseits in enger Verbindung mit einer Manufaktur. Der Manufaktur wurden die Halbfertigprodukte zugeliefert und dort finalisiert. Die Vermittler bezogen für ihre Tätigkeit entweder feste Gehälter, meist aber lebten sie von der Differenz zwischen den von der Fabrik gezahlten Preisen für die halbfertigen Waren und den von ihnen gegebenen Löhnen für die Heimarbeiter. Sie fungierten somit als eine Art Subkontraktor.

Diese Form der Organisation war natürlich auch mit zahlreichen Problemen verbunden. Anlaß häufiger Schwierigkeiten war etwa die Abgrenzung einzelner Bezirke bzw. Gebietsinteressen der Manufakturen vor gegenseitigen Übergriffen. Darüber hinaus ist es im allgemeinen eine schwierige Aufgabe, so viele Menschen über teilweise größere räumliche Distanzen in den arbeitsteiligen Prozeß der Produktion einzugliedern. Dies wurde eben im Wege der Delegation über Vermittler gelöst. Dadurch geht für den Unternehmer allerdings die wichtige Funktion der unmittelbaren Kontrolle über den Arbeitsprozeß verloren. Ein weiteres Problem bestand in der unregelmäßigen Produktion, im Verlust von Rohstoffen beim Transport oder in Unterschlagungen sowie in der schwankenden, insgesamt schwer abschätzbaren Qualität der Produkte.

Ein wesentliches Problem des Verlagswesens aus der Sicht der Unternehmer war die Unmöglichkeit, den Produktionsprozeß - bedingt durch die dezentrale Form der Organisation - grundsätzlich zu verändern. Dadurch wurde vom Verlagswesen letztlich auch die weitere Entwicklung der Arbeitsteilung behindert. Besonders die Steigerung der Produktivität war nur schwer möglich, da Heimarbeiter nur schwer zu kontrollieren sind. So besteht etwa keine Möglichkeit, die Einteilung der Arbeitszeit zu beeinflussen. Erst im Zuge der rasanten technischen Entwicklung wurde diesbezüglich eine Wende eingeleitet. Als Folge des technischen Fortschritts kam es zu einer beträchtlichen Erhöhung der Arbeitsproduktivität. Dadurch wurde das Verlagswesen relativ schnell obsolet. Dessen Funktion war nun ausschließlich in der Manufaktur konzentriert.

Die großen Erfolge des neuen Systems standen allerdings nicht nur im Zusammenhang mit dem technischen Fortschritt. Sie waren auch durch die Möglichkeit bedingt, den Prozeß der Produktion unmittelbar zu kontrollieren. Die Arbeitsbedingungen wurden nunmehr ausschließlich vom Unternehmer festgelegt. Die Bedürfnisse des einzelnen Arbeiters hatten sich an der festgelegten Ordnung zu orientieren. Dadurch ergab sich die Möglichkeit, diverse Methoden der Disziplinierung und Beaufsichtigung anzuwenden.

Dies führte letztlich zu einer - gegenüber früheren Zeiten - wesentlich effizienteren Kontrolle des Arbeitsprozesses. Eine derartige Kontrolle wurde vor allem durch eine entsprechende interne Organisation ermöglicht. Im Zusammenhang damit stand auch die Etablierung von hierarchischen Strukturen. Die arbeitsteilige, hierarchische Form der Organisation bedingte allerdings auch die Trennung geistiger und körperlicher Tätigkeit. Diese wurden nun - im Gegensatz zu früher - von verschiedenen Personen ausgeübt. Die ursprünglich persönlich-patriarchalische Beziehung zwischen Unternehmen und Arbeitern wurde abgelöst von formalen Regeln, etwa in Form von Fabriksordnungen. Dadurch kommt es zum Auftreten dominanter bürokratischer Elemente. Die Etablierung einer Ordnung mit Normen und Pflichten bedingte aber auch die Notwendigkeit, deren Einhaltung zu überwachen. Dies sollte vor allem durch das Verhalten von Menschen garantiert werden, die speziell zu diesem Zweck als "Management" eingestellt wurden.

Die eigentliche Organisation der Arbeit war gekennzeichnet vom Streben nach größerer Effizienz des Arbeitsprozesses. Im Rahmen dessen wurden oft sehr komplexe Tätigkeiten und Abläufe in zahlreiche einzelne, kontrollierbare Teile zerlegt. Diese werden dadurch relativ leicht meßbar, steuerbar, erlernbar und organisierbar. Dadurch wird es auch möglich, die erforderlichen Arbeitskräfte selektiv, d.h. auch billiger einzukaufen. Der zweite wesentliche neue Aspekt war, daß anstelle des natürlichen menschlichen Rhythmus die rational eingeteilte Zeit trat. Dadurch konnte auch der Lohn nach der Zeiteinheit bestimmt werden. Dies bedingte, daß sorgloser Umgang mit der Zeit - etwa Zuspätkommen oder geringer Fleiß - Sanktionierungen unterworfen werden konnte.

Die weitere Entwicklung der Arbeitsteilung unter Berücksichtigung des Faktors Zeit führte direkt zum "Scientific Management" von F.W. Taylor (vgl. auch Abschnitt 2.2.2.). Taylor studierte Arbeitsprozesse und die damit verbundenen Bewegungen in äußerst systematischer Weise. Das Ziel dieser Studien war es, den Kräfteeinsatz zu minimieren, tote Zeiten zu eliminieren und Richtwerte für zumutbare Leistungen zu erstellen. Die zentralisierte Fertigung in Manufakturen bedeutete für den Unternehmer die Notwendigkeit wesentlich höherer Investitionen als im Verlagswesen. Im Verlagswesen war hauptsächlich zirkulierendes Kapital eingesetzt. Im Rahmen einer Manufaktur war demgegenüber der Einsatz beträchtlichen fixen Kapitals notwendig. Der relativ hohe Kapitaleinsatz war bedingt durch Anlagen, Maschinen, die Bereitstellung von Rohstoffen, die Lagerung der Fertigprodukte sowie durch fixe Löhne. Angesichts dessen ist das Bestreben nach einem möglichst effizienten Management des Unternehmens verständlich.

Im Zuge der Hierarchisierung kam es auch zur Einstellung eines professionellen Management unterhalb der "ersten Ebene". Es war sowohl für den kaufmännischen als auch für den technischen Bereich der Manufaktur unumgänglich. Im technischen Bereich war es laufend notwendig, die Techniken der Produktion zu verbessern, Innovationen einzuführen sowie Know-how zu erlangen. Zu diesem Zweck wurde auch versucht, Leute aus dem Ausland - oft verbunden mit hohen Kosten und Mühen - aus führenden Produktionsstätten anzuwerben.

Die Epoche des Verlagssystems und der Manufakturen zeigt den Aufstieg des industriellen Kapitalismus deutlich. In dieser Zeit kam es zu einer beträchtlichen Ausweitung der

Produktion von Waren. Dies erfolgte bereits unter Anwendung kapitalistischer Methoden, wenngleich diese in späterer Zeit noch weiterentwickelt wurden. Im Gegensatz zum modernen industriellen Kapitalismus fehlte allerdings die vollständige Ausdehnung kapitalistischer Erscheinungsformen auf die gesamte Struktur der Wirtschaft.

ADMINISTRATIVE AUFGABE	EPOCHE	ADMINISTRATIVE PROBLEME	METHODEN ZUR PROBLEMLÖSUNG
Bau der Pyramiden in Ägypten (2.1.1.)	3. Jt. v. Chr.	Personal- - rekrutierung, - unterhalt, - führung Logistik (insbes. Material)	militärische Methoden, etwa Hierarchie (z.B. Dienstgrade), überschaubare organisatorische Einheiten (vgl. Kontrollspanne) div. technische Hilfsmittel und Transportmethoden
Organisation der Olympischen Spiele in Griechenland (2.1.2.)	8. Jh. v. Chr. - 4. Jh. n. Chr.	Organisation z.B. Bereitstellung der Infrastruktur, Ablauforganisation Finanzierung	Diverse organisatorische und technische Maßnahmen, Festlegung eines umfangreichen Procederes bzw. Regeln "Fund Raising", "Sponsoring"
Verwaltung des Römischen Weltreiches (2.1.3.)	1. Jh. v. Chr. (Blütezeit)	Führung des Staates Expansionspolitik Verwaltung der Provinzen	"Parlament", entwickeltes Rechtswesen, Berufsbeamtentum, fortschrittliches Gemeinwesen, moderne Militärorganisation Militär, Straßenbau, Nachrichtenwesen
Organisation der röm.-kath. Kirche (2.1.4.).	seit 2 Jt.	Aufrechterhaltung des kirchl. Ordnungssystems und internationalen Netzwerks	Kirchenrecht, Territorialprinzip, Personalprinzip, zentralistische Leitung, strikte Hierarchisierung

Staatliche Verwaltung durch den Adel (2.1.5.).	15. u. 16. Jh.	Absicherung und Ausweitung der Macht Finanzierung	administrative Maßnahmen (z.B. Handelspolitik) Eroberungen (vgl. Militär) Erschließung diverser Finanzierungsquellen (z.B. Zölle, Monopole)
Handel als Wirtschaftsfaktor (2.1.6.).	15. u. 16. Jh.	Abwicklung von Handelsgeschäften, Gewährung von Darlehen, Vermögensverwaltung	Organisation von Gesellschaften, Optimierung von Nachrichtenwesen und Transport, finanzielle Operationen, Rechnungswesen, (Preis-)Kalkulation, "Risk Management"
Militärverwaltung in Preußen (2.1.7.)	17. u. 18. Jh.	Behördenorganisation, Rekrutierung, Disziplinierung, Logistik (Güter, Nahrungsmittel)	laufende Reformen, Beachtung von Organisationsprinzipien bei Aufbau- und Ablauforganisation, Implementierung zahlreicher Verwaltungsvorschriften, Einführung eines Vergabewesens für Heeresaufträge
Management von Industrieunternehmen (2.1.8.)	18. Jh.	Koordination und Kontrolle des Verlagswesens Optimale Organisation der Manufaktur	Delegation, Einsatz von Subkontraktoren Arbeitsteilung, hierarchische Strukturen, effiziente Kontrolle, Bürokratisierung

Übersicht 1: Administrative Probleme und Lösungsansätze im historischen Überblick

2.2. Ansätze zur Theorie der Verwaltung

2.2.1. Max Weber und der Bürokratieansatz

Im vorigen Abschnitt wurde versucht, die historische Entwicklung der Verwaltung mit Hilfe einiger Beispiele aus der Praxis der Verwaltung zu dokumentieren. Im Anschluß an die Darstellung dieser praktischen Verwaltungsprobleme und Lösungsversuche sollen bedeutende theoretische Ansätze behandelt werden, die ihrerseits großen Einfluß auf die weitere Entwicklung der praktischen Verwaltung wie auch der wissenschaftlichen Beschäftigung mit dem Gebiet der Verwaltung haben. Zu diesem Zweck soll zunächst auf den Bürokratieansatz von Max Weber überblicksweise eingegangen werden (Weber 1922/1985; Kieser/Kubicek 1978, S. 78 ff.; Strunz 1988, 31 ff.).

Der Grund für die Entwicklung des Bürokratieansatzes, dessen Entstehung etwa in die Zeit zwischen 1900 und 1920 fällt, liegt zum einen in der durch wachsende Verwaltungsapparate entstandenen Notwendigkeit effizienter Verwaltungsorganisationen (vgl. z.B. Preußen). Zum anderen ist dafür sicherlich auch die dieser Zeit eigene liberale Staatsphilosophie und das nicht zuletzt damit verbundene Prestige- und Aufstiegsdenken bestimmter Gruppen der Gesellschaft verantwortlich. Der Bürokratieansatz versucht, gesellschaftliche Herrschafts- und Ordnungsformen zu analysieren. Dabei stehen Fragen von Macht, Herrschaft sowie die Analyse der Merkmale, Voraussetzungen und Auswirkungen der Bürokratie im Zentrum des Interesses.

Für Max Weber ist die Bürokratie die dominierende Herrschaftsform in Wirtschaft und Verwaltung. Im Sinne eines Instrumentes zur Machtausübung sieht Weber die Bürokratie als "perfekt" und "effizient" an. Allerdings tritt er ihrer Befürwortung aufgrund ihrer gesellschaftlichen Auswirkungen entschieden entgegen. Gegenstand der Untersuchungen von Weber sind etwa - auf der Grundlage eines detaillierten begrifflichen Systems - das soziale Handeln, das Verhalten von Organisationsmitgliedern, die Abläufe von Handlungen, Fragen der Organisationsstruktur und die Existenz legitimer Ordnungen.

Für Weber ist die Grundlage der Bürokratie die legale Herrschaft. Diese kennzeichnet das "idealtypische" Modell der Bürokratie. Dessen Merkmale sind die klare Regelung von Kompetenzen, Leistungspflicht, Befehlsgewalt und Gehorsamspflicht, Zulässigkeit von Zwangsmittel, das Prinzip der Hierarchie und der Instanz, feste Kontrollen und Aufsichtsregeln. Ferner sind in diesem Zusammenhang das Recht auf Berufung und Beschwerde sowie die verpflichtende Dokumentation aller Abläufe zu nennen. In personeller Hinsicht ist das Bürokratiemodell durch die notwendige fachliche Qualifikation der Mitarbeiter, festes Gehalt, Hauptamtlichkeit der Tätigkeit, kalkulierbare Aufstiegschancen, die Sachlichkeit der Pflichterfüllung und den Grundsatz der Amtsverschwiegenheit charakterisiert.

Insgesamt sind diese Merkmale im wesentlichen von allgemeiner Gültigkeit. Anzutreffen sind sie letztlich in jeder bürokratischen Verwaltung bzw. hierarchischen Ordnung, gleichgültig ob in Wirtschaft, Verwaltung oder anderen Institutionen.

Die Voraussetzungen für die Entstehung der Bürokratisierung lagen in der Entwicklung der Geldwirtschaft und der Schaffung eines Steuersystems als Grundlage für die Erhaltung eines bürokratischen Apparates durch den Staat. Dadurch wurde eine Ausdehnung der Bürokratisierung in Wirtschaft und staatlicher Verwaltung erst ermöglicht. Ein Grund für deren Ausdehnung ist vor allem in der Ausweitung der Verwaltungsaufgaben in qualitativer und quantitativer Hinsicht zu sehen. So haben letztlich neben reinen machtpolitischen Bedürfnissen der Herrscher, etwa in Form eines stehenden Heeres oder eines entwickelten Finanzwesens, vor allem wachsende kulturbedingte Ansprüche an den Staat (z.B. Justiz, Polizei, Erziehung, Verkehr) zu dieser Entwicklung geführt.

Die Auswirkungen der Bürokratie als "perfektes" Instrument, vorgegebene Ziele zu erreichen, zeigen sich wie folgt: Bürokratische Apparate weisen oft Tendenzen zur

Beharrung und die Neigung zur Verselbständigung auf. Dadurch wird den Strukturen häufig größere Bedeutung geschenkt als den eigentlichen Zielen. Diese Eigenschaften wirken sich auch auf den Charakter der in der Bürokratie Beschäftigten aus. Folgen davon sind die scharfe Trennung von Privat- und Arbeitssphäre, eine mechanistische Betrachtungsweise des Menschen im Arbeitsleben, Ausdehnung der Sachlichkeit der Pflichterfüllung auf persönliche Einstellungen und die Forderung nach Disziplin. Tendenziell wird der Mitarbeiter jedoch allmählich von der Bürokratie geprägt, wodurch schließlich auch eine relativ enge Bindung der in der Bürokratie beschäftigten Personen an diese entsteht.

Selbstverständlich hat der Bürokratieansatz eine umfangreiche positive und negative Kritik hervorgerufen. Zahlreiche Weiterentwicklungen des Ansatzes in verschiedenste Richtungen liegen vor. Von der Darstellung der Kritik und Entwicklung des Bürokratieansatzes wird hier abgesehen, da im Zusammenhang mit der historischen Entwicklung der Verwaltung vor allem das ursprüngliche Modell aufgrund seines wegweisenden Charakters wesentlich erscheint.

2.2.2. Der Ansatz der anglo-amerikanischen Managementlehre

Etwa zur selben Zeit wie der Bürokratieansatz von Max Weber entstand die "Managementlehre" im anglo-amerikanischen Raum (Kieser/Kubicek 1978, 116 ff.). Während sich der Ursprung des Bürokratieansatzes auf das Wachstum der staatlichen Verwaltungen bezog, kann die Entstehung der Managementlehre auf die im Zuge der industriellen Revolution gestiegene Komplexität privatwirtschaftlicher Betriebe zurückgeführt werden. Die Managementlehre war im Gegensatz zum Bürokratieansatz, dessen Ziel vor allem die Analyse gesellschaftlicher Entwicklungen war, von Beginn an an der betrieblichen Praxis orientiert. Ihr Ziel war es, zu zeigen, wie Betriebe effizient geführt werden können und wie effiziente Organisationsstrukturen aufzubauen sind.

Durch den Trend zur Massenproduktion am Ende der Phase der industriellen Revolution kam es zu schnellem Wachstum der Unternehmen und dadurch zur Entstehung von Verwaltungsproblemen. Hinter der Massenproduktion stand die Idee, die Fabrik wie eine große Maschine zu organisieren. Dies bedingte auch eine spezifische Gestaltung der menschlichen Arbeit. Interessante diesbezügliche Vorschläge entwickelte Frederick W. Taylor (1911). Im Rahmen des "Scientific Management" - das die Grundlagen der anglo-amerikanischen Managementlehre, aber auch jene der deutschen betriebswirtschaftlichen Organisationslehre bildete - versuchte er, der Arbeitsgestaltung eine wissenschaftliche Basis zu geben.

Das Ziel von Taylor war es, die Produktivität der Arbeiter und die Effizienz des Managements zu steigern. Dazu entwickelte er ein System von Regeln, Prinzipien und exakten Verfahren. Diese beruhten auf einem systematischen Studium von Arbeitsprozessen, etwa durch Zeitmessungen und Bewegungsanalysen am Arbeitsplatz. Das Ergebnis dieser Studien war, daß ein Maximum an Produktivität dann erreicht wird, wenn die zu erledigende Gesamtaufgabe in viele Teilaufgaben aufgespaltet wird. Dabei soll der Arbeiter von allen vorbereitenden und planenden Tätigkeiten entlastet werden. Diese Tätigkeiten sollen von speziell dafür ausgebildeten Personen wahrgenommen werden. Für die Verwaltungstätigkeiten im Fertigungsbereich entwickelte Taylor ein System differenzierter Planungs-, Überwachungs- und Anweisungsfunktionen.

Die entwickelten Methoden führten rasch zu beachtlichen ökonomischen Erfolgen. Die organisatorischen Vorschläge Taylors haben sich in ihren Grundzügen letztlich bis heute in allen industriellen Organisationen etabliert. Spezialisierung und Standardisierung wurden relativ rasch zu relevanten Prinzipien des Managements auch außerhalb des Fertigungsbereiches. Schließlich wurden diese Prinzipien auf die gesamte Organisation ausgeweitet. Dafür maßgeblich waren die Weiterentwicklung der Massenfertigung, verbunden mit einer Intensivierung des Wettbewerbs. Durch den zunehmenden Wettbewerb wurde ein stärkeres Kostenbewußtsein notwendig. Dies bedingte - in den immer größer werdenden Unternehmen - aufwendige Kontrollsysteme (Kostenrechnung, Buchhaltung). Durch die komplizierten Produktionssysteme war auch eine relativ starke Abhängigkeit der Unternehmen von ihren Lieferanten gegeben. Dadurch entwickelte sich der Bedarf nach speziellen Verwaltungsstellen für die Beschaffung, Lagerhaltung und Bereitstellung von Material.

Derartige Notwendigkeiten führten insgesamt zu einer ständig wachsenden Betriebsgröße. Es wurde für die Leitung der Unternehmen zunehmend schwieriger, alle Entscheidungen selbst zu treffen. Dies führte wiederum zur Entstehung von unterstützenden Verwaltungsstäben. Neben der Arbeiterschaft entwickelte sich dadurch bald ein relativ großer Anteil von Angestellten an der Gesamtzahl der Beschäftigten.

Dies war verbunden mit dem Bedarf nach Regeln für die Strukturierung der Tätigkeiten in der Verwaltung. Damit waren auch jene Problemstellungen gegeben, denen sich die Managementlehre - in ihrer weiteren Entwicklung - in den 30er Jahren widmete. Auch bei späteren Entwicklungen der Managementlehre stand, vor dem Hintergrund der Erreichung maximaler Zweckmäßigkeit, Wirtschaftlichkeit und Flexibilität, das Problem des Organisierens - bezogen auf den gesamten Betrieb - im Zentrum des Interesses.

Ebenso wie beim Bürokratieansatz wird auf diese Weiterentwicklungen hier nicht näher eingegangen, da vor allem die Gründe der Entstehung der Managementlehre und ihre wesentlichen initialen Verdienste von Interesse sind.

2.3. Erkenntnisse aus der Entwicklung der Verwaltung - Formulierung von Arbeitshypothesen

Versucht man, die aus der historischen Analyse gewonnenen Erkenntnisse zu verallgemeinern, läßt sich eine Reihe von Hypothesen ableiten. Zu diesem Zweck können weiters noch Erkenntnisse aus dem neueren organisationstheoretischen und wissenschaftstheoretischen Zusammenhang einbezogen werden. Daraus ergeben sich folgende Hypothesen, die als Leitlinie im Rahmen der weiteren Vorgangsweise genützt werden (Strunz 1988, 33 f.):

I. Aus der historischen Entwicklung der Verwaltung abgeleitete Hypothesen

- Die Existenz von Verwaltungsproblemen - auch im Sinne von Management- und Organisationsproblemen - während der gesamten Geschichte der Menschheit kann als erwiesen betrachtet werden.

- Im langen Entwicklungsprozeß der Verwaltung zeigen sich zwar ständige Wandlungen der Schwerpunkte und Lösungsansätze; es läßt sich jedoch erkennen, daß bestimmte Probleme, Verhaltensweisen und Praktiken immer wiederkehren.

- Die Lösung der Probleme erfolgte in vielen Fällen in bemerkenswerter Weise, meist unter Anwendung einfachster Hilfsmittel; dies auch unter Heranziehung heute gültiger Maßstäbe und oft wegweisend für die Lösung aktueller Aufgaben.

- Die Entstehung der Verwaltung und lange Abschnitte ihres Entwicklungsprozesses waren von der Notwendigkeit der Bewältigung staatlicher Aufgaben gekennzeichnet. Es zeigt sich allerdings, daß Verwaltung nicht ausschließlich auf staatliche Verwaltung konzentriert ist. Sie schließt vielmehr eine Reihe anderer, ebenfalls verwaltungsbedürftiger Bereiche ein.

- Alle heute relevanten Ansichten über Management, Verwaltung und Organisation sind historisch (zumindest in ihren Grundzügen) sichtbar. Die Geschichte zeigt diese Erkenntnisse - in Überlieferungen und Aufzeichnungen - bereits.

II. Aus den organisationstheoretischen Erkenntnissen abgeleitete Hypothesen

- Bei der Durchführung praktischer Verwaltung kann von Prozessen des Managements unter Einbeziehung aller Funktionen des Managements - wie z.B. Entscheidung, Organisation und Kontrolle - gesprochen werden.

- Institutionen, in denen Verwaltung notwendig ist, treten in der Realität in vielfältiger Gestalt auf und können kaum durch einen einheitlichen Typus charakterisiert werden.

- Die Effizienz von derartigen "Administrationen" im Sinne Max Webers muß aufgrund des Auftretens zahlreicher praktischer Probleme relativiert betrachtet werden.

- Das Handeln der im Prozeß der Verwaltung Involvierten erfolgt grundsätzlich zwar rational, allerdings sind die Grenzen menschlicher Rationalität in alle Betrachtungen einzubeziehen.

- Als Voraussetzung professioneller Verwaltung sind bestimmte Ressourcen ideeller, finanzieller und personeller Natur notwendig. Dies setzt vor allem die Existenz einer "Infrastruktur" im Sinne eines bestimmten allgemeinen kulturellen und wirtschaftlichen Entwicklungsgrades voraus.

III. Aus dem wissenschaftstheoretischen Zusammenhang abgeleitete Hypothesen

- Als Ausgangspunkt des wissenschaftlichen Interesses an Verwaltung waren bisher hauptsächlich praktische Interessen ausschlaggebend.

- Daraus folgt die Existenz praktischer und - sich überwiegend daraus ableitend - theoretischer Erkenntnisinteressen in bezug auf die Verwaltung. Diese Interessen sollten letztlich auch in einem einheitlichen Bezugsrahmen integriert werden.

- Festzustellen sind nicht unbeträchtliche Mängel bezüglich theoretisch fundierter Begriffe und hinreichend begrifflicher Abgrenzungen auf dem Gebiet der Verwaltung.

- Auch die Bestimmung des Standortes einer ernsthaften theoretischen Beschäftigung mit Verwaltung wurde bisher nicht in befriedigender Weise vollzogen.

- Der Grund dafür liegt im Umstand, daß Verwaltung zahlreiche wissenschaftliche Disziplinen involviert. So beschäftigen sich etwa Rechtswissenschaft, Wirtschaftswissenschaft, Soziologie, Politikwissenschaft, Psychologie und Geschichte mit verwaltungsspezifischen Fragestellungen.

- Die im Zusammenhang damit gegebenen Interdependenzen zeigen sich in der wissenschaftlichen Realität allerdings wenig harmonisch in einem Neben- bzw. Durcheinander von Fragestellungen und Problemen.

- Als Ausweg aus dieser Problematik liegt es nahe, eine möglichst weitgehende interdisziplinären Behandlung des Gebiets anzustreben. Dies ist allerdings aufgrund des umfangreichen, sicherlich nicht leicht zuzuordnenden Forschungsgegenstandes nur schwer zu verwirklichen.

3. Der Begriff "Verwaltung"

3.1. Die Entstehung des Begriffs "Verwaltung"

Angesichts der großen praktischen Bedeutung von Verwaltung in der heutigen Zeit verwundert es, daß die theoretischen Fundamente auf diesem Gebiet nur sehr mangelhaft ausgeprägt sind. Dies wird deutlich, wenn man versucht, die verschiedenen Auffassungen des Begriffs "Verwaltung" aufzuarbeiten (Strunz 1993a, 3 ff.). Der Begriff Verwaltung beinhaltet vielfältige Aspekte, eine generelle Definition existiert bisher aber nicht. Systematische Versuche, eine aussagekräftige Definition zu finden, sind seit über hundert Jahren zu registrieren. Gewisse allgemein anerkannte Resultate konnten allerdings erzielt werden. Heute besteht weitgehende Einigkeit darüber, daß der Terminus Verwaltung ein sehr allgemeiner, mehrdeutiger Begriff mit großem Umfang ist. In seiner gesamten Tragweite kann er allerdings nur auf dem Weg der Einbeziehung vielfältiger relevanter Aspekte erfaßt werden. Gerade über den Inhalt des Begriffs Verwaltung herrscht jedoch keine Einigkeit. Das diesbezügliche Verständnis ist sehr different. Relativ unabhängig voneinander existieren unterschiedliche Betrachtungsweisen verschiedener Disziplinen sowie teilweise erhebliche Auffassungsunterschiede innerhalb dieser Disziplinen. Insbesondere trifft dies auf die Rechtswissenschaft und die Betriebswirtschaftslehre zu.

In der Folge werden im einzelnen juristische, betriebswirtschaftliche und soziologische Aspekte und Ansätze des Begriffs Verwaltung untersucht.

Im sprachlichen Ursprung bedeutet das Wort Verwaltung gemäß der Bedeutung seiner einzelnen Silben "vorwärts", "zur Vollendung" sowie "dienen" bzw. "etwas besorgen" in bezug auf einen bestimmten Zweck. In einer ersten inhaltlichen Annäherung umfaßt Verwaltung eine sinnvolle, an einem bestimmten Zweck orientierte und daher planmäßige Tätigkeit zur Besorgung bestimmter Angelegenheiten. Bei der Ausführung dieser Tätigkeit ist der Administrator aktiv involviert.

Betrachtet man die historische Entwicklung des Begriffs, so zeigt sich, daß dieser ursprünglich für die am Privatrecht orientierte, regelnde und auf die Sicherung des Besitzes gerichtete Ausübung von Macht durch die Fürsten (im Mittelalter) verwendet wurde. In der Zeit der Zentralisierung der Staatsgewalt am Beginn der Neuzeit verlagerte sich die Bedeutung des Begriffs auf die öffentlich-rechtliche Ebene. Aufgrund des zunehmenden Stellenwertes organisierender Funktionen in Großunternehmen als Folge der industriellen Revolution kam es zu einer Wiederanwendung des Verwaltungsbegriffs im privaten Sektor.

Heute umfaßt der Verwaltungsbegriff im wesentlichen zwei inhaltliche Bedeutungen. Zum einen Verwaltung im öffentlichen Bereich und zum anderen Verwaltung als privatwirtschaftliche Tätigkeit. Verwaltung als privatwirtschaftliche Tätigkeit meint hier vor allem den Unternehmensbereich Verwaltung bzw. die mit Management verbundenen Aufgaben. Inhaltlich sind damit beispielsweise die Tätigkeiten Koordination, Planung und andere an kommerziellen Grundsätzen ausgerichtete Aktivitäten im Mittelpunkt.

Trotz offensichtlicher Unterschiede zwischen öffentlicher und privater Verwaltung sind gewisse Gemeinsamkeiten feststellbar. Bosetzky und Heinrich (1981, 379) stellen sogar fest, daß sich heute eine Konvergenzbewegung zwischen öffentlicher und privatwirtschaftlicher Verwaltung abzeichnet.

Geht man auf die historische Entwicklung des Verwaltungsbegriffs näher ein, so ist ersichtlich, daß das Wort "Verwaltung" bereits im 15. Jahrhundert nachweisbar ist. In dieser Zeit wird es im Zusammenhang mit der privatrechtlich ausgeübten Tätigkeit der territorialen Fürsten angewendet. Im 18. Jahrhundert wird der Begriff überwiegend noch im privatwirtschaftlichen Sinn verstanden. Dabei wird er vor allem im Zusammenhang mit Verwaltung von Vermögen, Gutsverwaltung, Verwaltung von Eigentum und Verwaltung von Gütern verstanden. Noch im selben Jahrhundert kommt es zu einer Verlagerung des Begriffs von derartigen privatwirtschaftlichen Sachverhalten auf Tätigkeiten des Staates. Hier steht der Terminus vor allem im Zusammenhang mit Finanzverwaltung, Verwaltung von staatlichem Eigentum und Verwaltung eines Amtes.

Weitere inhaltliche Veränderungen erfährt der Begriff Verwaltung zu Beginn des 19. Jahrhunderts. Einerseits wird er konkret auf die Tätigkeit des Verwaltens in Organisationen angewendet; zum anderen wird er endgültig auf die Funktion der Verwaltung im modernen Staat, die Vollzugsfunktion, beschränkt.

Im Zuge der Entwicklung der modernen Sozialwissenschaften beschäftigten sich auch Soziologie und Betriebswirtschaftslehre mit dem Verwaltungsbegriff. Vor allem die Leistungen Max Webers auf dem Gebiet der Erforschung der Bürokratie sind in diesem Zusammenhang zu nennen. Daraus resultierte, daß der Begriff gegenüber seiner Behandlung in der Rechtswissenschaft - konkret im Verwaltungsrecht - unterschiedlich interpretiert wurde (und wird).

3.2. "Verwaltung" in der Rechtswissenschaft

3.2.1. "Verwaltung" im öffentlichen Recht

Grundsätzlich kann der juristische Verwaltungsbegriff aus zwei Perspektiven betrachtet werden (Strunz 1993a, 13 ff.): Zum einen aus der Sicht des öffentlichen Rechts, insbesondere des Verwaltungsrechts. Andererseits spielt der Verwaltungsbegriff auch im Privatrecht eine bedeutende Rolle, so etwa im Aktienrecht. Der privatrechtliche Verwaltungsbegriff des Aktienrechts umfaßt die Verwaltung von Unternehmen und beinhaltet somit Aspekte der Unternehmensführung. Der Verwaltungsbegriff des öffentlichen Rechts hingegen hat die Vollziehung im Rahmen des Staatswesens in funktionaler und institutioneller Hinsicht zum Gegenstand.

Geht man auf die Diskussion um den Verwaltungsbegriff des öffentlichen Rechts ein, zeichnen sich bezüglich der vorliegenden Definitionen zwei Hauptgruppen ab (Damkowski 1969, 15): Zum einen wird Verwaltung als planmäßige und permanente Tätigkeit des Staates zur Erreichung seiner Zwecke definiert; andere Definitionen wiederum sehen Verwaltung unter der Perspektive der Teilung der Gewalten. Demnach ist Verwaltung diejenige Tätigkeit des Staates, die weder Gesetzgebung, Rechtsprechung noch Regierung ist. Dabei wird das Element des Vollzugs besonders betont.

Die Probleme der Bestimmung des Begriffs "Verwaltung" im öffentlichen Recht stehen im Zusammenhang damit, daß es einen juristisch einheitlichen und brauchbaren Terminus der öffentlichen Verwaltung nicht gibt. Dies ist auf deren Komplexität zurückzuführen, die sich nicht in eine knappe Definition fassen läßt. Die Vielfalt der Aufgaben scheint am ehesten erfaßbar, wenn man öffentliche Verwaltung im materiellen Sinn betrachtet. Demgemäß sind es letztlich öffentliche Angelegenheiten, die erfüllt und verwaltet werden, somit Angelegenheiten der Gemeinschaft und ihrer Mitglieder.

Versucht man, den Begriff der öffentlichen Verwaltung zu skizzieren, stehen folgende Möglichkeiten zur Diskussion (Adamovich/Funk 1986, 11 ff.):

Das Verwaltungsrecht unterscheidet zwischen Verwaltung im materiellen Sinn, womit die Gesamtheit der durch Organe der Verwaltung ausgeführten Tätigkeiten bezeichnet wird, und Verwaltung im organisatorischen Sinn, was die Gesamtheit der Verwaltungsorgane selbst meint. Unter Verwaltung im formellen oder funktionalen Sinn versteht das Verwaltungsrecht die Summe aller formalisierten Akte oder Entscheidungen der Verwaltung (z.B. Verordnungen, Bescheide).

Eine weitere Möglichkeit der Definition des Terminus Verwaltung ist die Methode der positiven oder negativen Bestimmung des Begriffs. Die positive Definition bestimmt den Begriff in direkter oder indirekter Weise. Die negative Methode definiert ihn - in Form einer Art Subtraktion - als Rest nach Abzug aller anderen Staatsfunktionen (Gesetzgebung und Gerichtsbarkeit).

Eine andere Art der Bestimmung des Begriffs besteht darin, Verwaltung anhand ihrer, von einer bestimmten Rechtsordnung festgelegten Merkmale zu definieren.

Weiters ist es möglich, den Begriff mit Hilfe einer Typologie festzulegen. Dabei wird versucht, die Charakteristika der Verwaltung zu finden. Im Zuge des Vergleichs verschiedener Rechtsordnungen werden typische gemeinsame Merkmale ermittelt. Ein dieserart bestimmter Terminus entspricht dann allerdings nicht einem Rechtsbegriff der Verwaltung im Rahmen einer bestimmten Verfassung.

In der Folge sollen einige Beispiele die negative und positive Bestimmung des Begriffs "Verwaltung" verdeutlichen. Dabei ist festzustellen, daß anfänglich nahezu ausschließlich die Methode der negativen Begriffsbestimmung gewählt wurde. Erst im Laufe der Zeit versuchte man, sich dem Begriff mit Hilfe der aussagekräftigeren positiven Methode der Bestimmung zu nähern.

Folgende Beispiele zeigen zunächst die negative Methode der Begriffsbestimmung (Winkler 1958, 66 ff.):

- Verwaltung ist die Tätigkeit des Staates, die nicht Gesetzgebung oder Justiz ist.

- Verwaltung ist der Inbegriff der nicht in Rechtsprechung bestehenden Vollziehung der Gesetze.

- Verwaltung ist die Tätigkeit, die der Staat zur Erreichung seiner Zwecke innerhalb der Rechtsordnung entfaltet. Diese fällt weder in den Bereich der Gesetzgebung noch der Rechtsprechung.

- Im organisatorischen Sinn ist Verwaltung als Tätigkeit der Verwaltungsbehörden außerhalb von Gesetzgebung und Justiz zu verstehen.

- Alle staatliche Tätigkeit, die weder Justiz noch Gesetzgebung ist, heißt Verwaltung.

- Verwaltung ist das gesamte Verhalten der Behörden, das weder ein Urteil noch die Vorbereitung eines Urteils darstellt.

- Verwaltung ist diejenige Funktion der Staatsgewalt, welche übrig bleibt, wenn man Gesetzgebung und Rechtsprechung abzieht.

Allmählich wurde die überwiegend positive Bestimmung des Begriffs präferiert. Einige Beispiele zeigen dies wie folgt (Winkler 1958, 68 ff.):

- Verwaltung ist die Summe der Funktionen des Staates, die durch das Instrument der Weisung determiniert werden können.

- Verwaltung ist die Tätigkeit zur Gestaltung des Lebens der Gemeinschaft durch Arbeit von Behörden.

- Verwaltung ist die auf die praktische Verwirklichung der Staatsaufgaben gerichtete Tätigkeit.

- Verwaltung ist der Bereich der Tätigkeit der an Weisungen gebundenen Organe des Staates.

- Verwaltung ist die Vollziehung der Gesetze durch alle nicht richterlichen Organe.

- Verwaltung ist eine handelnde Funktion des Staates, die aus eigener Initiative das soziale Leben im Rahmen der Gesetze schöpferisch gestaltet.

- Verwaltung kann ganz allgemein als zukunftsorientierte Tätigkeit des Staates zur sozialen Gestaltung bezeichnet werden.

- Verwaltung wird auch als Tätigkeit des Staates bezeichnet, innerhalb derer politische Entscheidungen vollzogen werden.

Wolff (1956, 7 ff.) formuliert schließlich einen positiven Begriff der Verwaltung in dreifacher Weise: In materieller Weise sieht er Verwaltung als vielfältige, gestaltende Besorgung von Angelegenheiten in Hinblick auf die Erreichung eines bestimmten Zwecks. Im organisatorischen Sinn versteht Wolff Verwaltung als die zur Verwaltung bestellten Teile der staatlichen Organisation. Verwaltung im funktionellen Sinn bezeichnet er als Tätigkeit, die von den Organen der Verwaltung eines Gemeinwesens wahrgenommen wird.

In jüngerer Zeit konnten kaum wesentliche Fortschritte bei der Bestimmung des Terminus verzeichnet werden. Für Rill (1979, 57 f.) scheint es - als Konsequenz der bisherigen Bemühungen - geboten, sich bei der Bestimmung des Begriffs mit einer realistischen Bestandsaufnahme zufrieden zu geben. Rill listet dabei im wesentlichen detailliert jene organisatorischen Einheiten des Staates auf, die nicht der Gesetzgebung oder Rechtsprechung angehören. Diese können somit als Organe der Verwaltung - zur Wahrnehmung bestimmter Kompetenzen - bezeichnet werden.

Der gegenwärtige Status der Bemühungen, einen Begriff der Verwaltung zu bestimmen, ist durch folgende Merkmale gekennzeichnet: Aufgrund der Vielfältigkeit der Formen und Aufgaben der öffentlichen Verwaltung wird der Begriff gegenwärtig für nicht wirklich definierbar gehalten. Allerdings liegt es nahe, anstelle einer Definition zumindest eine Skizzierung und Illustration anzustreben. Eine derartige Umschreibung könnte durchaus unter Heranziehung mehrerer Methoden und Kriterien erfolgen. Beispielsweise wäre es möglich, die Methoden der positiven und negativen Begriffsbestimmung wie auch formelle und inhaltliche Merkmale zu kombinieren. Wesentliche Probleme, wie etwa eine präzise und verläßliche Abgrenzung der Verwaltung von anderen staatlichen Funktionen, können jedoch auch dadurch kaum gelöst werden.

3.2.2. "Verwaltung" im Privatrecht

Der juristische Verwaltungsbegriff findet sich nicht nur im öffentlichen Recht, sondern auch im Privatrecht. So läßt sich der Begriff etwa im bürgerlichen Recht als Tätigkeit in Hinblick auf ein dem Träger fremdes Objekt (Vermögen) bestimmen. Das Aktienrecht versteht demgegenüber Verwaltung als Kompetenz zur Geschäftsführung. Am besten läßt sich die Bedeutung des Begriffs im Rahmen des Privatrechts darstellen, wenn man versucht, die diesbezüglichen Aspekte im Aktienrecht zu analysieren. Dies soll anhand des österreichischen Aktiengesetzes (Aktiengesetz 1965) dokumentiert werden. Grundlage der Tätigkeit einer Aktiengesellschaft ist die Satzung. Diese legt den Namen der Firma, den Sitz, den Gegenstand des Unternehmens, die Höhe des Kapitals sowie den Vorstand fest.

Der Vorstand ist als Gremium zur Leitung der Aktiengesellschaft bestimmt. Er hat die Gesellschaft so zu leiten, daß das Wohl des Unternehmens gesichert ist. Dabei ist die Berücksichtigung der Interessen der Aktionäre, Arbeitnehmer sowie des öffentlichen Interesses erforderlich. Im Aktiengesetz ist festgelegt, daß der Vorstand die Gesellschaft gerichtlich und außergerichtlich vertritt. Der Vorstand ist dem Aufsichtsrat verantwortlich, welcher auch die Bestellung und Abberufung des Vorstandes durchführt. Ein wesentlicher Punkt ist die Regelung der Sorgfaltspflicht und Verantwortlichkeit der Mitglieder des Vorstandes. Damit ist vor allem die Pflicht zur ordnungsgemäßen Geschäftsführung angesprochen.

Der Aufsichtsrat ist ein dem Vorstand übergeordnetes Gremium zur Leitung der Gesellschaft. Der Aufsichtsrat wird durch die Hauptversammlung gewählt. Seine wichtigste Tätigkeit ist die laufende Überwachung der Geschäftsführung. Ferner hat der Aufsichtsrat den Jahresabschluß, den Vorschlag für die Verteilung des Gewinns und den Geschäftsbericht des Vorstandes zu prüfen und der Hauptversammlung darüber zu berichten.

Die Hauptversammlung ist ein dem Vorstand und Aufsichtsrat übergeordnetes - ein drittes in die Verwaltung der Aktiengesellschaft involviertes - Organ. Die Aktionäre üben ihre Rechte in der Hauptversammlung aus. Die Hauptversammlung beschließt gemäß Gesetz ausdrücklich über bestimmte Fälle, insbesondere jedoch die jährliche Entlastung des Vorstandes und Aufsichtsrates. Die Entlastung erfolgt aufgrund der jährlichen Beurteilung der Leitung der Gesellschaft auf der Grundlage des vom Vorstand zu erstellenden Jahresabschlusses (Bilanz sowie Gewinn- und Verlustrechnung) und des Berichts über das jeweilige Geschäftsjahr.

Bevor der Jahresabschluß dem Aufsichtsrat zur Genehmigung vorgelegt wird, hat eine Prüfung des Jahresabschlusses und des Geschäftsberichts durch sachverständige Prüfer (Abschlußprüfer) zu erfolgen. Die Bestimmungen des Aktienrechts legen - wie sich aus den obigen Ausführungen erkennen läßt - die Verwaltung der Aktiengesellschaft fest. Die Leitung des Unternehmens erfolgt auf der Grundlage der im Gesetz enthaltenen Regelungen. Betrachtet man die Regelungen des Aktienrechts, zeigen sich gewisse Zusammenhänge zwischen dem juristischen (privatrechtlichen) Verwaltungsbegriff und jenem in der Betriebswirtschaftslehre.

3.3. "Verwaltung" in der Betriebswirtschaftslehre

Eine wichtige Phase in der Entwicklung des Begriffs Verwaltung in der Betriebswirtschaftslehre (Strunz 1993a, 24 ff.) war, daß Forscher aus dem angelsächsischen Sprachraum versuchten, auf der Basis der im Gesellschaftsrecht gebräuchlichen Form des Terminus einen betriebswirtschaftlichen Verwaltungsbegriff zu begründen (Opitz 1955, 62 f.).

Der Begriff "Verwaltung" wird im kaufmännischen Sprachgebrauch häufig als Synonym für "Management" verwendet. Die Parallelen des Begriffs Verwaltung in der Betriebswirtschaft mit jenen im Privatrecht (vgl. Kompetenz zur Geschäftsführung) zeigen sich, wenn man beispielsweise Management als Wahrnehmung der Aufgaben der Leitung einer Gesellschaft versteht.

Eine weitere Interpretation des Begriffs Verwaltung umfaßt einen betrieblichen Funktionsbereich, der bestimmte Leistungen innerhalb eines Betriebs wahrnimmt. Seine Aufgaben liegen in der zweckgerichteten und planmäßigen Besorgung von Angelegenheiten mit der Verantwortlichkeit Dritten gegenüber. Damit sind Tätigkeiten wie etwa Koordination, Planung, Organisation von Gütern und Vermögen sowie allgemeine Leistungen unter Beachtung kaufmännischer Regeln gemeint.

Trotz zahlreicher Versuche zur Schaffung einer allgemein gültigen Definition des Begriffs Verwaltung für die Betriebswirtschaftslehre konnte auch hier bisher kein inhaltlicher Konsens erzielt werden. Gründe dafür sind sicherlich ein unterschiedliches Verständnis bzgl. des Terminus und differente Gedankengänge der maßgeblichen Forscher.

Versucht man dennoch zu systematisieren, so ist die Unterscheidung in funktionale und institutionelle Inhalte vorteilhaft. Grundsätzlich ist dabei davon auszugehen, daß Verwaltung eine Art menschlichen Handelns, im engeren Sinn organisierendes Handeln, darstellt. In den inhaltlichen Grundkonsens, den die sich mit der Bestimmung des Begriffs befassenden Autoren festgelegt haben, können folgende Elemente einbezogen werden: Bei Verwaltung handelt es sich um eine aus dem menschlichen Zusammenleben erforderliche Tätigkeit. Dabei geht es um die Steuerung und Kontrolle individueller Leistungen und deren Abstimmung auf gemeinschaftliche Aufgaben und Ziele. Dieser inhaltlichen "Basis" werden - was die nachstehenden Beispiele zeigen - bestimmte Elemente und Merkmale einschränkend bzw. spezifizierend zugeordnet.

Geht man nun von einer funktionalen und institutionellen Betrachtung aus, erweist sich die funktionale Betrachtung als wesentlich fruchtbarer. In institutioneller Hinsicht umfaßt Verwaltung letztlich alle Verantwortungsbereiche im Betrieb, denen Mitarbeiter und Arbeitsmittel zugeordnet sind, mit der Aufgabe, Verwaltungstätigkeiten zu erfüllen. Demgegenüber bezieht sich die funktionale Systematisierung auf die Art der betrieblichen Aktivitäten. Dabei zeigen sich zwei grundsätzliche Möglichkeiten der Einordnung der Funktion Verwaltung. Zum einen wird Verwaltung den primären Funktionen wie Beschaffung und Produktion gleichgestellt; zum anderen kann Verwaltung auch als eine, sämtliche Aufgaben im Betrieb durchdringende Funktion gesehen werden. Überwiegend wird die Meinung vertreten, daß Verwaltung kein wirklich abzugrenzender Bereich ist, sondern den gesamten Betrieb durchdringt.

In Hinblick auf die Schaffung eines Begriffs der Verwaltung in der Betriebswirtschaft wirkte Fayol (1929, 9 f.) in bahnbrechender und auf künftige Bemühungen nachhaltiger Art ein. Fayol unterscheidet in einer sehr weiten Begriffsauffassung, die sich durch die Grundsätzlichkeit der Überlegungen auszeichnet, sechs Funktionsbereiche:

- Technische Funktion (Fertigung)
- Kaufmännische Funktion (Ein- und Verkauf)
- Finanzwirtschaftliche Funkion (Kapitalbeschaffung)
- Sicherheit für Personal und Vermögenswerte
- Rechnungslegung

- Administration (Planung, Organisation, Anordnung bzw. Auftragserteilung, Koordination und Zuordnung, Kontrolle).

Prinzipiell bemerkt er, daß Verwaltungstätigkeiten an der Spitze des Unternehmens überwiegen. Fayol stellt deren Abnahme im Rahmen hierarchisch tiefer positionierter Ebenen im Betrieb fest.

Schauer (1984, 11 ff.) unterzieht die Bemühungen verschiedenster Forscher, einen Begriff der Verwaltung zu schaffen, einer detaillierten Analyse. Zahlreiche - in der Regel funktional orientierte - Beispiele werden in diesem Zusammenhang genannt. Dabei zeigt sich die Vielfalt der Möglichkeiten bei der Bestimmung des Begriffs:

- Verwaltung umfaßt den Innenbetrieb und seine Abwicklung. Dazu gehören Einkauf, Verkauf, Lagerhaltung, Kredit- und Geldwirtschaft, Akquisition, Verrechnung, Kalkulation, Statistik sowie Kontrolle und Revision.

- Der Verwaltung der Unternehmenswerte (Personal, Waren, Geld) stehen die Kontrollaufgaben Rechnungswesen (mit allen zugehörigen Bereichen) und Revision gegenüber.

- Unterschieden wird ferner in "interne" und "externe" Verwaltung. Der internen Verwaltung sind beispielsweise die Lagerhaltung und Kalkulation, der externen Verwaltung etwa der Versand zuzurechnen.

- Die Aufgaben im Betrieb können auch in Hauptaufgaben (z.B. Beschaffung) und unterstützende Aufgaben, wie etwa Verwaltung, Lagerung und Kontrolle, unterschieden werden.

- Differenziert werden weiters Abteilungen mit Betriebscharakter und mit Verwaltungscharakter. In den Abteilungen mit Betriebscharakter werden jene Aufgaben erfüllt, die unmittelbar mit dem Zweck des Betriebs zusammenhängen. In den Abteilungen mit Verwaltungscharakter diejenigen, die aus den ersteren resultieren.

- Unterschieden wird auch in unmittelbare Aufgaben, die dem Zweck des Betriebes dienen. Aus diesen Aufgaben resultieren sekundäre Aufgaben, wie z.B. Aufgaben der Verwaltung. In diesem Zusammenhang wird von der Verwaltung des Betriebes als operationelle Einheit gesprochen.

- Eine ähnliche Definition trennt die betrieblichen Funktionen in "Grundfunktionen" (Beschaffung, Produktion, Vertrieb) und "Ergänzungsfunktionen" (Leitung, Verwaltung).

- Die Funktionen des Betriebes werden auch differenziert in "externe Funktionen" (Beschaffung, Absatz), "interne Funktionen" (z.B. Personalwesen, Lagerung) und "allgemeine Funktionen" (Finanzierung, Rechnungswesen, Organisation). Die

Funktion der Verwaltung umfaßt hier das betriebliche Rechnungswesen und die betriebliche Organisation. Dabei wird davon ausgegangen, daß Verwaltung erst durch die Ausübung der externen und internen Funktionen erforderlich wird. Dadurch wird der indirekte Charakter der Funktion Verwaltung ebenfalls sichtbar.

- Die Aufgaben eines Betriebes können weiters in "primäre" und "sekundäre" Aufgaben unterteilt werden. Die primären Aufgaben dienen als Grundaufgaben zur Erfüllung des Betriebszwecks, die sekundären werden von den Grundaufgaben ausgelöst.

- In einer weiteren Unterscheidung in "primäre" und "sekundäre" Leistungen im Betrieb wird Verwaltung als Summe aller sekundären Leistungen gesehen. Diese sichern den Ablauf aller Leistungen im Betrieb. Verwaltung dient damit der Erreichung des Betriebszwecks, insbesondere der Vorbereitung und Kontrolle aller im Betrieb zu erbringenden Leistungen.

- Verwaltung kann auch - gleichrangig neben anderen Funktionen - als "Sicherung" des gesamten Betriebes gesehen werden. Das Resultat der Verwaltungstätigkeit ist die Schaffung optimaler betrieblicher Prozesse.

- In einer generelleren Definition wird Verwaltung als Schaffung allgemeiner Voraussetzungen für die Zusammenarbeit der im Betrieb tätigen Menschen gesehen. Insbesondere soll durch Verwaltung die Sicherung der Einheitlichkeit der betrieblichen Prozesse durch entsprechende Abstimmung der Teilprozesse gewährleistet werden.

- Der Schwerpunkt der Funktion Verwaltung kann im "Handling" von Informationen gesehen werden. Aufgaben der Verwaltung werden in diesem Zusammenhang deutlich von Aufgaben der Entscheidung abgegrenzt.

Schauer (1984, 144 ff.) versucht eine Synthese der wesentlichen, im Zuge der Entwicklung des Begriffs Verwaltung nachvollziehbaren Elemente: Verwaltung im betriebswirtschaftlichen Sinn ist jener Unternehmensbereich, in dem Informationen zur Erfüllung der Aufgaben des Unternehmens manipuliert werden. Damit soll die Lenkung und Kontrolle der individuellen Leistungen sowie deren Abstimmung auf die vorgegebenen Unternehmensziele gewährleistet sein. Verwaltung umfaßt demnach alle innerbetrieblichen Tätigkeiten, die zur Sicherung des Betriebes erforderlich sind.

Schauer gelangt schließlich zu folgendem Resümee:

- Verwaltungsaufgaben durchdringen sämtliche betrieblichen Aufgaben und können weder isoliert noch unterlassen werden.

- Im Gegensatz zu zahlreichen obigen Beispielen läßt sich Verwaltung nicht neben den betrieblichen Funktionen Beschaffung, Produktion, Absatz etc. einordnen.

- Verwaltung ist zu verstehen als Koordination von Zielen und deren Durchführung. Um diese Ziele realisieren zu können, ist die Beschaffung, Bearbeitung und Verarbeitung von Informationen durch Verwaltung nötig.

- Im institutionellen Sinn sind der betrieblichen Verwaltung Rechnungswesen, Personalwesen, Finanzwirtschaft, Organisation und Sachverwaltung zuzuordnen.

3. 4. "Verwaltung" in der Soziologie

Für die Soziologie ist das Wort "Verwaltung" eng mit dem Begriff der "Bürokratie" verbunden, oft diesem auch gleichgesetzt (Strunz 1993a, 31). Diese Betrachtung des Begriffs Verwaltung beinhaltet zwei Aspekte. Zum einen die innere Struktur des Betriebs und die damit verbundenen Fragen, wie z.B. Rollen, Formalisierung, Autorität und Kommunikation. Diese Fragestellungen ergeben sich aus den Funktionen des Betriebs. In gewisser Weise manchen Definitionsversuchen der Betriebswirtschaftslehre ähnlich, unterscheiden Bosetzky und Heinrich (1981, 380) die Funktionen des Betriebs in "primäre" und "sekundäre" Notwendigkeiten der Organisation. In "primärer" Hinsicht sehen sie die Funktionen Beschaffung, Fertigung, Absatz, die Absicherung gegenüber der Umwelt und die Erhaltung der Herrschaft als relevant an. In "sekundärer" Hinsicht stehen Planung, Koordination, Kontrolle und Integration im Zentrum des Interesses. Der zweite Aspekt betrifft das Verhältnis eines Betriebes nach außen. Dieses umfaßt vor allem die den Betrieb determinierenden Einflüsse der Umwelt (z.B. Fremdbestimmung). Sowohl die inneren wie äußeren Verhältnisse des Betriebes werden von bürokratie-konstituierenden Variablen bestimmt.

Der Begriff Verwaltung in der Soziologie sieht also einerseits die Probleme der innerbetrieblichen Organisation und andererseits deren Beziehungen zur Umwelt als wesentlich an. Dabei stehen hauptsächlich Großbetriebe - in der Regel Organisationen der öffentlichen Verwaltung - zur Diskussion.

Die überblicksartige Bestandsaufnahme und Diskussion des Begriffs „Verwaltung" zeigt, daß bisher diesbezüglich in keiner Weise ein inhaltlicher Konsens erzielt werden konnte. Dieser Umstand ist allerdings auch als aussagekräftiger Indikator für die Komplexität des Begriffes zu werten.

DIMENSION	BEGRIFFSINHALT
Allgemein	"dienen", "etwas besorgen" in Hinblick auf einen bestimmten Zweck; planmäßige Tätigkeit zur Besorgung bestimmter Angelegenheiten
Juristisch	
- Öffentliches Recht	Vollziehung im Rahmen des Staatswesens in funktionaler und institutioneller Hinsicht; planmäßige und permanente Tätigkeit des Staates zur Erreichung seiner Zwecke; Tätigkeit des Staates, die weder Gesetzgebung, Rechtsprechung noch Regierung ist.
- Privatrecht	Insbes: Kompetenz zur Geschäftsführung, vgl. "Verwaltung" von Unternehmen (Aktienrecht)
Betriebswirtschaftlich	vgl. "Management" (ähnlich "Kompetenz zur Geschäftsführung"); funktional: Aufgabe im Betrieb, die alle anderen Funktionen durchdringt (im Detail zahlreiche Varianten der Begriffsbestimmung), institutionell: Bereich im Betrieb, der bestimmte Aufgaben wahrnimmt
Soziologisch	"Bürokratie" (angesprochen werden Probleme der innerbetrieblichen Organisation sowie die Beziehungen des Betriebes in seiner Umwelt)

Übersicht 2: Dimensionen des Begriffs "Verwaltung"

4. Organisationen als Gegenstand wissenschaftlicher Betrachtung

4.1. Organisationen in fachspezifischer Betrachtung

Die moderne Gesellschaft ist letztlich als organisierte Gesellschaft zu verstehen. Organisationen sind nicht zuletzt auch dadurch von Interesse für die wissenschaftliche Forschung. Aufgrund der Vielfältigkeit von Organisationen sind zahlreiche Disziplinen an ihrer Erforschung interessiert. Wenig verwundert, daß eine derartige Vielfalt auch sehr unterschiedliche Erkenntnisinteressen bewirkt. In der Folge sollen die Forschungsinteressen in bezug auf Organisationen aus der Sicht verschiedener Disziplinen untersucht werden. Dabei stehen deren konkrete Erkenntnisse und Beiträge zum Thema im Vordergrund. Letztlich soll auch der gegebenen Vielfalt an Begriffen und der dadurch entstandenen Verwirrung in Form von Versuchen der Abgrenzung begegnet werden.

Sichtlich aus der Notwendigkeit, in bezug auf die öffentliche Verwaltung nach teilweise anderen oder zumindest zusätzlichen Kriterien vorzugehen, beschäftigen sich im Prinzip alle behandelten Disziplinen gesondert mit öffentlicher Verwaltung. Dies erfolgt unter jeweils eigener Bezeichnung des Gebiets.

Betrachtet man die im Blickfeld stehenden Disziplinen, so läßt sich vorab ein Unterschied bei der Behandlung von Organisationen feststellen: Haben einige Disziplinen ein primär praktisches Interesse, Erkenntnisse zu erarbeiten, verfolgen andere dieses Ziel auf eher theoretische Art. Die praktisch orientierten Disziplinen gehen dabei überwiegend beschreibend vor und beschäftigen sich eher mit formalen Aspekten. Die theoretisch orientierten Disziplinen versuchen demgegenüber, empirische Aussagen über kausale Zusammenhänge zu finden. Untersucht werden dabei häufig - im Gegensatz zur Beschäftigung mit formalen Aspekten - die eigentlichen sozialen Vorgänge (Strunz 1993b, 137 ff.).

4.1.1. Rechtswissenschaft

Die Rechtswissenschaft beschäftigt sich im Zusammenhang mit Organisationen vor allem mit folgenden Beziehungen:

- Beziehungen zwischen Organisationen und deren Mitgliedern
- Beziehungen zwischen Organisationsmitgliedern
- Beziehungen zwischen Staat und Organisationen

Innerhalb der Rechtswissenschaft beschäftigen sich hauptsächlich Arbeitsrecht, Sozialrecht, Gesellschaftsrecht und Verwaltungsrecht mit diesen Fragen sowie mit der eigentlichen Gestaltung von Organisationen. Diese Bereiche der Rechtswissenschaft weisen natürlich auch mehr oder minder starke Bezüge zu anderen Bereichen des Rechts auf.

Arbeitsrecht

Das Arbeitsrecht regelt grundsätzlich die Beziehungen zwischen Arbeitgeber und Arbeitnehmer. Das individuelle Arbeitsrecht spezifiziert dabei die grundsätzlich geltende, nach dem privaten Recht geregelte Vertragsfreiheit zwischen Arbeitgeber und Arbeitnehmer (z.B. Arbeitnehmerschutz). Das kollektive Arbeitsrecht bietet mit dem Arbeitsverfassungsrecht ein Normensystem an.

Sozialrecht

Sozialrecht ist jener Bereich der Rechtswissenschaft, der sich mit der Deckung sozialer Risiken befaßt. Derartige Risiken sind etwa Krankheit, Mutterschutz, Arbeitslosigkeit, Alter, Invalidität, Arbeitsunfall und Berufskrankheit. Mit Hilfe des Sozialrechts regelt der Staat die Deckung derartiger Risiken im Wege der Versicherung, Versorgung oder Fürsorge.

Gesellschaftsrecht

Das Gesellschaftsrecht regelt die Zusammenarbeit von Personen, um gemeinsame Ziele in der gleichen Art und Weise wie eine physische Einzelperson verfolgen zu können. Das Gesellschaftsrecht ist ein Teil des Privatrechts. Es unterliegt allerdings unter bestimmten Voraussetzungen dem Einfluß des öffentlichen Rechts. Besondere Beziehungen bestehen in diesem Zusammenhang vor allem zum Abgabenrecht. Dieses ist bei der Wahl der Gesellschaftsform und der Gestaltung einer Gesellschaft von besonderer Bedeutung.

Verwaltungsrecht

Das Verwaltungsrecht befaßt sich mit den rechtlichen Grundlagen der öffentlichen Verwaltung. Es ist ein Teil des öffentlichen Rechts und regelt insbesondere den Aufbau der Verwaltung, den Inhalt des Verwaltungshandelns und das Verwaltungsverfahren. An der Rechtswissenschaft orientiert ist die "Verwaltungslehre". Es handelt sich dabei um eine Disziplin der empirischen Sozialwissenschaft. Sie untersucht die öffentliche Verwaltung als Teil der sozialen Wirklichkeit. Dabei stehen zum einen die Bedingungen, Ursachen, Wirkungen und Zusammenhänge in der öffentlichen Verwaltung im Vordergrund, zum anderen ist von besonderem Interesse, wie die öffentliche Verwaltung möglichst rational und effektiv gestaltet werden kann.

4.1.2. Volkswirtschaftslehre

Die Volkswirtschaftslehre beschäftigt sich mit dem wirtschaftlichen Handeln der Menschen in der Gesellschaft. Im engeren Sinn steht das Bestreben der Mitglieder der Gesellschaft nach Versorgung mit wirtschaftlichen Gütern im Zentrum des Interesses. Je nachdem, ob das wirtschaftliche Handeln der Individuen und Institutionen nicht aggregiert oder aggregiert betrachtet wird, werden Mikroökonomie und Makroökonomie unterschieden.

Finanzwissenschaft

Die Finanzwissenschaft beschäftigt sich im Rahmen der Volkswirtschaftslehre mit den wirtschaftlichen Aktivitäten des öffentlichen Sektors. Von Interesse sind dabei vor allem die Funktionen und Wirkungen des öffentlichen Sektors in einer Volkswirtschaft. Eine wichtige Frage in diesem Zusammenhang ist die Analyse der Wirkungen öffentlicher Einnahmen und Ausgaben. Damit steht die Finanzwissenschaft letztlich vermittelnd zwischen den Aufgaben der Wirtschaftstheorie und jenen der Wirtschaftspolitik. Verbindungen existieren auch in bezug auf die Erfassung der staatlichen Tätigkeit aus der Sicht der Rechtswissenschaft.

Verwaltungsökonomie

Die Verwaltungsökonomie ist auf die in der öffentlichen Verwaltung getroffenen Dispositionen über wirtschaftliche Güter, die im Zuge der Erfüllung öffentlicher Aufgaben getroffen werden, gerichtet. Folgende Fragen stehen in diesem Zusammenhang im Vordergrund:

- Warum disponiert die öffentliche Verwaltung über wirtschaftliche Güter?
- Wer disponiert über die Güter?
- Wann werden die Dispositionen getroffen?
- Wie wirken sich die Dispositionen innerhalb und außerhalb der öffentlichen Verwaltung aus?
- Wie beeinflussen Entscheidungen der öffentlichen Verwaltung die Verteilung der Güter?
- Wie können mit Hilfe von Entscheidungen der öffentlichen Verwaltung Pläne der Wirtschaftspolitik realisiert werden?

Aus diesen beispielhaften Fragen zeigt sich, daß innerhalb der Verwaltungsökonomie im Prinzip drei Problembereiche existieren: Im ersten Problembereich sind Volkswirtschaftslehre und Betriebswirtschaftslehre stark interdependent. Der zweite Problembereich ist primär volkswirtschaftlich und der dritte primär betriebswirtschaftlich orientiert. Aufgrund des Charakters der Volkswirtschaftslehre und ihren Teildisziplinen als Sozialwissenschaft kommt es zu vielfältigen Schnittstellen mit anderen Disziplinen.

4.1.3. Betriebswirtschaftslehre

Auch die Betriebswirtschaftslehre beschäftigt sich mit dem wirtschaftlichen Handeln der Menschen. Im Vordergrund steht der Betrieb und die menschlichen Entscheidungen in allen betrieblichen Funktionsbereichen. Die Betriebswirtschaftslehre untersucht die Grundlagen, Abläufe und Auswirkungen dieser Entscheidungen im betrieblichen Prozeß. Dabei sollen auch Vorschläge zur Lösung betrieblicher Probleme entwickelt werden. Zwischen Betriebswirtschaftslehre und Volkswirtschaftslehre existieren starke Zusammenhänge. Die Betriebswirtschaftslehre wird - wie auch andere Disziplinen - häufig nach funktionalen und institutionellen Aspekten gegliedert. In funktionaler Hinsicht stehen Probleme von Führung, Organisation, Marketing, Finanzierung, Personal, Beschaffung, Produktion und Rechnungswesen sowie deren Lösung im Vordergrund. In institutioneller Hinsicht interessieren bestimmte Branchen wie Produktion, Handel, Banken, Versicherungen, Transport und Tourismus.

Ursprünglich war die Betriebswirtschaftslehre im Prinzip ausschließlich auf die Beschäftigung mit privaten Unternehmen ausgerichtet. Allmählich begann die Betriebswirtschaftslehre allerdings, sich auch mit den Problemen öffentlicher Institutionen auseinanderzusetzen. In diesem Rahmen werden auf funktionaler Grundlage die Spezifika öffentlicher Verwaltungen sowie öffentlicher und gemeinwirtschaftlicher Unternehmen behandelt.

Auch in der Betriebswirtschaftslehre ist ein Aspekt wesentlich, der bereits in der Volkswirtschaftslehre unter dem Stichwort "Disposition über Güter" genannt wurde. Gemeint ist die grundsätzliche Problematik der Entscheidung. Entscheidungen sind in Hinblick auf die Erreichung der Ziele von Organisationen zu treffen. Dabei sind sie insbesondere Gegenstand von Management im funktionalen Sinn. Unter funktionalem Management wird die Steuerung von Organisationen unter Einbeziehung der Aufgaben und Instrumente des Managements verstanden. Funktionen in diesem Rahmen sind Kommunikation und Information, Entscheidung, Zielsetzung, Motivation, Organisation und Kontrolle. Darüber hinaus ist Management von und in Organisationen auch durch vielfältige interdisziplinäre Einflüsse gekennzeichnet. Insbesondere sind dabei Aspekte etwa psychologischer, soziologischer oder rechtlicher Art gemeint. Auch die allgemeine Managementlehre hat verschiedene Spezialisierungen hervorgebracht. Beispielsweise in Hinblick auf öffentliche Organisationen, wobei Aspekte des Managements in öffentlichen Organisationen mit dem Schwerpunkt öffentliche Verwaltungen im Vordergrund stehen.

4.1.4. Soziologie

Soziologie versteht sich als Disziplin, die soziales Handeln verstehen und dessen Ursachen erklären möchte. Allerdings existiert keine wirklich verbindliche Definition für Soziologie. Auch über deren Aufgaben, Methoden und Abgrenzungen zu anderen Disziplinen besteht kaum Einigkeit. Dennoch gibt es Versuche, den Gegenstand und die Interessen der Soziologie zu erfassen. So kann es beispielsweise im Interesse der Soziologie sein, die Strukturen des Zusammenlebens der Menschen aus verschiedenen Perspektiven zu betrachten (z.B. Individuum, Gesellschaft). Aufgrund des Umstandes, daß die Soziologie als eher heterogene Disziplin gesehen werden kann, verwundert die große Anzahl von - einander oft ähnlichen - Spezialgebieten und Teilbereichen nur wenig. In bezug auf die Beschäftigung mit Organisationen sind folgende spezialisierte Gebiete der Soziologie von Interesse:

Organisationssoziologie

Der Gegenstand der Organisationssoziologie ist die Analyse der Strukturen und Funktionsweisen von Organisationen. Dabei untersucht die Makrosoziologie der Organisation die Interdependenzen zwischen Gesellschaft und Organisation sowie zwischen Organisationen. Die Mesosoziologie der Organisation betrachtet Ziele, Strukturen und Effizienz von Organisationen. Die Mikrosoziologie der Organisation analysiert das Verhältnis von Individuum und Organisation, Interaktionen in Organisationen und Gruppenbeziehungen.

Betriebssoziologie

Als Facette der Organisationssoziologie ist es zentrale Aufgabe der Betriebssoziologie, soziale Strukturen von Betrieben (struktureller Aspekt) und menschliches Verhalten in Betrieben (verhaltensorientierter Aspekt) zu analysieren und zu interpretieren. Das Interesse ist in diesem Rahmen etwa auf Strukturen der Organisation von Betrieben, Betriebsverfassung, Mobilität und Aufstieg, Führung, Personalmanagement, Kommunikation, Ausbildung und Weiterbildung, Leistungsbeurteilung und Gehaltsfindung sowie Fragen der Humanisierung der Arbeit gerichtet.

Arbeitssoziologie

Ähnlich der Betriebssoziologie richtet sich die Arbeitssoziologie primär auf die soziale Struktur der individuellen Arbeitssituation. Sie konzentriert sich dabei auf arbeitsbezogene Einstellungen und Interessen, Arbeitsorganisation, individuelles und kollektives Arbeitsverhalten sowie die Beziehungen zwischen Arbeit und Lebensumwelt.

Verwaltungssoziologie

Die Verwaltungssoziologie wendet die Resultate der Organisationssoziologie, Betriebssoziologie und Arbeitssoziologie auf die öffentliche Verwaltung an. Wesentliches Interesse der Verwaltungssoziologie sind die menschlichen Beziehungen innerhalb der Verwaltung sowie jene, die das Verhältnis zwischen Verwaltung und ihrer Umwelt betreffen. Konkret geht es dabei um die Analyse der Prozesse bei der Zielbildung, Einflüsse der Umwelt auf die Verwaltung, die Auswirkungen struktureller Merkmale (z.B. Arbeitsteilung, Professionalisierung, Hierarchie), personalspezifische Fragen (z.B. Personalauswahl und -entwicklung), Führungsverhalten und Konflikte.

Im Rahmen der Soziologie ist, besonders aufgrund ihrer vielfältigen Ausrichtung, eine große Anzahl von Interdependenzen mit anderen Disziplinen gegeben.

4.1.5. Psychologie

Psychologie untersucht die menschliche Persönlichkeit, Vorgänge und Zustände im Zusammenhang mit dem menschlichen Empfinden, Denken und Handeln und die diesbezüglichen Ursachen und Wirkungen. Damit ist die Psychologie an der Schnittstelle von Natur-, Geistes- und Sozialwissenschaften angesiedelt. In bezug auf Organisationen sind folgende spezielle Gebiete der Psychologie relevant:

Sozialpsychologie

Die Sozialpsychologie gilt als Grenzgebiet zwischen Soziologie und Psychologie. Im Rahmen der Psychologie ist sie als spezieller Forschungsbereich der allgemeinen Psychologie ausgerichtet. Ihr Gegenstand wurde bisher nicht wirklich klar definiert. Hauptsächlich beschäftigt sich die Sozialpsychologie jedoch mit psychischen Sachverhalten (z.B. Vorstellungen, Emotionen) als Wirkungen sozialer Bedingungen und Beziehungen. Zwischenmenschliche Beziehungen bilden dabei die Basis für umfassendere soziale Strukturen und Prozesse. In bezug auf Organisationen beschäftigt sich die Sozialpsychologie hauptsächlich mit Prozessen sozialer Einflußnahme, Strukturen und Prozessen von Gruppen, dem Verhältnis zwischen Individuum und gesellschaftlichem System und Fragen der Sozialisation.

Prozesse sozialer Einflußnahme umfassen Personenwahrnehmung, Meinungs- und Einstellungswandel, Kommunikation, soziale Strukturen und Einstellungen zwischen Gruppen. Gruppenstruktur und Gruppenprozeß umfassen als spezielle Fragen soziale Macht, Status, Entstehung von Normen und Konformität, Führung sowie Produktivität von Gruppen und deren Zufriedenheit. In bezug auf Individuum und gesellschaftliches System geht es vor allem um die Betrachtung sozialer Rollen und Rollenkonflikte. Im Bereich der Sozialisation sind Prozesse sozialen Lernens, kognitive Kontrollen, soziale Motivationen und Fragen der Persönlichkeit von Bedeutung.

Organisationspsychologie

Die Organisationspsychologie im weiteren Sinn untersucht die drei grundlegenden, in jeder Organisation existierenden Beziehungen Individuum-Aufgabe, Individuum-Gruppe und Individuum-Organisationsstruktur. Organisationspsychologie im engeren Sinn beschäftigt sich primär mit Organisationskonzepten, um ihre Auswirkungen auf das Individuum zu erkennen. Insbesondere geht es dabei um die Analyse der Interaktionen des Individuums mit der Gruppe und der Organisation.

Aus einer etwas anderen Perspektive lassen sich vier thematische Hauptbereiche der Organisationspsychologie feststellen: Individuelles Verhalten, Gruppenverhalten und Führungsverhalten in Organisationen sowie Organisationsentwicklung.

Die Ergebnisse der organisationspsychologischen Forschung werden in der betrieblichen Praxis in folgenden Zusammenhängen angewendet:

- Individuelles Verhalten: Personalauswahl, Eignungsdiagnostik, Ausbildung und Weiterbildung von Mitarbeitern, Motivation

- Gruppenverhalten: Planen von Kommunikationsstrukturen, Gruppenentscheidungen und Lösungsversuche in den Problembereichen Konflikt und Macht

- Führungsverhalten: Bedingungen erfolgreicher Führung und ihre Auswirkungen auf Leistung und Zufriedenheit der Mitarbeiter

- Organisationsentwicklung: Wirkungen organisatorischer Änderungen, Innovationen und deren Handhabung.

Verwaltungspsychologie

Die Verwaltungspsychologie ist als Spezialdisziplin der Organisationspsychologie zu sehen. Sie befaßt sich in Anlehnung an diese ausschließlich mit öffentlicher Verwaltung und deren Spezifika. Im Mittelpunkt stehen folgende Fragen: Bedürfnisse der Verwaltungsmitarbeiter (etwa nach Sicherheit, Selbstverwirklichung, Unabhängigkeit, Reputation, Wertschätzung), Einflüsse auf die Aktivitäten zur Bedürfnisbefriedigung (Stil, Ansprüche, Erfahrungen und Erwartungen), Zielvorstellungen (kreative Leistung, Fleiß, Sicherung von Eigentum), Motivation und Anreize in bezug auf Arbeit (Anreize für Ausbildung und Aufstieg, Stellenwechsel, soziale und monetäre Anreize), Reaktionen der Verwaltungsmitarbeiter (etwa auf Erfolg, Mißerfolg, Streß, Angst, Konflikte, Veränderungen), Aufnahmefähigkeit und Verarbeitungsfähigkeit von Informationen, Kapazität zur Problemlösung, Gruppenverhalten, Gruppenziele und Führungsverhalten.

Die Resultate der Verwaltungspsychologie finden vor allem Anwendung bei Fragen des Betriebsklimas, der Kompetenzverteilung sowie in allen allgemeinen Fragen des Managements in der öffentlichen Verwaltung. Letztlich können in bezug auf die Psychologie und deren Teilgebiete deutliche Zusammenhänge zwischen der Verwertung von psychologischen Erkenntnissen und ökonomischen Fragestellungen festgestellt werden.

4.1.6. Politikwissenschaft

Politikwissenschaft steht in engem Zusammenhang zur Soziologie. Auch die Politikwissenschaft versucht, das menschliche Zusammenleben zu erforschen. Dabei stehen besonders dessen Ursprung, Sinn und die diesbezüglichen institutionellen Formen - etwa in Hinblick auf die Ziele des Gemeinwesens - im Vordergrund. Die Politikwissenschaft steht heute im Schnittpunkt zahlreicher Disziplinen, die sich mit Problemen von Recht, Staat und Gesellschaft auseinandersetzen. Als unmittelbare Nachbardisziplinen können beispielsweise Philosophie, Rechtswissenschaft, Geschichtswissenschaft, Soziologie und Ökonomie betrachtet werden. Gegenstand der Politikwissenschaft im institutionellen Sinn sind primär öffentliche Organisationen.

Verwaltungspolitologie

Verwaltungspolitologie ist zu verstehen als ein Teilbereich der Politikwissenschaft, der sich speziell auf die öffentliche Verwaltung bezieht. Im Zentrum des Interesses steht primär die Analyse empirischer Probleme. Inhaltlich stellt sich dabei hauptsächlich die Frage, inwieweit die öffentliche Verwaltung der Erfüllung politischer Ziele dient. Daraus leitet sich auch die Frage ab, wer bei der Findung von Entscheidungen mitwirkt und wie gesellschaftliche Gruppen Einfluß auf die Verwaltung nehmen.

4.1.7. Arbeitswissenschaft

Die Arbeitswissenschaft versteht sich als junge, jedoch eigenständige Disziplin, die sich der Analyse und Gestaltung von Arbeitssystemen und Arbeitsmitteln widmen. Im Zentrum steht der arbeitende Mensch und seine Beziehungen zu den übrigen Elementen des Arbeitssystems. Konkret geht es um die Erforschung folgender Themen:

- Menschliche Arbeit unter dem Aspekt der Zusammenarbeit von Mensch und Organisation und dem Zusammenwirken zwischen Mensch und Arbeitsmittel

- Voraussetzungen und Bedingungen von Arbeit

- Wirkungen und Folgen von Arbeit auf den Menschen (z.B. Verhalten, Leistungsfähigkeit)

- Möglichkeiten menschengerechter Beeinflussung von Arbeit.

Praktische Beispiele in der Umsetzung arbeitswissenschaftlicher Ergebnisse in Organisationen sind etwa im Bereich Gesundheitsschutz (z.B. Sicherheit, Unfallverhütung) festzustellen. Schnittstellen zwischen Arbeitswissenschaft und anderen Disziplinen bzw. Teildisziplinen ergeben sich z.B. mit Ergonomie, Arbeitsmedizin, Arbeitssoziologie und Arbeitspädagogik.

4.1.8. Informatik

Informatik ist zu verstehen als formal-mathematische, technische Disziplin. Sie hat die Erforschung systematischer Informationsverarbeitung und Entwicklung von Informationssystemen zum Gegenstand. Aus Informatik und Betriebswirtschaftslehre entwickelte sich die Wirtschaftsinformatik. Sie ist heute als eigenständige Disziplin anerkannt und beschäftigt sich mit Informations- und Kommunikationssystemen. Im Mittelpunkt stehen dabei Systeme in bezug auf Mensch, Aufgabe und Technik. Daraus ergeben sich im einzelnen die Beziehungen Mensch-Aufgabe, Mensch-Technik und Aufgabe-Technik. Darüber hinaus versucht die Wirtschaftsinformatik, Methoden und Instrumente der Planung derartiger Beziehungen zu entwickeln (Systemplanung).

Im Zusammenhang mit Organisationen hat die Erforschung und Gestaltung von Informationssystemen und Kommunikationssystemen den Charakter der Bereitstellung von Instrumenten.

Betriebsinformatik und Verwaltungsinformatik verstehen sich als Teildisziplinen der Wirtschaftsinformatik. Auf der Basis unterschiedlicher institutioneller Objekte haben beide Gebiete die gleichen Erkenntnisinteressen:

- Theoretische Grundlagen (z.B. Statistik, Optimierung, Simulation)
- Informationstechnik und Kommunikationstechnik (z.B. Hardware, Software)
- Benutzerforschung (z.B. Verhalten der Benutzer in bezug auf Information, Kommunikation und Akzeptanz)
- Informationsmanagement (EDV-Organisation)
- Systemplanung (z.B. Projektmanagement)
- Rechtliche Aspekte (z.B. Datenschutz).

Die Informatik und ihre Teilgebiete unterliegen einer schnell fortschreitenden Entwicklung. Bereits gegenwärtig werden Organisationen von diesem Gebiet stark beeinflußt, wobei ein zunehmender Einfluß in technologischer und sozialer Hinsicht künftig zu erwarten ist.

4.1.9. Pädagogik

Auf der Grundlage der allgemeinen Pädagogik untersucht die Wirtschaftspädagogik die Beziehungen zwischen Erziehung und Wirtschaft. Im Zentrum des Interesses steht insbesondere die Frage, wie Erziehung dazu beitragen kann, daß der Mensch ökonomisch und dabei sozial vernünftig handelt (etwa als Konsument oder Produzent). Betriebspädagogik und Verwaltungspädagogik beschäftigen sich mit pädagogischer Arbeit in Organisationen. Dabei steht insbesondere die betriebliche Ausbildung und Weiterbildung im Vordergrund. Organisationen der öffentlichen Verwaltung haben aufgrund ihrer Spezifika differenzierte Systeme der Ausbildung und Weiterbildung entwickelt. Von Bedeutung ist der pädagogische Aspekt hier vor allem deshalb, weil im Rahmen der Schulung von Mitarbeitern der Verwaltung nicht nur die Vermittlung fachspezifischer Kenntnisse wesentlich ist, auch die Bildung eines aus dem Charakter der Erfüllung der öffentlichen Aufgaben resultierenden Berufsbildes (z.B. Objektivität) ist notwendig.

4.1.10. Geschichtswissenschaft

Geschichte stellt den zeitlichen Ablauf allen Geschehens in bezug auf den Menschen - kollektiv betrachtet - dar. Davon ausgehend untersucht die Wirtschaftsgeschichte den Prozeß der Wirtschaft, der aus der Gesamtheit aller individuellen und kollektiven Handlungen resultiert. Besonders die Geschichte von Organisationen nimmt eine wichtige vermittelnde Stellung zwischen Geschichte und den modernen Sozialwissenschaften ein.

So zeigt sich etwa am Beispiel der öffentlichen Verwaltung, daß diese von Vertretern verschiedenster Disziplinen (z.B. aus der Perspektive der Rechtswissenschaft und Soziologie) behandelt wird.

In bezug auf die Verwaltungsgeschichte interessiert vor allem die Entwicklung verschiedener Probleme im Laufe der Zeit. In diesem Zusammenhang stellt sich die Frage nach dem Wandel der Aufgaben der öffentlichen Verwaltung oder der Auswirkungen des Handelns der Verwaltung auf die gesellschaftliche Entwicklung.

DISZIPLIN	PRIMÄRES ERKENNTNISINTERESSE (Beispiele für wichtige Problemstellungen)
RECHTSWISSENSCHAFT	Beziehungen zwischen - Organisation/Organisationsmitglied - Organisationsmitglied/Organisationsmitglied - Staat/Organisation - Staat/Organisationsmitglied (z.B. öffentliches Recht, Privatrecht, Verfahrensweisen) *Arbeitsrecht* Beziehung zwischen Arbeitgeber und Arbeitnehmer (z.B. Arbeitsvertrag, Arbeitnehmerschutz) *Sozialrecht* Deckung sozialer Risiken (z.B. Vorsorge bei Krankheit, Arbeitslosigkeit, Alter) *Gesellschaftsrecht* Zusammenschlüsse von Personen und/oder Organisationen (z.B. Gesellschaftsform, Ausgestaltung der Gesellschaft) *Verwaltungsrecht* Rechtsgrundlagen der öffentlichen Verwaltung (z.B. Aufbau der Verwaltung, Verwaltungsverfahren)
VOLKSWIRTSCHAFTS-LEHRE	Individuelles und institutionelles wirtschaftliches Handeln (z.B. Verhalten der Einzelwirtschaft als Wirtschaftssubjekt) *Finanzwissenschaft* Funktion und Wirkungsweise des öffentlichen Sektors (z.B. Wirkungen öffentlicher Ausgaben) *Verwaltungsökonomie* Disposition wirtschaftlicher Güter in der öffentlichen Verwaltung (z.B. Verfügungen über Personal- und Sachmittel)

BETRIEBSWIRTSCHAFTS-LEHRE	Wirtschaftliches Handeln der Einzelwirtschaft (funktional - z.B. Beschaffung, Produktion, Absatz; institutionell - z.B. Industrie, Handel, Banken) *Managementlehre* Steuerung von Organisationen (z.B. Entscheidung, Kommunikation, Kontrolle; vgl. auch Organisationsformen, Abschnitt 5.4.)
SOZIOLOGIE	Soziales Handeln (z.B. Sozialisation, Rolle, Macht, Herrschaft, Kontrolle) *Organisationssoziologie* - Makrosoziologie der Organisation (z.B. Organisation und Gesellschaft, Beziehungen zwischen Organisationen), - Mesosoziologie der Organisation (z.B. Strukturen und Funktionsweisen von Organisationen), - Mikrosoziologie der Organisation (z.B. Organisation und Individuum) *Betriebssoziologie* vgl. Mesosoziologie der Organisation *Arbeitssoziologie* Arbeitssituation des Individuums *Verwaltungssoziologie* vgl. Organisationssoziologie, bezogen auf öffentliche Verwaltungen
PSYCHOLOGIE	Verhalten des Individuums und dessen innere Begründung (z.B. Wahrnehmung, Gedächtnis, Triebe, Interessen, Fühlen, Wollen) *Sozialpsychologie* Soziale Strukturen und Prozesse (z.B. Prozesse sozialer Einflußnahme, Gruppenverhalten) *Organisationspsychologie* (vgl. auch Arbeits- und Betriebspsychologie); Soziale Strukturen und Prozesse in Organisationen (z.B. Gruppenverhalten, Konflikt) *Verwaltungspsychologie* vgl. Organisationspsychologie, bezogen auf öffentliche Verwaltungen

POLITIKWISSENSCHAFT	Gemeinwesen, Institutionen menschlichen Zusammenlebens (z.B. Ziele des Gemeinwesens, öffentliche Institutionen) *Verwaltungspolitologie* Spezielle Politikwissenschaft "öffentliche Verwaltung" (z.B. Beitrag öffentlicher Verwaltungen zur Erfüllung politischer Ziele, Einfluß gesellschaftlicher Gruppen auf öffentliche Verwaltungen)
ARBEITSWISSENSCHAFT	Analyse und Gestaltung von Arbeitssystemen und Arbeitsmittel (z.B. Wirkungen von Arbeit auf den Menschen, menschengerechte Gestaltung von Arbeit)
INFORMATIK	Erforschung systematischer Informationsverarbeitung (z.B. Wesen und Auswirkungen elektronischer Datenverarbeitung) *Wirtschaftsinformatik* (vgl. auch Betriebs- wie Verwaltungsinformatik); Gestaltung von Informations- und Kommunikationssystemen in der Einzelwirtschaft (z.B. Entwicklung, Betrieb und Nutzung von EDV)
PÄDAGOGIK	Erforschung von Prozessen und Institutionen im Zusammenhang mit Erziehung, Aus- und Weiterbildung (z.B. Didaktik) *Wirtschaftspädagogik* Beziehungen zwischen Erziehung und Wirtschaft (z.B. Hintergründe ökonomischen Handelns) *Betriebspädagogik, Verwaltungspädagogik* Pädagogische Arbeit in Organisationen (z.B. Berufliche Aus- und Weiterbildung)
GESCHICHTSWISSEN-SCHAFT	Aufarbeitung und Darstellung vergangenen Geschehens (z.B. Antike, Mittelalter, Neuzeit) *Wirtschaftsgeschichte* Aufarbeitung und Darstellung der Abfolge und Erscheinungsformen des Wirtschaftsprozesses (z.B. Grundherrschaft, Zunft- und Verlagswesen, Industrie) *Verwaltungsgeschichte* vgl. Wirtschaftsgeschichte, bezogen auf (öffentliche) Verwaltungen (z.B. Entwicklung der Verwaltung in einzelnen Ländern, Kameralismus)

Übersicht 3: Organisationsrelevante Disziplinen und ihre diesbezüglichen Erkenntnisinteressen (Strunz 1993b, 154 ff.)

4.2. Möglichkeiten und Grenzen interdisziplinärer Betrachtung von Organisationen

Durch die vielfältigen - in Abschnitt 4.1. behandelten - Erkenntnisinteressen der genannten Disziplinen in bezug auf Organisationen entstehen zahlreiche interdisziplinäre Beziehungen (Strunz 1993b, 152 ff.).

Interdisziplinarität im hier verstandenen Sinn umfaßt:

- Fragen bzw. Probleme, die an den Grenzen einzelner Disziplinen auftreten. Dadurch berühren diese Disziplinen andere, primär benachbarte Disziplinen.

- Die Möglichkeit der Synthese durch Behandlung derartiger Fragen unter Anwendung der Methoden und Erkenntnisse von zwei oder mehreren Wissensgebieten. Dabei determiniert allerdings der Standpunkt der Betrachtung den Prozeß der Synthese erheblich.

Zahlreiche Disziplinen haben Interesse an der Erforschung von Organisationen. Dieses Interesse bezieht sich entweder auf die oben jeweils behandelten Disziplinen oder auf Teile davon. Spezielle Fragen können jedoch nur behandelt werden, wenn mehr als eine Disziplin involviert wird. Zwischen den einzelnen Disziplinen entstehen dadurch konkrete Berührungen. Diese Berührungen sind konstituierende Teile der (gesamten) organisationsspezifischen Interdisziplinarität. Deren einzelne Teile resultieren somit aus speziellen Problemen und Wissensgebieten betreffend Organisationen. Ihr Verhältnis zueinander ist durch unterschiedliche Wertigkeiten und Interdependenzen gekennzeichnet. Je nach Problem variieren die Teile und ihre Beziehungen zueinander stark. Die Summe der Teile kann als gesamte Interdisziplinarität in bezug auf Organisationen bezeichnet werden.

Versucht man, die Entstehung der interdisziplinären Beziehungen und ihren Nutzen vor dem Hintergrund der gegebenen komplexen Realität in eine Systematik zu fassen, ergibt sich ein Schema mit folgenden Elementen: Komplexität ist die grundlegende Annahme und der Ausgangspunkt der Systematik. Der Mensch als handelndes Individuum schafft Organisationen zur Bewältigung komplexer Vorgänge. Die Wissenschaft dient dabei als Hilfsmittel zur Lösung der Komplexität. Dadurch entstehen auch die Interessen der einzelnen Disziplinen. Die Organisation dient dem Menschen zwar als Hilfsmittel, beeinflußt den Menschen allerdings auch beträchtlich. Ebenso leisten Organisationen einen wesentlichen Beitrag zur Festlegung der organisationsspezifischen Erkenntnisinteressen wissenschaftlicher Disziplinen. Den Inhalt der jeweiligen Disziplinen bestimmt zwar der Mensch, dies jedoch vor dem Hintergrund der praktischen Probleme, die durch Organisationen entstehen.

Wissenschaftliche Fachdisziplinen, insofern sie sich auf Organisationen beziehen, leisten wichtige Beiträge zur Lösung der praktischen Probleme in Organisationen. Sie beeinflussen damit ihrerseits wiederum Mensch und Organisation durch die Generierung von Resultaten. Fragestellungen in bezug auf Organisationen ergeben sich durch die

Komplexität, die den Zusammenhang von Mensch und Organisation beeinflussen. Derartige organisationsspezifische Fragen treten in zahlreichen Disziplinen auf.

Berühren spezielle Fragen mehrere Disziplinen, entstehen interdisziplinäre Beziehungen. Aufgrund der Vielzahl derartiger Fragen kommt es zu zahlreichen Beziehungen zwischen den einzelnen Disziplinen. Kommt es zur Berührung mehrerer Disziplinen, ergibt sich auch die Möglichkeit der Anwendung verschiedener Methoden und Resultate der jeweiligen Disziplinen. In bezug auf die Art der Problemlösung ergeben sich dadurch mehrere Optionen. Im Idealfall können auch Synergieeffekte erzielt werden. Der Prozeß der Lösung interdisziplinärer Probleme bringt Ergebnisse hervor, die - sofern sie wertvoll sind - zur Reduktion der Komplexität beitragen können.

Voraussetzung für erfolgreiche interdisziplinäre Arbeit ist primär das Verständnis für die Komplexität und die zahlreichen Interdependenzen, in deren Spannungsfeld sich der Mensch und - die vom Menschen geschaffenen - Organisationen befinden. Dies ist vor allem notwendig, um die theoretischen Bemühungen annähernd in Übereinstimmung mit der Realität bringen zu können, obwohl es notwendig ist, dabei zu abstrahieren. Ein großes Problem interdisziplinärer Arbeit besteht zudem darin, eine adäquate Arbeitsmethode auszuwählen. Eine erfolgreiche Arbeit scheint etwa dann gegeben, wenn eine Person, die einen Überblick über mehrere Fachgebiete hat, Vorarbeiten leistet. Dabei sollen Perspektiven eröffnet und erste Ansätze erarbeitet werden. Auf der Basis eines derartigen generellen Einstiegs werden die Probleme anschließend im "Teamwork" detailliert bearbeitet. Die Teams bestehen dabei jeweils aus entsprechend spezialisierten Forschern.

Interdisziplinäres Arbeiten birgt zahlreiche "Reize" und "Gefahren". Zum einen besteht die Möglichkeit der Anwendung von Methoden und Resultaten verschiedener Disziplinen. Dadurch kann im Idealfall großer Nutzen erzielt werden. Andererseits kann es dabei zu Unausgewogenheit aufgrund subjektiver Präferenzen und Prioritäten kommen. Allgemein entsteht im Zusammenhang mit interdisziplinärer Arbeit häufig der Eindruck der Unvollständigkeit bzw. Ergänzungsbedürftigkeit.

Ein Blick auf die Praxis interdisziplinärer wissenschaftlicher Arbeit zeigt ein wenig positives Bild. Häufig wurden Synthesen zu bestimmten Gebieten gefordert. Natürlich sind diese prinzipiell erwünscht und erscheinen grundsätzlich auch möglich. Allerdings existiert bisher keine "Theorie der Organisation", "Theorie der Bürokratie" oder eine "Theorie der Verwaltung", um nur einige Beispiele zu nennen. Dies relativiert den Erfolg praktischer interdisziplinärer Arbeit. Bisher sind letztlich nur äußerst kleine Schritte in die Richtung einer Integration (durchaus im allgemeinen Sinn) feststellbar.

Auf dem Gebiet der öffentlichen Verwaltung wurde etwa der Versuch einer Integration mit der Forschungsrichtung "Verwaltungswissenschaften" unternommen. Dieses Fachgebiet zeichnet sich durch vielfältige Zweige aus. Es stellt sich allerdings die Frage, ob es sich dabei um eine selbständige Disziplin oder nur um Teilgebiete anderer Wissenschaften handelt. Der Grund für diese Frage liegt darin, daß die öffentliche Verwaltung - wie aus obigen Ausführungen ersichtlich wird - auch das Interesse zahlreicher (eigenständiger)

Disziplinen erweckt. Die Verwaltungswissenschaft selbst möchte unabhängig davon Beiträge zur sinnvollen Gestaltung der öffentlichen Verwaltung leisten. Mit Hilfe von Problemanalysen ist es ihr primäres Ziel, Vorschläge zur Gestaltung zu erarbeiten. Jedenfalls zeigen sich die Schwierigkeiten bei der Bewältigung der grundsätzlichen Problematik letztlich aber auch im Fall der Verwaltungswissenschaft im vollen Ausmaß.

Unabhängig von derartigen - wünschenswerten und langfristig möglicherweise auch erfolgreichen - Bemühungen führt eine Beurteilung des gegenwärtigen Status der Bestrebungen, interdisziplinär zu arbeiten, zu einem bescheidenen Ergebnis. Realistisch betrachtet kann derzeit schon die Zusammenarbeit von zwei Disziplinen sinnvoll sein. Dabei können etwa - wenn auch im kleinen Rahmen - Fragen, die zwei Disziplinen berühren, berücksichtigt und noch am ehesten befriedigend gelöst werden. Vor diesem Hintergrund kann gegenwärtig sicherlich schon dann von Erfolg gesprochen werden, wenn der - im Gegensatz zur Interdisziplinarität geringere - Anspruch der "Multidisziplinarität" zur Anwendung kommt.

5. Differenzierung von Organisationen

5.1. Zur Typologie von Organisationen

Zur Orientierung in Hinblick auf die nachfolgenden Überlegungen soll zunächst überblicksartig auf die Vielzahl und Vielfalt bereits existierender Typologien von Organisationen und deren Probleme eingegangen werden (Strunz 1990a, 161 ff.). Die folgenden Typologien betrachten Organisationen im Sinne des institutionellen Begriffs von Organisationen als soziale Gebilde.

Die Analyse der funktionellen, instrumentellen und institutionellen Faktoren der typologisierten Organisationen erfolgt meist unter interdisziplinären Aspekten. Der nachstehende Überblick zeigt die existierenden Typologien kategorisiert anhand der Kriterien Ziele der Organisation, deren Sozialstruktur, Technologie, Beteiligte und Umwelt (vgl. dazu Hall 1972; Scott 1986, 53 ff.):

Orientiert an den Zielen der Organisation	
Parsons (1960):	Ziele der Organisation und ihre "soziale Funktion" für die Gesellschaft
Blau/Scott (1962):	Nutznießer der Tätigkeit der Organisation
Katz/Kahn (1966):	Ziele der Organisation
Office of Management and Budget (1972):	Unterscheidung industrieller Sektoren und Produkte
Orientiert an der sozialen Struktur der Organisation	
Weber (1922):	Typen der Herrschaft
Duverger (1951):	Typologie der politischen Parteien
Gouldner (1954):	Typologie der Normen
Morstein-Marx (1957):	Typologie der Bürokratie
Etzioni (1961):	Kategorien der Willkürlichkeit
Pugh/Hickson/Hinings (1969):	Elemente der Struktur des Verhaltens
Orientiert an der Technologie der Organisation	
Woodward (1965):	Kategorien industrieller Technologie
Thompson (1967):	Typen der Technologie
Perrow (1970):	Typen der Technologie
Orientiert an den Mitgliedern der Organisation	
Lefton/Rosengren (1966):	Klienten-Dimensionen
Kets de Vries/Miller (1984):	Taxonomien neurotischen Verhaltens in Organisationen

Orientiert an der Umwelt der Organisation	
Marx (1894):	Politisch-ökonomische Systeme
Warren (1967):	Typologie der Organisationsfelder
McKelvey (1975):	Schema der Evolution
Bach (1977):	Typen der Umwelt
Miller/Friesen (1984):	"Quantum View"

Übersicht 4: Organisationstypologien

Die Kritik dieser Typologien in der Literatur gestaltet sich unterschiedlich: Die Polarisierung wird z.B. durch die Aussagen von Staehle und Scott plakativ verdeutlicht. So sind Staehle und Scott zwar gleicher Meinung bezüglich der Feststellung, daß die Gemeinsamkeit der meisten Typologien bei aller Verschiedenartigkeit in der Wahl nur eines Kriteriums zur Unterscheidung besteht. Staehle sieht darin jedoch als Folge viele Überschneidungen, mangelnde Kraft in der Prognose und Realitätsferne (Staehle 1989, 60). Demgegenüber argumentiert Scott (1986, 54) daß es für eine gute Typologie ausreicht, sich auf ein wesentliches Merkmal zur Klassifikation zu konzentrieren.

In jüngerer Zeit war allerdings eine Tendenz der Abwendung von eindimensionalen Typologien zugunsten empirischer Taxonomien von Organisationen erkennbar. Strukturelle Aspekte und situative Faktoren stehen dabei im Vordergrund. Letztlich mußte man aber erkennen, daß eine zu große Vielfalt der Elemente bei komplexen Taxonomien zu Ergebnissen führt, die mit der Wirklichkeit nur wenig korrelieren. Aufgrund dessen werden derzeit eher wieder Klassifikationen favorisiert, die auf wenigen, leicht überschaubaren Kriterien der Unterscheidung beruhen.

5.2. "Wirtschaften" als Zweck moderner Organisationen

Abschnitt 5.1. gibt einen Überblick über vielfältige Möglichkeiten, Organisationen zu betrachten. In weiterer Folge sollen Organisationen jedoch vor allem aus der Perspektive des wirtschaftlichen Handelns - des "Wirtschaftens" - betrachtet werden (Hofmann/Strunz 1993, 38 f.). Allerdings ist Wirtschaften dabei nicht nur im Sinne der Erzielung von Profiten zu sehen, vielmehr stehen die umfassende Befriedigung von Bedürfnissen der Menschen, also ihre Versorgung, und weiterreichende Aufgaben der Gemeinschaft im Vordergrund. Letztlich steht Wirtschaften vor allem im Zusammenhang mit der Frage "Wie administrieren wir diese Welt ?" Der Tätigkeit von Organisationen kommt dabei eine entscheidende Rolle zu.

In wissenschaftlicher Hinsicht werden Antworten auf diese Frage - zumindest in allgemeiner Weise - derzeit allerdings kaum angeboten. Ein Grund dafür liegt sicherlich im Umstand, daß es kaum Konzeptionen und Vorschläge für sinnvolles wirtschaftliches Handeln gibt. Dies ist nicht zuletzt auf einen Mangel an grundsätzlichen Überlegungen zurückzuführen. Auch in begrifflicher Hinsicht wird dieses Problem offenkundig. Anhand der Behandlung des in diesem Zusammenhang essentiellen Begriffs "Wirtschaft" in der wirtschaftswissenschaftlichen Literatur lassen sich die genannten Mängel leicht nachvollziehen. So gibt es bis heute keinen allgemein akzeptierten, wissenschaftlich tradierten Begriff Wirtschaft. Dies zeigt sich auch daran, daß selbst in renommierten wirtschaftlichen Lexika und Handbüchern der Begriff zwar laufend in verschiedenen Zusammenhängen verwendet, jedoch keine explizite Definition, etwa in Form eines eigenen Schlagwortes, angeboten wird.

Zu einem ähnlich unbefriedigenden Ergebnis kommt man, wenn man die facheinschlägige Literatur dahingehend analysiert (Löffelholz 1980, 898 ff.; Bellinger 1967, 56 ff.). Hier wird der Begriff Wirtschaft vielfach vorausgesetzt und auf dieser Basis Theorien begründet. Allerdings können auch Beispiele für die Auseinandersetzung mit diesem Terminus gegeben werden. So kann Wirtschaft etwa gesehen werden als -

- Gesamtheit der Einrichtungen und Maßnahmen zur planvollen Deckung des menschlichen Bedarfs an Gütern für bestimmte Zwecke
- Menschliche Tätigkeiten und Einrichtungen zur Überwindung der Spannung, die sich aus dem Bedarf der Menschen nach Dingen der Natur und deren relativer Knappheit ergibt
- Einrichtung zum Erwerb von Geld
- Handeln in Organisationen, das durch abwägen und wählen, vergleichen und bewerten charakterisiert ist
- Planvolle, rationale menschliche Tätigkeiten, die auf die Verringerung der Knappheit der Güter ausgerichtet sind
- Leistungen unter Einsatz von Mitteln zur Erreichung von Zielen in einem System gegenseitigen sozialen Dienens.

Ausgehend von diesen Beispielen verdeutlicht der folgende Kontext die Stellung der Wirtschaft in der Gesellschaft und die Rolle von Organisationen innerhalb dieses Systems (Hofmann 1988, 1989; Hofmann/Strunz 1993).

Der Mensch ist in Gemeinschaften verwurzelt und entwickelt im Zuge seiner Selbsterhaltung existentielle, also zum Überleben notwendige Bedürfnisse. Verschiedene Kategorien von Bedürfnissen lassen sich unterscheiden. So etwa Bedürfnisse physischer und psychischer Art (z. B. Nahrung, Liebe), aber auch so verschiedene Bedürfnisse wie jene nach Ethik (z. B. Religion, Normen), Erziehung, Bildung, Kunst, Sicherheit (z. B. Verteidigung), Gesundheit (z.B. medizinische Versorgung) oder nach rechtlichen Regelungen, Sozialwesen, Politik, Verwaltung etc. Die Befriedigung dieser Bedürfnisse zieht die Notwendigkeit von Arbeit nach sich.

Arbeit ist zu verstehen als menschliche Leistung körperlicher und geistiger Art, die primär dem Zweck der Befriedigung der zum Überleben notwendigen Bedürfnisse dient. Letztlich werden dabei wirtschaftliche Ziele (Erwerb) verfolgt, deren Erreichung mit überwiegend rationalem Handeln verbunden ist. Arbeit ist damit eindeutig von anderen Arten menschlichen Handelns wie etwa Spiel, Schlaf, Ruhe, Entspannung sowie nicht auf die Verfolgung bestimmter Zwecke ausgerichtete Handlungen abzugrenzen. Im Rahmen der Wirtschaft stellt Arbeit letztlich den einzigen Faktor dar, der selbständig in der Lage ist, wirtschaftliche Produktion zu generieren. Andere Faktoren wie etwa Kapital oder bestimmte Ressourcen sind alleine nicht einsetzbar. Um mit ihrer Hilfe wirtschaftliche Resultate erzielen zu können, müssen diese Faktoren der Arbeit hinzugegeben werden.

Arbeit tritt meist in Form von Arbeitsteilung auf. Organisationen dienen dazu, die Arbeitsteilung in Hinblick auf bestimmte Resultate sinnvoll koordinieren zu können. Organisationen können als soziale Gebilde, d.h. als organisierte Gruppierung von Menschen, verstanden werden. Ihr Zweck ist es, eine gemeinsame Aufgabe durch Erbringung von Leistung so zu erfüllen, daß dadurch die Bedürfnisse Dritter befriedigt werden können. Dabei werden üblicherweise materielle oder immaterielle Güter und Dienstleistungen produziert. Diese Form der Produktion bedarf allerdings der Funktion des Managements, um die zu erbringenden Leistungen auch in der gewünschten Form zu gewährleisten. Management dient somit der Koordination von in arbeitsteiliger Form erbrachten Leistungen. Dabei steht die Erreichung von üblicherweise vorgegebenen Zielen im Vordergrund. Management erfolgt demgemäß unter Übernahme einer individuellen Verantwortung zur Erreichung bestimmter Ziele. Im diesem Rahmen kommen verschiedene Instrumente (z.B. Entscheidung, Kontrolle) zur Anwendung. Dabei steht aufgrund einer bestimmten Ausstattung mit Macht auch die Möglichkeit positiver oder negativer Sanktionierung zur Verfügung.

Den bisher genannten Tatbeständen ist noch eine weitere, historische Komponente hinzuzufügen. Nachzuweisen ist die Existenz von gemeinwirtschaftlichem Leben lange bevor es Formen der privaten Wirtschaft und den Gedanken des Eigennutzens gegeben hat. So war das Überleben der Menschen etwa vor 10.000 - 15.000 Jahren durch die Befriedigung existentieller Bedürfnisse nur durch gemeinschaftliche Leistungen, etwa im Rahmen von Sippen und Stämmen, gegeben. Beispiele dafür wären gemeinsames Bestellen der Felder, Abwehr drohender Gefahren, Jagd, Fischfang, Bauen der Unterkünfte etc. Private, auf Eigennutzen beruhende Formen der Wirtschaft entstanden erst wesentlich später im Gefolge des Zeitalters der Aufklärung. Diese historische Dimension im speziellen wie auch die Möglichkeit im allgemeinen, im Rahmen der Wirtschaft gemeinwirtschaftlich zu handeln, wird heute häufig vernachlässigt.

Aufgrund der Einbeziehung und Erörterung obiger Tatbestände kann "Wirtschaft" umrissen werden als üblicherweise in Organisationen koordinierte Arbeit, mit Hilfe derer Leistungen erbracht werden, die der Befriedigung der Bedürfnisse von Menschen dienen. Zur Erreichung dieser Ziele werden bestimmte Formen des Verhaltens eingesetzt. Dieses Verhalten ist insbesondere charakterisiert durch Produktivität, Ökonomität und Rentabilität (Prinzipien wirtschaftlichen Handelns).

"Wirtschaften" kann somit als spezifische Form des Verhaltens von und in Organisationen mit grundlegender Bedeutung für alle Arten von Organisationen verstanden werden. Relativierend wirkt lediglich der Umstand, daß wirtschaftliches Handeln etwa für erwerbswirtschaftliche Organisationen zentrales Paradigma ist, für nichterwerbswirtschaftliche Organisationen hingegen nur Nebenbedingung. Dies vor allem deshalb, weil die Prioritäten der Ziele unterschiedlicher Organisationen nicht gleich sind. Bei öffentlichen Organisationen steht etwa primär die Erfüllung ihrer öffentlichen Aufgaben im

Vordergrund. Natürlich soll dies auch unter Beachtung von Produktivität und Rentabilität erfolgen. Die letztgenannten Kriterien haben in privaten Organisationen allerdings wesentlich größere Bedeutung. Kann eine private Organisation das Ziel der Wirtschaftlichkeit nämlich nicht erfüllen, ist ihre Existenz gefährdet. Demgegenüber wird eine öffentliche Organisation vom Staat gestützt, um ihre Aufgaben im Dienste der Gemeinschaft kontinuierlich erfüllen zu können.

Mit anderen Worten heißt dies, daß für auf Profit ausgerichtete Organisationen wirtschaftliches Handeln ausschließliches Kriterium ist. Für Betriebe, die nicht auf Profit ausgerichtet sind, ist wirtschaftliches Handeln zwar ebenfalls notwendig, allerdings ist ihre Tätigkeit hauptsächlich durch die erbrachte Leistung, etwa die Erfüllung öffentlicher Aufgaben, gekennzeichnet.

5.3. Kriterien der Abgrenzung von Organisationen

Unter Berücksichtigung der Erkenntnisse obiger Typologien soll nun versucht werden, mögliche Organisationsformen zu klassifizieren. Dabei wird darauf geachtet, daß diese Kategorisierung von bestimmten Wirtschaftssystemen oder Kulturkreisen unabhängig ist und aufgrund dessen allgemein angewendet werden kann (Strunz 1990a, 163 ff.).

Natürlich stellt sich die Frage, warum den zahlreichen bereits existierenden Typologien von Organisationen noch neue hinzugefügt werden. Im vorliegenden Fall liegt der Grund darin, daß es gegenwärtig kaum Ansätze gibt, die betriebswirtschaftliche Tatbestände in systematischer Form berücksichtigen. Dies ist jedoch notwendig, wenn man Unterschiede in bezug auf das Management der identifizierten Organisationsformen untersuchen möchte. Ansätze, auf der Basis betriebswirtschaftlicher Orientierung verschiedene Typen von Organisationen zu identifizieren, wurden bisher von Chmielewicz (1971, 603 ff.), Eichhorn (1987a, b) und Reichard (1987, 15 ff.) vorgelegt.

Es wird davon ausgegangen, daß alle Typen von Organisationen prinzipiell in den Prozeß der Wirtschaft, wenngleich in unterschiedlichem Ausmaß, involviert sind (vgl. Abschnitt 5.2.). Der Begriff Organisation wird dabei als Sammelbezeichnung für sämtliche, auf Ziele ausgerichtete soziale Systeme verstanden. Die Organisation bildet dabei den Rahmen, in dem das Management (Management als Institution) seine Aufgaben (Management als Funktion) erfüllt.

In der Folge werden jene Kriterien definiert, die zur Klassifizierung unterschiedlicher Organisationsformen herangezogen werden. Dabei scheinen folgende drei, an betriebswirtschaftlichen Kategorien orientierte Kriterien von Interesse:

5.3.1. Ziele von Organisationen

Aus der Vielfalt möglicher Ziele von Organisationen wird hier in Anlehnung an Thiemeyer (1975, 30 f.) die Art der Deckung des Bedarfs gewählt. Wählt man die Art der Deckung des Bedarfs als Dimension der Ziele von Organisationen, lassen sich in bezug auf die Ziele relativ leicht Unterscheidungen vornehmen.

Erfolgt die Deckung des Bedarfs etwa ausschließlich zum Zweck der Erzielung von Profiten, ist sie primär nur Mittel zur Erreichung dieses Zwecks. Im Fall einer profitorientierten Tätigkeit ist der eigentliche Zweck somit nicht die Deckung von Bedarf, sondern die Erzielung von Gewinnen. Relativierend ist dabei lediglich anzumerken, daß die Erzielung von Gewinnen in verschiedenen Intensitätsgraden vorgesehen sein kann.

Als Gegensatz dazu können die Ziele von Organisationen auch primär auf die Deckung von Bedarf ausgerichtet sein. Primäres Ziel dabei ist es, vorhandene Bedürfnisse zu decken. Dies erfolgt normalerweise unter Nebenbedingungen, meist finanzieller Art. Die Erzielung von Gewinnen ist dabei jedenfalls sekundär, die Deckung von Bedarf das unmittelbare Ziel. In diesem Zusammenhang ist auch der Begriff "Gemeinwirtschaftlichkeit" von Bedeutung, auf den in der Folge (Abschnitt 5. 5.) noch eingegangen wird.

In bezug auf die Dimensionen der Ziele von Organisationen lassen sich - etwas allgemeiner formuliert - die Bezeichnungen "profitorientiert" und als Gegensatz dazu "nicht-profitorientiert" als Kriterien auswählen. Mit Hilfe dieses Kriteriums läßt sich die Vielfalt unterschiedlicher Organisationen - in bezug auf ihre Ziele - gut erfassen.

5.3.2. Umfeld von Organisationen

Die Umwelt von Organisationen ist ein sehr komplexes Phänomen. Im marktwirtschaftlichen System determiniert der "Markt" die gesamte Umwelt von Organisationen. Dadurch entsteht für Organisationen die Notwendigkeit, den Kräften des Marktes, insbesondere Angebot und Nachfrage, Aufmerksamkeit zu widmen. Allerdings ist es nicht für alle Organisationen im gleichen Ausmaß notwendig, sich am Markt zu orientieren (vgl. etwa private Unternehmen und öffentliche Verwaltungen). Marktorientierung stellt - in ihren verschiedenen Ausprägungen - letztlich ein wesentliches Element im Rahmen der Umwelt von Organisationen dar. Deshalb erscheint es auch sinnvoll, Marktorientierung als weiteres Kriterium zur Differenzierung von unterschiedlichen Organisationen auszuwählen. Aufgrund der unterschiedlichen Notwendigkeiten, die Gegebenheiten des Marktes zu beachten, bietet sich als konkrete Polarisierung "marktnah" und "marktfern" an.

Ist eine Organisation nun beispielsweise gezwungen, ihre Leistungen in Konkurrenz zu anderen Organisationen anzubieten und somit Angebot und Nachfrage ausgesetzt, würde dies im hier gemeinten Sinn marktnahes Verhalten erfordern. Andererseits sind etwa öffentliche Verwaltungen ausschließlich an der Erfüllung öffentlicher Aufgaben orientiert. Im Rahmen dessen besteht keine Notwendigkeit des Anbietens von Leistungen in einem Verhältnis der Konkurrenz. Da die von öffentlichen Verwaltungen zur Verfügung gestellten Leistungen meist auch gar nicht geeignet wären, auf Märkten angeboten zu werden, ist hier marktfernes Verhalten gegeben.

Zur eindeutigen Bestimmung marktnahen bzw. marktfernen Verhaltens von Organisationen wäre allerdings empirisches Material notwendig. Da auf solches Material hier allerdings nicht zugegriffen werden kann, müssen die Zuordnungen in diesem Zusammenhang auf hypothetischer Basis vorgenommen werden.

5.3.3. Normativer Rahmen von Organisationen

Betrachtet man den normativen Rahmen von Organisationen, so stellen sich die Eigentumsverhältnisse als wesentliches Element dar. Versucht man, nach dem Eigentümer von Organisationen zu polarisieren, bietet sich die Möglichkeit der Unterscheidung in öffentlichen und privaten Eigentümer an. Unter öffentlichem Eigentümer ist zu verstehen, daß die öffentliche Hand mindestens 51% der Anteile an einer Organisation hält. Analog verhält es sich mit privaten Personen/Institutionen als Eigentümer von Organisationen. Zu betonen ist, daß es in bezug auf die Eigentumsverhältnisse an Organisationen zahlreiche Mischformen gibt.

KRITERIUM	ZIELE	UMWELT	NORMATIVER RAHMEN
Variable	Bedarfsdeckung	Marktorientierung	Eigentümer
Ausprägung	erwerbsorientiert nicht erwerbsorientiert	marktnah marktfern	privat öffentlich

Übersicht 5: Kriterien der Abgrenzung von Organisationen (Strunz 1990a, 165)

5.4. Organisationsformen

Aufgrund des generellen Rahmens für die Klassifizierung von Organisationen und der ausgewählten Kriterien zu ihrer Unterscheidung können nun - auf hypothetischer Basis - folgende Organisationstypen differenziert werden: Öffentliche Verwaltungen, Verbände, öffentliche Unternehmen, Genossenschaften, private Unternehmen und private Haushalte (Strunz 1990a, 165 ff.). Im Anschluß an eine Erklärung des jeweiligen Begriffs werden folgend die entsprechenden Zuordnungen zu den Kriterien der Unterscheidung vorgenommen. Dabei können die Spezifika der einzelnen Organisationsformen im Überblick festgestellt werden. Schließlich wird versucht, Abgrenzungen zu den anderen Organisationsformen vorzunehmen. Dabei wird auch auf den Aspekt der "Gemeinwirtschaftlichkeit" eingegangen, der - häufig vernachlässigt - im Zusammenhang mit allen Arten von Organisationen zu diskutieren ist.

	ZIELE	UMWELT	NORMATIVER RAHMEN
Variable	**Bedarfsdeckung**	**Markt-orientierung**	**Eigentümer**
Öffentliche Verwaltungen	nicht erwerbsorientiert	nicht marktorientiert	öffentlich (Staat)
Verbände	nicht erwerbsorientiert	nicht marktorientiert	öffentlich oder privat
Öffentliche Unternehmen	nicht erwerbsorientiert oder erwerbsorientiert	nicht marktorientiert oder marktorientiert	(zumindest überwiegend) öffentlich
Genossenschaften	nicht erwerbsorientiert	(überwiegend) marktorientiert	öffentlich oder privat
Private Unternehmen	erwerbsorientiert	marktorientiert	privat
Private Haushalte	erwerbsorientiert	marktorientiert	privat

Übersicht 6: Differenzierung von Organisationsformen (Strunz 1991, 33)

5.4.1. Öffentliche Verwaltungen

Der Begriff öffentliche Verwaltung als Gesamtheit bezeichnet ein sehr umfangreiches und komplexes Gebilde von Organisationen. Letztlich sind alle Organisationen der öffentlichen Verwaltung (= öffentliche Verwaltungen) zur Erfüllung von öffentlichen Aufgaben bestimmte Organisationseinheiten. Sie sind ausführende (exekutive) Organe und decken den Bedarf der Allgemeinheit. Eine Organisation innerhalb der öffentlichen Verwaltung stellt eine Einheit dar, die spezifische Leistungen erbringt. Dabei handelt sie nach staatlichen Zielen und Normen. Sie deckt überwiegend kollektiven Bedarf, indem sie kollektive Güter und Dienstleistungen produziert und primär unentgeltlich absetzt. Unter kollektivem Bedarf ist jener Bedarf zu verstehen, der alle Staatsbürger betrifft. Beispielsweise fallen darunter soziale Sicherheit, Bildung, Kultur, Schutz des Eigentums etc.. Organisationen der öffentlichen Verwaltung haben das Ziel, die Deckung kollektiven Bedarfs dauerhaft zu gewährleisten. Öffentliche Organisationen sind beispielsweise neben den Organisationen der direkten Verwaltung des Staates (z.B. Ministerien) auch Armee, Polizei, Justiz, Finanzbehörden, Schulen, Universitäten etc..

Öffentliche Verwaltungen können ökonomisch als Wirtschaftseinheiten betrachtet werden, in denen Dispositionen über Güter im Sinne öffentlicher Ziele und auf der Basis öffentlichen Eigentums getroffen werden.

Steht im Bereich der privaten Wirtschaft primär das Streben nach Rentabilität im Vordergrund, können die komplexen Aufgaben und Ziele der öffentlichen Verwaltung nicht so einfach operationalisiert werden. Als Instrument des Staates, dessen oberstes Ziel die Erhaltung bzw. Steigerung des Gemeinwohls ist, sieht sich die öffentliche Verwaltung mit einer großen Vielfalt an Zielen konfrontiert. Letztlich ist das Handeln der öffentlichen Verwaltung auch auf die Verwirklichung politischer Programme ausgerichtet. Diese erfolgt in der Form der Umsetzung politischer Programme in konkrete Entscheidungen auf rechtlicher Grundlage. Akzeptierte Kataloge von Aufgaben bzw. Zielen der öffentlichen Verwaltung liegen nicht vor. Allerdings lassen sich ihre Aufgaben in abstrakter Weise durchaus kategorisieren. So können etwa die Aufgaben Ordnung, Lenkung und Aufsicht unterschieden werden. Neben dieser sehr allgemeinen Unterscheidung gibt es zahlreiche weitere Möglichkeiten, Aufgaben und Ziele zu kategorisieren. Versucht man, die öffentliche Verwaltung nach ihren Merkmalen zu gliedern, bietet sich die Unterscheidung sowohl nach ihren Aufgaben als auch nach den zur Erfüllung dieser Aufgaben erforderlichen Tätigkeiten an.

Versucht man nun, öffentliche Verwaltungen von anderen Organisationsformen abzugrenzen, läßt sich gemäß den oben gewählten Kriterien zunächst feststellen, daß öffentliche Verwaltungen kaum marktorientiert (somit also marktfern) agieren. Aufgrund der ihnen vorgegebenen Aufgaben und Ziele sind öffentliche Verwaltungen nicht profitorientiert und befinden sich zur Gänze im öffentlichen Eigentum.

Öffentliche Verwaltungen unterscheiden sich von anderen Organisationen insbesondere durch folgende Spezifika:

- Deckung von kollektivem Bedarf

- Geringe Unabhängigkeit bei der Bildung von Zielen

- Erstellung von Gütern, die in der Regel nicht auf Märkten abgesetzt werden können, kollektiven Charakter haben und meist unentgeltlich zur Verfügung gestellt werden

- Prinzipielle Verpflichtung zur Leistung, teilweise verbunden mit der Pflicht zur Abnahme von Leistung durch ihre Empfänger

- Finanzierung durch die Gemeinschaft

- Zur Gänze im öffentlichen Eigentum

- Abgesicherte Existenz.

Die öffentliche Verwaltung (oft auch als "öffentlicher Sektor" bezeichnet) ist Teil der öffentlichen Wirtschaft. Diese umfaßt neben der öffentlichen Verwaltung, d.h. der Gesamtheit der öffentlichen Verwaltungen, auch die öffentlichen Unternehmen. Öffentliche Unternehmen unterscheiden sich von öffentlichen Verwaltungen allerdings eindeutig. Als Teil der öffentlichen Wirtschaft ist die öffentliche Verwaltung auch eindeutig von privater Wirtschaft zu unterscheiden.

5.4.2. Verbände

Die Organisationsform des Verbandes stellt sich als sehr heterogenes und komplexes Phänomen dar. Versuche zur Definition und Differenzierung sind schwierig und resultieren oft in Uneinheitlichkeit und Widersprüchlichkeit.

In einer allgemeinen Definition kann man Verbände als organisierte Gruppen der Gesellschaft ansehen. Diese bilden sich aufgrund bestimmter materieller oder immaterieller Interessen. Die Organisation des Verbandes existiert, um diese Interessen wahrzunehmen, zu vertreten und durchzusetzen. Eine konkretere Definition betrachtet Verbände als Vereinigungen von Personen, Haushalten, Unternehmen oder öffentlichen Organisationen. Diese kooperieren und versuchen dadurch, ihre gemeinsamen Ziele und/oder bestimmte Wertvorstellungen zu realisieren. Die Interessen von Verbänden resultieren aus dem vielfältigen Spektrum von Rollen und Erwartungen der Menschen in der modernen Gesellschaft.

Die Tätigkeit des Verbandes ist vor allem gekennzeichnet durch die Schaffung einer Organisation und durch die Bereitstellung von Leistungen, die den Mitgliedern des Verbandes bei der Erfüllung ihrer eigentlichen Aufgaben dienen. Vielfach stellen Verbände auch (strategische) Leistungen für andere Verbände bereit, die auf operativer Basis für ihre Mitglieder tätig sind.

Das wesentlichste Merkmal von Verbänden liegt unzweifelhaft in der Koordination gemeinsamer Interessen zum Zweck ihrer Verfolgung und Durchsetzung. Versucht man, Verbände zu kategorisieren, liegen Unterscheidungen einerseits nach dem Bereich ihrer Betätigung nahe. So können etwa Verbände aus dem Bereich der Wirtschaft und Arbeit, dem sozialen Bereich, dem Bereich der Freizeit, Kultur, Politik oder Religion differenziert werden. Andererseits lassen sich Verbände auch nach ihren Zielen abgrenzen. Hier wird etwa unterschieden nach der Förderung der Mitglieder, Förderung Dritter, Förderung der Mitglieder und Dritter und schließlich der Durchsetzung von Zielen und Erwartungen innerhalb der Gesellschaft.

Eine weitere Vorgangsweise differenziert die Verbandstypen einerseits nach Verbänden, die sich ausschließlich auf öffentliche Unternehmen beziehen ("öffentliche Verbände"), Verbände, die sich sowohl auf öffentliche Unternehmen als auch auf öffentliche Verwaltungen beziehen ("gemischt-öffentliche Verbände") und Verbände, die sich sowohl auf öffentliche als auch privatwirtschaftliche Unternehmen beziehen ("gemischtwirtschaftliche Verbände"). Neben der Unterscheidung von Verbänden nach ihrer Art können Verbände auch nach ihren Mitgliedern unterschieden werden. So etwa in Verbände der Unternehmen bzw. ihrer Träger, Verbände der Mitarbeiter und Verbände der Benutzer bzw. Verbraucher. Die zahlreichen Typologien von Verbänden orientierten sich an vielfältigen Kriterien, etwa an der Organisationsform oder an Zielen.

Nach obigem Schema zeigt sich der Verband als kaum marktorientiert, d.h. meist keinen Konkurrenzbedingungen unterworfen. Der Verband ist nach seiner Definition nicht profitorientiert und finanziert sich über Beiträge seiner Mitglieder. Eigentümer können öffentliche und private Organisationen gleichermaßen sein.

Verbände unterscheiden sich von anderen Organisationsformen insbesondere durch folgende Spezifika:

- Die Deckung des Bedarfs erfolgt für einen klar umrissenen Kreis von Adressaten

- Bei der Zielbildung besteht relativ große Autonomie

- Die Leistungen sind überwiegend nicht auf Märkten absetzbar, decken meistens kollektiven Bedarf und werden großteils unentgeltlich zur Verfügung gestellt

- Die Aufrechterhaltung des Verbandes erfolgt meist durch materielle und immaterielle Leistungen der Mitglieder.

Eindeutig zu differenzieren sind Verbände von öffentlichen Verwaltungen und Wirtschaftsunternehmen gleichermaßen. Genossenschaften als Sonderform des Wirtschaftsunternehmens weisen Ähnlichkeiten mit Verbänden auf, deren Analyse erfolgt jedoch gesondert (Abschnitt 5.4.4.).

5.4.3. Öffentliche Unternehmen

Öffentliche Unternehmen sind durch folgende Tatbestände gekennzeichnet:

- Der Staat ist (zumindest mehrheitlich) Eigentümer des Unternehmens

- Jedermann kann die Leistung eines öffentlichen Unternehmens in Anspruch nehmen

- Es muß ein öffentliches Interesse daran bestehen, daß der Staat die Leistung erbringt und dies nicht privaten Unternehmen überläßt.

Allerdings muß betont werden, daß in der Praxis nicht unbedingt jede dieser Anforderungen erfüllt ist.

Versucht man, den Begriff öffentliche Unternehmen allgemeiner zu skizzieren, ist etwa die folgende Definition plausibel: Öffentliche Unternehmen sind selbständige organisatorische Einheiten. Damit ist gemeint, daß sie rechtlich oder zumindest organisatorisch aus der öffentlichen Verwaltung ausgegliedert sind. Sie stehen in - zumindest überwiegend - öffentlichem Eigentum und handeln in öffentlichem Interesse.

Öffentliche Unternehmen sind als Organisationen zu begreifen, die selbständig wirtschaftlich handeln. Die Deckung des Bedarfs erfolgt in eigener Verantwortung und gegen Entgelt. Bezüglich der Eigentumsverhältnisse sind folgende Varianten zu unterscheiden: So besteht etwa die Möglichkeit, daß die Anteile von zwei oder mehreren öffentlichen Eigentümern gehalten werden. Darüber hinaus gibt es auch Unternehmen, bei denen - in gemischter Form - private und öffentliche Eigentümer auftreten.

Wie auch bei anderen Organisationsformen, üben die Eigentümer öffentlicher Unternehmen aufgrund ihrer Rechte Einfluß aus und verwirklichen so ihre Ziele. Öffentliche Unternehmen sind letztlich als Instrumente staatlichen Einflusses zu betrachten. Insbesondere im Rahmen der Wirtschaftspolitik werden sie häufig als Instrumente eingesetzt. Diese "Instrumentalfunktion" (Thiemeyer 1989) sieht öffentliche Unternehmen als wirtschaftliches Instrument zum Zweck der Erfüllung öffentlicher Aufgaben seines Eigentümers.

Die Motive des Eigentümers für den Betrieb eines öffentlichen Unternehmens können in sozialen, wirtschaftlichen und politischen Gründen liegen. Ein sozialer Grund wäre die Erreichung von Vollbeschäftigung, ein wirtschaftlicher Grund zum Beispiel die Preisstabilisierung, ein politischer Grund etwa das Streben nach Autarkie. Die Erfüllung öffentlicher Aufgaben erfolgt im Falle öffentlicher Unternehmen mit Hilfe unternehmerischer Methoden. Dabei geht es besonders um die Festlegung und Durchsetzung von Zielen der Beschaffung, Erbringung von Leistung und Finanzierung. Dabei kommt der Beachtung rechtlicher Regelungen und der Teilnahme am Markt besondere Bedeutung zu. Im Vordergrund der Unternehmenspolitik steht jedenfalls die Erfüllung öffentlicher Aufgaben.

Zwischen dem Management öffentlicher Unternehmen und ihren Eigentümern kann es unter Umständen zu spezifischen Konflikten kommen (Hofmann/Strunz 1991). In diesem Zusammenhang sind beispielsweise Entscheidungskonflikte zu nennen, so etwa der Gegensatz zwischen dem Ziel, Profite zu erreichen und dem Ziel, öffentliche Aufgaben zu erfüllen. Ein anderes Beispiel wäre der Gegensatz zwischen unternehmerischen und politischen Zielen. Probleme können aber auch aufgrund der normalerweise fließenden Übergänge von öffentlichen Unternehmen sowohl zu öffentlichen Verwaltungen als auch zu privaten Unternehmen entstehen.

Zu einem derartigen Fall kann es etwa bei Eingriffen der öffentlichen Verwaltung in die Geschäftsführung kommen. Dies kann dann sein, wenn ein öffentliches Unternehmen aufgrund mangelnder Kostendeckung großteils über Mittel des öffentlichen Haushalts finanziert wird. Oder aber, wenn im Fall eines gemischtwirtschaftlichen Unternehmens unterschiedliche Interessen privater und öffentlicher Eigentümer aufeinander treffen.

In dem skizzierten Schema treten öffentliche Unternehmen relativ marktorientiert auf. In vielen Fällen treten sie mit ihren Leistungen in Konkurrenz zur privaten Wirtschaft. An Profit orientiertes Verhalten ist, obwohl nicht unbedingt Voraussetzung, bei dieser Organisationsform häufig anzutreffen. (Mehrheits-)Eigentümer ist notwendigerweise die öffentliche Hand.

Öffentliche Unternehmen sind insbesonders durch folgende Spezifika gekennzeichnet:

- Im Gegensatz zur öffentlichen Verwaltung überwiegt die Deckung individuellen Bedarfs

- Handeln im öffentlichen Interesse; Instrument zur Erfüllung staatlicher Ziele (z.B. wirtschaftspolitische Ziele)

- Finanzierung durch Umsatzerlöse, zum Teil aber auch durch öffentliche Subventionen

- Relativ sichere Existenz trotz häufiger Konkurrenz mit privater Wirtschaft.

Öffentliche Unternehmen sind als Teil der öffentlichen Wirtschaft von öffentlichen Verwaltungen (als deren anderer Teil) deutlich zu unterscheiden. Von privaten Unternehmen unterscheiden sich öffentliche nicht nur, häufig jedoch vor allem durch den Eigentümer.

5.4.4. Genossenschaften

Genossenschaften stellen sich als vielfältige, komplexe Wirtschaftseinheiten dar. Es ist daher relativ schwierig, eine befriedigende Definition zu finden. Letztlich sind Genossenschaften als Kooperationsform zu bezeichnen. In dieser Eigenschaft sind sie Gesellschaften mit unlimitierter, nicht festgelegter Anzahl von Mitgliedern. Sie sind auf die Förderung ihrer Mitglieder ausgerichtet. Sie beruhen auf dem Gedanken der Selbsthilfe, Selbstverwaltung, Selbstverantwortung und Solidarität, dienen also primär der genossenschaftlichen Gemeinschaft.

Gewisse Parallelen zeigen sich zwischen Genossenschaften und Verbänden (vgl. Abschnitt 5.4.2.). Gemeinsamkeiten liegen etwa in jenem, auch den Verband charakterisierenden Faktor der Schaffung einer Organisation zur Bereitstellung spezieller Leistungen. Über diese Leistungen hinaus, die primär weitere Leistungen organisieren sollen, erbringt die Genossenschaft auch unmittelbare Leistungen. Derartige unmittelbare Leistungen einer Genossenschaft können sich beziehen auf: Erfindung und Ausbildung, Finanzierung, Einkauf, Verkauf, Transport, Lagerung, Versicherung und Produktion.

Im Rahmen obiger Systematik agiert die Genossenschaft bezüglich ihrer Marktorientierung relativ marktnahe. Sie ist aufgrund ihrer gewählten Ziele notwendigerweise nicht profitorientiert und kann sowohl im privaten als auch öffentlichen Eigentum stehen.

Von anderen Organisationsformen unterscheidet sich die Genossenschaft durch folgende Spezifika:

- Hohe Autonomie aufgrund der Prinzipien Selbsthilfe, Selbstverantwortung, Selbstverwaltung und Solidarität

- Deckung des Bedarfs nach dem Prinzip, daß die Mitglieder der Genossenschaft primär durch die Bereitstellung günstiger Leistungen durch die Genossenschaft profitieren

- Eine spezielle Struktur der Entscheidung sieht vor, daß die Mitglieder der Genossenschaft gemeinsam alle Entscheidungen, die die Genossenschaft betreffen, treffen

- Die Finanzierung erfolgt durch Beiträge der Mitglieder aufgrund der Leistungen der Genossenschaft.

Anhand dieser spezifischen Faktoren wird erkennbar, warum die Genossenschaft als eigene Organisationsform klassifiziert wird. Abzugrenzen ist die Genossenschaft primär vom Verband, besonders von dessen spezieller Form, dem Wirtschaftsverband. Die Unterscheidung erfolgt über die gemeinsamen Grundlagen hinaus durch die zusätzlichen unmittelbaren Leistungen, die von der Genossenschaft erbracht werden. Gegenüber privaten und teilweise auch gegenüber öffentlichen Unternehmen liegen die Unterschiede vor allem darin, daß sich die Eigentümer profitorientierter Unternehmen Vorteile durch die auf Märkten erzielten Gewinne erwarten. Demgegenüber handeln die Genossenschaften nach dem Prinzip, daß ihre Mitglieder durch die Bereitstellung günstiger Leistungen durch die Genossenschaft profitieren. Während private und zum Teil öffentliche Unternehmen meistens für einen anonymen Markt Leistungen erbringen, erfolgt dies in der Genossenschaft unter dem Aspekt der Förderung der Mitglieder.

5.4.5. Private Unternehmen

Das private Unternehmen kann als wirtschaftlich selbständiger, selbstbestimmter und profitorientiert handelnder Betrieb gesehen werden. Der Zweck des privaten Unternehmens liegt hauptsächlich in der Erzielung von Gewinnen durch Betätigung in der Wirtschaft. Die Aufgabe oder Tätigkeit, die das private Unternehmen im Rahmen der Wirtschaft ausführt, ist somit ausschließlich Mittel zum Zweck, der primär in der Erzielung von Gewinnen für den Unternehmer besteht. Innerhalb des Systems der Marktwirtschaft werden die in privaten Unternehmen zu treffenden Entscheidungen hauptsächlich durch den Markt determiniert. Hier stehen vor allem die Einflüsse des Beschaffungsmarktes und des Absatzmarktes im Vordergrund. Damit sind besonders die Preise der Produktionsfaktoren und jene der vom Unternehmen angebotenen Leistungen gemeint. Diese bestimmen sich gleichermaßen aus Angebot und Nachfrage.

Der Einwand, daß eine ausschließliche Orientierung am maximalen Gewinn nicht zu optimaler Versorgung mit Gütern führt, scheint berechtigt. Ebenso der Vorwurf, daß der Unternehmer in diesem Fall zum rationalen, ausschließlich den eigenen Interessen verpflichteten "homo oeconomicus" wird. Gemäß obigem Schema ist das private Unternehmen marktorientiert (marktnah) und profitorientiert (vgl. auch das Prinzip der Maximierung des Gewinns), die absolute Mehrheit des Eigentums befindet sich in privater Hand.

Das private Unternehmen ist durch folgende Spezifika gekennzeichnet:

- Primäres Ziel ist die Gewinnerzielung; die Deckung des meist individuellen Bedarfs ist lediglich Mittel zur Erreichung dieses Ziels
- Relativ große Freiheit des Eigentümers bei der Entscheidung im Rahmen staatlicher Normen
- Die erstellten Leistungen werden ausschließlich auf dem Markt nach Angebot und Nachfrage entgeltlich abgesetzt
- Es besteht weder die Verpflichtung zur Leistung für das Unternehmen noch die Verpflichtung zur Abnahme durch den Kunden
- Die Finanzierung erfolgt durch Umsatzerlöse
- Das Risiko der Existenz des privaten Unternehmens ist relativ groß.

Hinsichtlich der Abgrenzung von anderen Organisationsformen kann auf diesbezügliche, bereits oben vorgenommene Abgrenzungen verwiesen werden.

5.4.6. Private Haushalte

Unter Haushalt ist hier ausschließlich der private Haushalt gemeint, der als Betrieb verstanden wird. Darüber, ob der private Haushalt tatsächlich den Charakter eines Betriebs hat, besteht kein Konsens. Der Haushalt in der hier diskutierten Form dient der kontinuierlichen Beschaffung und Verwendung von Gütern zum Zweck der eigenen Versorgung der Mitglieder des Haushalts. Letztlich ist der private Haushalt als Einheit zu verstehen, die auf die Sicherung der gemeinsamen Deckung des Bedarfs einer Menschengruppe ausgerichtet ist. Dieses System der Deckung von Bedarf bzw. der Versorgung gliedert sich in Aufgaben innerhalb des Haushalts und in Bereiche marktwirtschaftlicher Disposition.

Tatsache ist, daß private Haushalte als selbständige Organisationen zu betrachten sind, die als Konsumenten auftreten. Dabei planen sie ihren Bedarf und treffen aufgrund dessen Entscheidungen in bezug auf die Beschaffung. Darüber hinaus werden vom Haushalt Arbeitsleistungen angeboten. Dadurch wird normalerweise ihre Finanzierung sichergestellt. Letztlich ist es im Rahmen des privaten Haushalts auch notwendig, Nachweise über die erbrachten Leistungen zu erbringen. Ein Beispiel dafür wäre etwa das erzielte Einkommen.

Gemäß diesem Schema ist der private Haushalt als sehr marktorientiert klassifiziert. Diese Nähe zum Markt leitet sich hauptsächlich aus der Art und Weise der Beschaffung des Einkommens einerseits und deren Verwendung andererseits ab. In beiden Fällen gelten die

Komponenten Angebot und Nachfrage. Dabei wird unter den Bedingungen der Konkurrenz agiert.

Sieht man den privaten Haushalt als eine Organisationseinheit, die auf die Deckung des gemeinsamen Bedarfs einer Gruppe von Menschen ausgerichtet ist, weist dies zunächst auf nicht-profitorientiertes Verhalten hin. Damit ist gemeint, daß die Mitglieder des privaten Haushalts zwar zweifellos versuchen, ihren Nutzen zu maximieren; dieses Verhalten ist aber nicht primär auf die Maximierung von Überschüssen, sondern hauptsächlich auf die Deckung von (letztlich für das Überleben notwendigen) Bedarf ausgerichtet. Allerdings kann im Zusammenhang mit der Entstehung von Überschüssen über die Deckung des existentiellen Bedarfs hinaus auch profitorientiertes Verhalten (im engeren Sinn) unterstellt werden.

Private Haushalte sind durch folgende Spezifika gekennzeichnet:

- Ausrichtung ausschließlich auf individuelle Deckung eigenen Bedarfs und Maximierung des Nutzens für die Mitglieder des Haushalts

- Im Vordergrund steht dabei der Konsum, aber auch die im Haushalt zu erbringenden produktiven Leistungen, die ebenfalls der Deckung des individuellen Bedarfs dienen

- Die von den Mitgliedern des Haushalts außerhalb des Haushalts angebotene individuelle Arbeitskraft dient der Deckung von fremdem Bedarf und gleichzeitig der Beschaffung von Einkommen für den Haushalt.

5.5. Gemeinwirtschaftlichkeit als Handlungsprinzip

Eine wichtige Erscheinungsform wirtschaftlichen Handelns, die bereits mehrmals angesprochen wurde, ist die sogenannte "Gemeinwirtschaftlichkeit". Diese Form des Handelns ist unabhängig von der Organisationsform, man versteht darunter vielmehr die Verfolgung spezifischer Ziele. Unter Gemeinwirtschaft ist der gesamte Bereich jener Organisationen zu verstehen, die im öffentlichen Interesse disponieren. Die inhaltliche Bestimmung des Begriffs "öffentliches Interesse" ist allerdings problematisch.

Wie der Begriff "Gemeinwirtschaft" ist letztlich auch der Begriff "gemeinwirtschaftliche Organisation" in bezug auf seine theoretische Fundierung umstritten. Ein inhaltlicher Konsens herrscht insofern, als unter gemeinwirtschaftlichen Organisationen jene Organisationen verstanden werden, deren Handlungen und Leistungen unmittelbar dem Wohl einer übergeordneten Gesamtheit gewidmet sind.

Dabei können durchaus unterschiedliche Formen auftreten. So werden beispielsweise folgende Typen gemeinwirtschaftlicher Unternehmen unterschieden:

- Öffentliche Unternehmen, die gemeinwirtschaftlich geführt werden

- Private Betriebe, die sich aus freiem Entschluß der Erfüllung öffentlicher Aufgaben widmen

- Private Betriebe, die aufgrund rechtlicher Vorschriften zu gemeinwirtschaftlichem Verhalten verpflichtet sind.

Allgemein erstreckt sich Gemeinwirtschaftlichkeit über die hier getroffene Unterscheidung hinaus auf verschiedene Organisationsformen. Konkret auf öffentliche Verwaltungen, unter Umständen auf Verbände, auf öffentliche Unternehmen, Genossenschaften sowie unter bestimmten Voraussetzungen auch auf private Unternehmen. Im Zusammenhang mit Genossenschaften von Gemeinwirtschaftlichkeit zu sprechen, ist allerdings umstritten, da diese ausschließlich auf das Wohl ihrer Mitglieder ausgerichtet sind.

Der Begriff Gemeinwirtschaft wird heute häufig nur als Bezeichnung für einzelne Unternehmen mit einer am Gemeinwohl orientierten Zielsetzung angewendet. Diese Unternehmen sind meist neben und zusammen mit privaten Unternehmen im Rahmen der Marktwirtschaft tätig. Ihre primären Aufgaben sind allerdings darin zu sehen, förderungsbedürftige Bereiche zu stimulieren, kontrollbedürftige zu regulieren und ergänzungsbedürftige zu komplettieren.

Prinzipiell erscheint es sinnvoll, den Begriff des gemeinwirtschaftlichen Unternehmens von der Art der verfolgten Ziele her zu definieren. Nicht zuletzt dadurch kann auch ihre Funktion als Instrument zur Erfüllung bestimmter Ziele spezifiziert werden. In jüngster Zeit läßt sich eine Tendenz der Verschiebung des Prinzips der Gemeinwirtschaftlichkeit feststellen: In der Vergangenheit waren die Konzepte der Gemeinwirtschaftlichkeit hauptsächlich an der Deckung von Bedarf ausgerichtet, nunmehr präferiert man eher Deckung des Bedarfs, bei gleichzeitiger Profitorientierung. Im Idealfall heißt dies, daß gemeinwirtschaftliche Ziele mit Hilfe erzielter Gewinne erfüllt werden können. Eine andere Möglichkeit wäre, die Deckung des Bedarfs bei gleichzeitiger Deckung der Kosten zu erreichen.

Die unterschiedlichen Organisationen, wie sie oben dargestellt wurden, tragen in differenter Weise und in verschiedenem Ausmaß zum Gemeinwohl bei. So dienen private Unternehmen zwar unmittelbar dem individuellen Wohl, damit aber indirekt auch dem Gemeinwohl. Demgegenüber sehen sich öffentliche Unternehmen und Verwaltungen unmittelbar im Dienst des Gemeinwohls. Dieses wird zum dominierenden Faktor in ihrem Zielsystem. Die jeweiligen Organisationen werden als Instrumente ihrer Eigentümer im Dienst des Gemeinwohls eingesetzt.

Zur weiteren Klärung unterschiedlichen wirtschaftlichen Verhaltens scheint eine Gegenüberstellung bestimmter Begriffe sinnvoll. Diese werden vielfach mißverständlich interpretiert, insbesondere weil sie einander sehr ähnlich, aber dennoch unterschiedlichen Inhalts sind. Dabei handelt es sich um die Begriffe Erwerbswirtschaftlichkeit und Bedarfswirtschaftlichkeit sowie Eigenwirtschaftlichkeit und Gemeinwirtschaftlichkeit.

Unter Erwerbswirtschaftlichkeit wird das Ziel assoziiert, Kapital in Hinblick auf eine bestimmte Rentabilität einzusetzen. Bedarfswirtschaftlichkeit hat demgegenüber das Ziel, gemeinschaftliche Bedürfnisse zu decken, die ansonsten nicht oder nicht zufriedenstellend gedeckt würden. Eigenwirtschaftlichkeit setzt die Deckung der im Prozeß der Leistung entstandenen Aufwendungen durch entsprechende Erträge voraus. Gemeinwirtschaftlichkeit meint eine am Gemeinwohl orientierte Zielsetzung mit dem primären Bestreben, zu stimulieren, zu regulieren und zu komplettieren.

Der Unterschied zwischen diesen ähnlichen Begriffspaaren liegt darin, daß Eigenwirtschaftlichkeit und Gemeinwirtschaftlichkeit mehr die Zielrichtung angeben, während Erwerbswirtschaftlichkeit und Bedarfswirtschaftlichkeit eher Aussagen über den Zielinhalt tätigen. Bei der Abgrenzung dieser Begriffe zeigt sich, daß Richtung und Inhalt der verfolgten Ziele materiell am ehesten befriedigende Kriterien zur Unterscheidung der Aktivitäten von Organisationen darstellen.

	EIGENWIRTSCHAFT-LICHKEIT	GEMEINWIRTSCHAFT-LICHKEIT
ERWERBSWIRT-SCHAFTLICHKEIT	Primäres Ziel ist die Rentabilität des eingesetzten Kapitals (z.B. private Unternehmen)	Gemeinwirtschaftliche Ziele werden mit Hilfe von erwirtschafteten Gewinnen verfolgt ("erwerbswirtschaftliche Gemeinwirtschaftskonzeption", z.B. öffentliche Unternehmen)
BEDARFSWIRT-SCHAFTLICHKEIT	Ziel ist die Deckung gemeinschaftlicher Bedürfnisse; die Kosten sollen durch die Leistungen gedeckt werden (z.B. öffentliche Unternehmen)	Zielsetzung ist ausschließlich am Allgemeinwohl orientiert; Träger deckt Kosten, die Einnahmen übersteigen, ab (z.B. öffentliche Verwaltungen)

Übersicht 7: Begriffliche Abgrenzungen (Strunz 1990a, 175)

6. Verwaltung als Management von Organisationen

6.1. Management als zentrale Aufgabe

Betriebswirtschaftslehre und Managementlehre stellen Ergebnisse in bezug auf Organisationen zur Verfügung, die allerdings nicht linear auf alle Arten von Organisationen übertragbar sind. So besteht beispielsweise zwischen Wirtschaftsunternehmen und öffentlichen Organisationen eine leicht nachweisbare "Differentia specifica".

Die allgemeine Betriebswirtschaftslehre versucht, Organisationen unabhängig von spezifischen funktionalen und institutionellen Aspekten in genereller Form zu analysieren. Eigene Disziplinen innerhalb der Betriebswirtschaftslehre vertiefen das allgemeine Interesse in funktionaler Hinsicht oder konkretisieren die betriebswirtschaftlichen Resultate durch institutionelle Anwendung. Natürlich führt dies zu unterschiedlichen Ansätzen und dadurch zu verschiedenartigen Inhalten und Entwicklungsständen.

Ein Beispiel dafür wäre jener Teil der Betriebswirtschaftslehre, der sich mit öffentlichen Verwaltungen und Unternehmen auseinandersetzt. So leidet etwa die Beschäftigung mit öffentlichen Verwaltungen unter dem bisher allgemein stark profitorientierten Charakter der Betriebswirtschaftslehre. Nicht nur aufgrund dessen wurde der Sektor der öffentlichen Verwaltungen bislang eher vernachlässigt. Aus der Sicht der Betriebswirtschaftslehre liegt ein möglicher Grund auch darin, daß wegen des politischen und rechtlichen Einflusses auf öffentliche Verwaltungen der Einfluß wirtschaftlicher Überlegungen sinkt.

Das Interesse allgemeiner betriebswirtschaftlicher Forschung ist es, Grundlagen, Abläufe, Auswirkungen und Probleme der Aktivitäten und Transaktionen in allen Bereichen und auf allen Ebenen von Organisationen tendenziell und deren Stellung in ihrem Umfeld zu untersuchen. "Verwaltung" im hier verwendeten funktionalen Zusammenhang wird davon ausgehend im umfassenden Sinn von "Management" verstanden. Verwaltung als Management subsumiert die Gesamtheit der auf die Erreichung bestimmter Ziele ausgerichteten Dispositionen der Angehörigen von Organisationen. Die Ziele, die es zu erreichen gilt, sind jene der Organisation. Die Ziele der Organisation resultieren aus den Intentionen ihres Trägers. Damit stellt sich der hier gewählte Begriff der Verwaltung gegenüber jenen in Abschnitt 2 erörterten in wesentlich erweiterter Form dar.

Verwaltung als Management von Organisationen meint alle in Abschnitt 5.4. differenzierten Organisationsformen - wie öffentliche Verwaltungen, Verbände, öffentliche Unternehmen und Genossenschaften oder private Unternehmen. Unter bewußter Berücksichtigung der jeweiligen "Differentia specifica" sind diese Organisationen - jedenfalls wenn man eine gewisse Größenordnung voraussetzt - gleichermaßen durch komplexe, häufig bürokratische Strukturen gekennzeichnet. Aufgrund dieser Charakteristika ergeben sich in Hinblick auf das Management der genannten Organisationen - trotz differentiae specificae - letztlich auch ähnliche Bedingungen.

Management in bzw. von derartigen Organisationen weist sowohl strukturelle und prozessuale als auch verhaltensmäßige Elemente auf. "Struktur" meint in diesem Zusammenhang ein Geflecht von Positionen, Funktionen, Kompetenzen und Techniken. Unter "Prozeß" ist die Vielfalt funktional organisierbarer, gesteuerter Aktionen zu verstehen. Der Aspekt "Verhalten" zielt auf konkrete soziale Situationen in Organisationen.

Der komplexe Charakter von Organisationen erklärt auch die Involvierung zahlreicher Disziplinen bei der wissenschaftlichen Betrachtung von Management. So erweisen sich beispielsweise Soziologie, Politikwissenschaft, Psychologie, Pädagogik, aber auch Rechtswissenschaft und Volkswirtschaftslehre über die Betriebswirtschaftslehre hinaus als organisations- bzw. managementrelevant (vgl. auch Abschnitt 4. 1.).

Übersicht 8 zeigt die Dimensionen und Elemente von Verwaltung im hier als Management verstandenen Sinn. Die funktionale Dimension versteht sich als auf die Erreichung von Zielen gerichtete Steuerung von Organisationen. Dabei steht die Gestaltung spezieller Aufgaben und Prozesse im Vordergrund, die in und zwischen Organisationen bzw. ihrem Umfeld notwendig sind (vgl. Managerial Functions Approach). Die institutionelle Dimension umfaßt die für Management verantwortlichen Stellen. Das sind jene Stellen, die die Aufgaben, Tätigkeiten und Rollen des Managements wahrnehmen (vgl. Managerial Roles Approach). Der institutionelle Aspekt kann darüber hinaus auf "Verwaltung" als Synonym für Organisation erweitert werden. "Verwaltungen" wären typischerweise etwa Großorganisationen, wie sie öffentliche Verwaltungen überwiegend und private Unternehmen häufig repräsentieren.

In der Folge wird näher auf den funktionalen Aspekt eingegangen. Dieser beinhaltet personenbezogene und sachbezogene Komponenten. Die personenbezogene Dimension besteht hauptsächlich in der Führung der Mitarbeiter und der Gestaltung zwischenmenschlicher Beziehungen. Sie ist also unmittelbar auf die Beeinflussung menschlichen Verhaltens gerichtet. Die Sachdimension besteht in der Initiierung und Lenkung von Entscheidungsprozessen. Eine Trennung der beiden genannten Dimensionen ist allerdings nicht real, sondern lediglich gedanklich-analytisch möglich. So sind nahezu alle Führungsfunktionen sowohl personenbezogen als auch sachbezogen. Den Sachinhalten ist in jedem Fall ein personaler Bezug immanent.

Verwaltung als Management in funktionaler Hinsicht gliedert sich in die Bereiche Führungsfunktionen, Sachfunktionen und Informationswesen. Die Führungsfunktionen umfassen die Aufgaben Kommunikation, Entscheidung, Zielsetzung und Planung, Motivation, Organisation sowie Überwachung. Die Sachfunktionen beinhalten Beschaffung, Leistungserstellung, Leistungsverwertung und die Finanzierung. Das Informationswesen ist als Verknüpfung der Führungsfunktionen und Sachfunktionen zu verstehen (vgl. Wissenschaftliche Kommission ... 1987, 8). Rechnungswesen und Controlling als Überbegriff für spezielle Informationssysteme stellen die wesentlichen Elemente des Informationswesens dar. Die Führungsfunktionen, Sachfunktionen und die Aufgaben des Informationswesens werden mit Hilfe bestimmter Techniken des Managements wahrgenommen. Damit sind bestimmte Hilfsmittel bzw. Arbeitstechniken zur Erfüllung der Aufgaben gemeint.

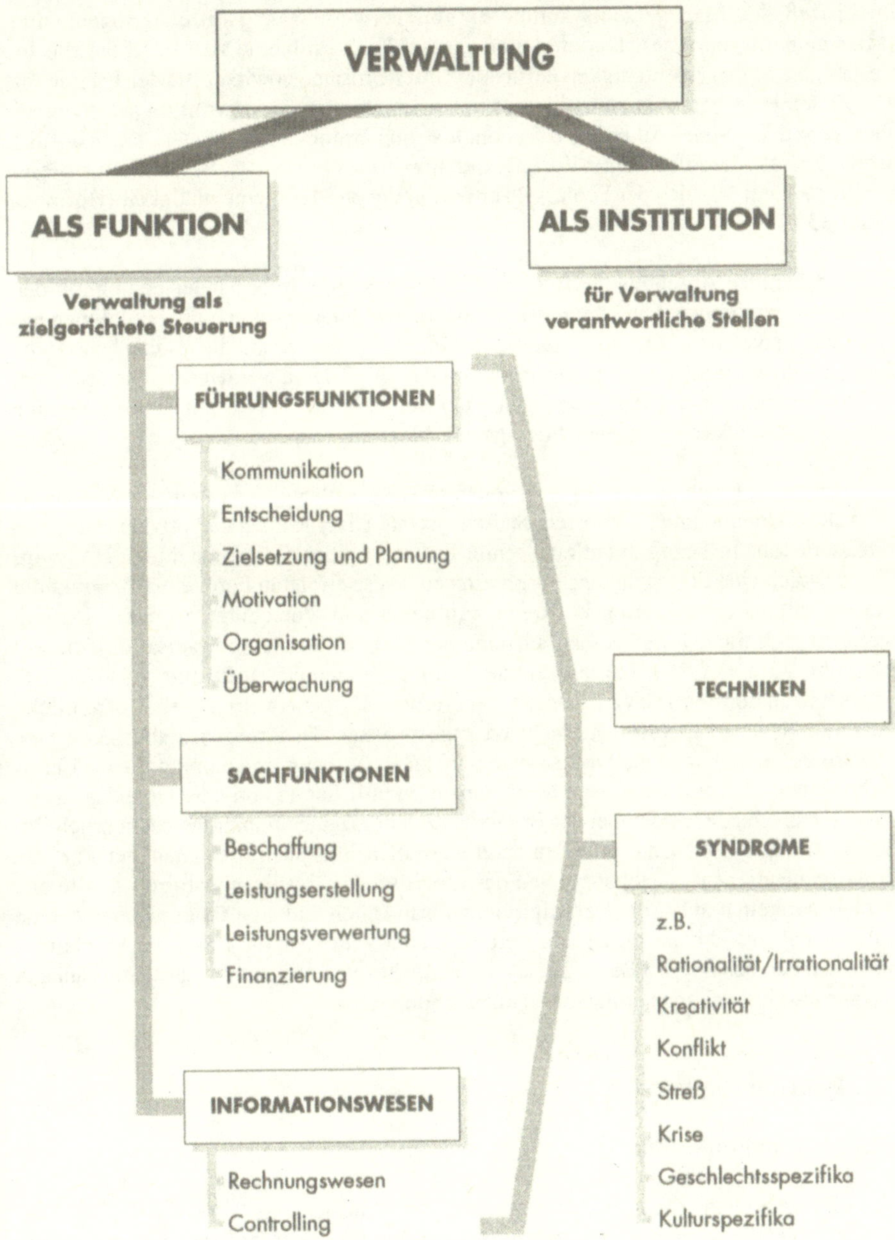

Übersicht 8: Verwaltung als Management von Organisationen (in Anlehnung an Hofmann/Strunz 1993, 47)

Im Prozeß des Managements kommt es üblicherweise zum Auftreten sogenannter "Managementsyndrome". Darunter sind menschliche Probleme zu verstehen, die im Verlauf der Managementtätigkeit entstehen. Unter Umständen wirken sie der Erreichung von Zielen entgegen. Als Managementsyndrome wären etwa - sowohl im positiven als auch negativen Sinn - zu nennen: Rationalität und Irrationalität, Kreativität, Konflikt, Streß, Krise, Geschlechtsspezifika, Kulturspezifika etc. In der Bewältigung dieser Syndrome liegt letztlich der Schlüssel zur erfolgreichen Managementtätigkeit (Hofmann 1988, 33 ff.).

In den folgenden Abschnitten erfolgt eine überblicksartige Auseinandersetzung mit den genannten Funktionen. Die Führungsfunktionen, Sachfunktionen und die Funktionen des Informationswesens werden im einzelnen diskutiert. Dabei wird auf die jeweils behandelte Funktion zunächst allgemein eingegangen. Im Anschluß daran werden typische Probleme in Zusammenhang mit der jeweiligen Funktion erörtert. Davon ausgehend werden schließlich jeweils entsprechende Lösungsvorschläge angeboten.

In Abschnitt 5.4. wurden als Organisationsformen öffentliche Verwaltungen, Verbände, öffentliche Unternehmen, Genossenschaften, private Unternehmen und private Haushalte unterschieden. In bezug auf die folgende Erörterung der funktionalen Aspekte wird diesbezüglich eine Einschränkung vorgenommen. Diese erfolgt in Form einer Abstraktion: Die im folgenden erörterten konkreten Probleme und Vorschläge zu deren Lösung beziehen sich nicht im einzelnen auf jede der unterschiedenen Organisationsformen; vielmehr wird auf "Großorganisationen" im allgemeinen, aber durchaus für alle Organisationsformen relevant, Bezug genommen. Explizit werden dabei öffentliche Verwaltungen und private Unternehmen angesprochen. Dadurch wird aber auch eine gewisse Polarisierung in die Diskussion eingebracht. Gemeint sind damit die - zweifellos vorhandenen - Unterschiede beim Management öffentlicher und privater Organisationen. Diese Unterschiede werden bei der Behandlung der einzelnen Funktionen ersichtlich. Im Gegensatz zu diesen Unterschieden zeigt sich allerdings auch, daß Management von Großorganisationen - unabhängig von der spezifischen Organisationsform - zahlreiche Gemeinsamkeiten aufweist. Derartige Gemeinsamkeiten und signifikante Unterschiede sollen nachfolgend herausgearbeitet werden. Damit wird auch die Basis für Abschnitt 7 erarbeitet, der sich mit den Besonderheiten öffentlichen und privaten Managements anhand von ausgewählten Fragen umfassender auseinandersetzt.

6.2. Führungsfunktionen

6.2.1. Kommunikation

Diese Funktion kann als zentrales Instrument des Managements betrachtet werden. Sie durchdringt die anderen Managementfunktionen und trägt dadurch zu ihrem interdependenten Charakter wesentlich bei.

In bezug auf die Findung eines einheitlichen Begriffs der Kommunikation besteht kein wirklicher Konsens. Letztlich kann Kommunikation allerdings als Instrument der

Beschaffung und Weitergabe von Information verstanden werden. Sieht man Kommunikation als Prozeß, kann das folgende einfache Modell angenommen werden: Die Situation der Kommunikation an sich ist als komplexes, schwer erfaßbares Phänomen maßgeblich von den Umständen kommunikativen Geschehens abhängig. Die Kommunikationsstruktur beeinflußt Charakter und Ablauf des Prozesses der Kommunikation und ist von diesem wiederum selbst beeinflußt. Die Partner der Kommunikation sind die an der Kommunikation als Handlung beteiligten Personen ("Sender", "Empfänger" etc.). Die meist soziale Beziehung zwischen den Partnern der Kommunikation ist von verschiedenen Faktoren abhängig. Solche Faktoren sind etwa die jeweilige Persönlichkeit der Kommunikationspartner, der Kommunikationstyp und der Verlauf des kommunikativen Prozesses. Die von den Partnern der Kommunikation gesteuerten Prozesse der Kommunikation sind meistens, jedoch nicht notwendigerweise Prozesse der Interaktion (vgl. "Feed-back"). Von Bedeutung ist auch der Gegenstand der Kommunikation ("Was wird übermittelt?") und schließlich die Mittel der Kommunikation. In der Regel sind diese Medien in verschiedenen Zuständen, die wiederum mit jeweils unterschiedlichen Bedeutungen verbunden sind. Die Erscheinungen im Rahmen der menschlichen Kommunikation werden durch ein bestimmtes Handeln oder Verhalten der Kommunikationspartner erzeugt und durch sinnliche Wahrnehmung erfaßt. Als ursprüngliche Formen der Erscheinung menschlicher Kommunikation werden non-verbale Ausdrucksweise und gesprochene Sprache unterschieden.

Nahezu das gesamte Spektrum der Handlungen von Führungskräften kann letztlich als kommunikatives Handeln bezeichnet werden. Diese Feststellung ist im weiteren Sinn zu verstehen, ein großer Anteil des Handelns von Führungskräften ist dabei Kommunikation im eigentlichen Sinn.

Die in der Folge im Rahmen der jeweiligen Führungsfunktion angeführten Beispiele diesbezüglicher Probleme und Vorschläge zu deren Lösungen beruhen auf einer Erhebung unter Managern der öffentlichen Verwaltung (Strunz 1989a, 3 ff.). Diese Erhebung wurde später durch eine gleichartige Befragung von Managern privater Unternehmen erweitert. Im wesentlichen konnte dabei eine Bestätigung der Ergebnisse festgestellt werden. Aus der Verschiedenartigkeit der Organisationsformen resultiert allerdings eine gelegentliche Variation der Probleme und dadurch folglich auch der Lösungsvorschläge.

Probleme "Kommunikation"

- Insgesamt unzureichende Kommunikation durch Fehlen direkter Kontakte

- Allgemein schlechte Koordination der kommunikativen Prozesse

- Nicht ausreichende Zugänglichkeit zu Informationen; dabei wurde insbesondere die Zurückhaltung von Informationen kritisiert

- Mangelnder Austausch von Erfahrungen zwischen Managern

- Schlechte Koordination des Kommunikationsflusses von "unten nach oben".

Vorschläge "Kommunikation

- Schaffung von Instrumenten, die den Zugang zu Informationen erleichtern
- Mehr Information der Mitarbeiter über die Ziele der jeweiligen Organisation
- Klare Anweisungen
- Mehr wechselseitige Kommunikation, d.h. Einschränkung von "one way"-Kommunikation
- Verkürzung des Dienstweges
- Reduzierung der Anzahl von Memos
- Ungefiltertes Feed-back hinsichtlich getroffener Maßnahmen
- Ermöglichung von Kritik an höheren hierarchischen Ebenen
- Verbesserung der Kontakte zwischen den einzelnen organisatorischen Einheiten
- Mehr Austausch von Erfahrungen zwischen Mitarbeitern
- Regelmäßiger Austausch von Erfahrungen mit anderen Behörden bzw. Unternehmen
- Verbesserung der Kommunikation im Bereich des Personalwesens
- Mehr Nähe zum Bürger durch Beratung und verbesserte Kontakte (bezieht sich nur auf öffentliche Verwaltungen)
- Pflege des Images durch externe Kommunikation - Public Relations (bezieht sich hauptsächlich auf öffentliche Verwaltungen)
- Verstärkung qualifizierter Weiterbildung, insbesondere fachübergreifender Schulung.

Diesen Aussagen ist als zentrales Problem das insgesamt schlechte Funktionieren der Kommunikation zu entnehmen. Zusammenhänge insbesondere mit den Funktionen Organisation und Motivation der Mitarbeiter dürfen dabei nicht übersehen werden. Eine Förderung der Kommunikation zur effizienten Steuerung des Informationsflusses innerhalb und zwischen Organisationseinheiten erscheint mehr als notwendig. Besonders in Zusammenhang mit öffentlichen Verwaltungen geht es um eine wesentliche Verbesserung der externen Kommunikation zur Erlangung eines positiveren Images.

6.2.2. Entscheidung

Entscheidung dient der Strukturierung von Problemen des Managements. Einerseits umfaßt die Funktion Entscheidung die Strukturierung von individuellen Entscheidungen, andererseits die Steuerung von Entscheidungen innerhalb eines hierarchischen Systems von Entscheidungsträgern.

Ein Grundproblem des Entscheidungsmanagements besteht darin, verschiedene Möglichkeiten des Handelns mit ungewissen Konsequenzen abzuwägen und aufgrund dessen Entscheidungen zu treffen. Entscheidungen sind dabei zu verstehen als Auswahl optimaler Alternativen des Handelns aus einer bestimmten Anzahl von Möglichkeiten. Zur Lösung des Entscheidungsproblems wird dabei in der Regel eine Alternative möglichen Handelns gewählt.

Der Prozeß der Entscheidung besteht üblicherweise aus folgenden Schritten: Formulierung des Problems, Präzisierung der Ziele, Erforschung der Alternativen des Handelns, Ermittlung der Restriktionen für mögliche Alternativen, Prognose der Ergebnisse und Auswahl einer Alternative. Wertvolle Instrumente im Rahmen des Prozesses der Entscheidung sind insbesondere die Auswahl einer Strategie zur Suche nach Alternativen und die Heranziehung eines Konzepts zur Bewertung von Informationen.

Im Gegensatz zu individuellen Entscheidungen besteht die Steuerung von Entscheidungen in Hierarchien in der Lenkung von Entscheidungsprozessen, in die zahlreiche Personen involviert sind. Dabei werden komplexe Aufgaben in Teilprobleme zerlegt und gemäß der Hierarchie delegiert. In einem derart hierarchisch gegliederten System von Entscheidungsträgern tragen alle getroffenen Entscheidungen zur Erreichung des gesamten Zieles bei. Aufgrund der einzelnen Ziele werden die Entscheidungsprozesse der nachgeordneten Mitarbeiter vom jeweils vorgesetzten Mitarbeiter gesteuert, überwacht und aufeinander abgestimmt.

Grundsätzlich werden Objektentscheidungen (zur Führung der laufenden Geschäfte), Organisationsentscheidungen (Auswahl von Maßnahmen zur organisatorischen Gestaltung) und Kommunikationsentscheidungen (zur Übermittlung von Informationen zwischen Organisationsmitgliedern) unterschieden.

Die Steuerung des Verhaltens in bezug auf Entscheidungen von Organisationsmitgliedern erfolgt in der Regel über die Steuerung ihrer Verfügungsmöglichkeiten über Ressourcen sowie über die Vorgabe von bestimmten Normen des Verhaltens. Auch ergänzende Maßnahmen wie etwa Verbesserung der Informationen und Fähigkeiten der Entscheidungsträger, deren Motivierung etc. werden üblicherweise im Zusammenhang damit ergriffen.

Probleme "Entscheidung"

- Grundsätzlich relativ starke politische Beeinflussung. Im Rahmen der öffentlichen Verwaltung sind damit vor allem Eingriffe durch die Tagespolitik gemeint. Bei privaten Unternehmen kommt es wiederum relativ häufig zu laufender Beeinflussung des operativen Geschäfts durch "strategische" Eingriffe. Diese entsprechen jedoch nur selten den wirklichen grundsätzlichen Strategien und Zielen des Unternehmens.

- Präjudizierung von Entscheidungsprozessen durch "politische" Versprechungen

- Häufig umständliche und langwierige kollegiale Entscheidungsprozesse

- Mangelnde Möglichkeit der Übernahme von mehr Eigenverantwortung

- Fehlende Entscheidungsfreude der einzelnen Mitarbeiter

- Fachlich unrichtige Entscheidungen (wirtschaftlicher und technischer Art).

Vorschläge "Entscheidung"

- Objektivierung der Entscheidungsgrundlagen nach bestimmten Kriterien

- Verkürzung des Verfahrens bei kollegialen Entscheidungen

- Beibehaltung bereits getroffener Entscheidungen, keine Änderungen von Entscheidungen aus opportunistischen Gründen

- Förderung der Entscheidungsmöglichkeiten und Entscheidungsfreude auf allen hierarchischen Ebenen

- Möglichkeit der Entscheidung nur eines Verantwortlichen in bestimmten Fällen

- Reduktion "einsamer" Entscheidungen

- Einbeziehung der jeweils betroffenen Mitarbeiter in die Entscheidungsprozesse

- Förderung der Übernahme von mehr individueller Verantwortung

- Schaffung von mehr Freiräumen für Entscheidungen im allgemeinen

- Verbesserung der Machtausstattung des "mittleren Managements"

- Ausstattung von Abteilungsleitern mit Befugnis zu Entscheidungen in Hinblick auf die Möglichkeit rascher Reaktionen

- Ausstattung von Abteilungsleitern mit adäquater Verantwortung für Personal und Vermögenswerte

- Reduktion unzulässiger politischer Einflüsse und gleichzeitige Reduktion der Präjudizierung von administrativen Entscheidungen durch politische Versprechen (bezieht sich auf öffentliche Verwaltungen)

- Findung einer Balance zwischen Partizipation der Bürger und der Notwendigkeit ausschließlich administrativer Findung von Entscheidungen (bezieht sich auf öffentliche Verwaltungen).

Es zeigt sich deutlich, daß der Schwerpunkt in bezug auf die Funktion Entscheidung bei der Verbesserung der Entscheidungsprozesse liegt. Dabei kommt höherer Effizienz wie auch der Objektivität der Prozesse besondere Bedeutung zu. Zur Erhöhung organisatorischer Effizienz, insbesondere aber zur Motivation von Mitarbeitern erscheint die sinnvolle Einräumung von größeren Entscheidungs- und Handlungsspielräumen für den einzelnen Mitarbeiter besonders wünschenswert. In bezug auf öffentliche Verwaltungen steht ferner deren Verhältnis zu ihrem "Klientensystem" (Gesellschaft) zur Diskussion. Im Zusammenhang damit liegt die Empfehlung einer verstärkten Einbeziehung der Bevölkerung (im Sinne von Mitbestimmung) bei Entscheidungsprozessen nahe.

6.2.3. Zielsetzung und Planung

Die Funktionen Zielsetzung und Planung gehören zu den gestalterischen Aufgaben im Rahmen einer Organisation. Die Gestaltung der Organisation erfolgt auf der Grundlage eines Leitbildes bzw. einer gewählten Philosophie. Folgende Aufgaben werden im allgemeinen als wesentlich in Hinblick auf eine bewußte und systematische Gestaltung des Systems Organisation aufgefaßt: Nachhaltige Absicherung des Erfolgs, rechtzeitiges Erkennen von Risiken, Erhöhung der Flexibilität, Reduktion der Komplexität sowie die Ausnützung von Synergiepotentialen.

Planung erfolgt auf der Grundlage gewählter oder vorgegebener Ziele. Sie sollte strategische, organisatorische und operative Aspekte enthalten. Ebenso ist die Fristigkeit der Planung zu berücksichtigen. Dabei wird langfristige, mittelfristige und kurzfristige Planung unterschieden. Mit "strategischer Planung" werden grundsätzliche Tatbestände auf Basis der gewählten Ziele und bestimmter Größen zur Orientierung vorausschauend festgelegt. Demgegenüber besteht die "operative Planung" als Teil der strategischen Planung in deren Umsetzung in Pläne einzelner Funktionsbereiche. Als Teilbereiche der operativen Planung werden - jeweils bezogen auf die einzelnen Funktionen - Zielplanung, Ressourcenplanung und Maßnahmenplanung unterschieden.

Als Prozeß der Planung wird die Summe der einzelnen Schritte der Planung, die zur vollständigen Lösung eines Planungsproblems zu vollziehen sind, aufgefaßt. Wesentlich sind dabei inhaltliche und zeitliche Aspekte. Der Prozeß der Planung gliedert sich in die Phasen Analyse, Entwicklung von grundsätzlichen Strategien sowie Planung in bezug auf Umsetzung und Kontrolle. Hinsichtlich der Organisation der Planung werden Metaplanung und inhaltliche Planung unterschieden. Unter Metaplanung versteht man etwa die Schaffung eines adäquaten Systems der Planung und eines dafür aufgeschlossenen Klimas. Inhaltliche Planung umfaßt als wesentliche Schritte Basisinformation, Vorbereitung von Entscheidungen, Koordination und Kontrolle. Eine entsprechende Kontrolle der Planung erfolgt nach bestimmten meßbaren Kriterien. Derartige Kriterien wären etwa die Fragen, wer wofür in welchem Zeitraum verantwortlich war, oder mit welchen Kosten welches Ergebnis erzielt werden konnte.

Diese grundsätzlichen Ausführungen besitzen auch für öffentliche Verwaltungen volle Gültigkeit. Dabei sind allerdings entsprechende Besonderheiten zu berücksichtigen: Ausgehend von gesellschaftlichen Zielen, wie etwa Frieden, Freiheit, Gerechtigkeit, Sicherheit und Wohlstand sowie den daraus resultierenden sozialen und wirtschaftlichen Zielen, entstehen zahlreiche und vielfältige Ziele für öffentliche Verwaltungen. Die Bildung ihrer Ziele wird zunächst von verschiedenen Faktoren beeinflußt. In diesem Zusammenhang sind etwa die Interessen von Parlament, Behörden und Bürgern zu nennen. Die formelle Festlegung von Zielen der öffentlichen Verwaltung erfolgt in der Regel auf dem Rechtsweg. Die tatsächliche Festlegung der Ziele erfolgt jedoch häufig - im Rahmen der gesellschaftlichen Ziele - auf andere Weise. Insgesamt steht der Bereich Ziele bzw. Aufgaben der öffentlichen Verwaltung, der auch Gegenstand entsprechender Planung ist, im Fokus verschiedenster Aspekte.

Probleme "Zielsetzung und Planung"

- Unklare Definition von Zielen und diffuse Vorgabe von Zielen

- Schwankungen von Zielen

- Mangelhafte Planung von Projekten

- Häufig fehlendes Konzept einer Personalpolitik

- Fehlendes zeitgemäßes ökonomisches Denken einzelner Politiker und dessen Auswirkungen (bezieht sich auf öffentliche Verwaltungen).

Vorschläge "Zielsetzung und Planung"

- Klare und einheitliche Definition von Zielen unter Einbeziehung permanenter Zielkritik (als Voraussetzung für gelingende Motivation)

- Klar definierte Ziele für jeden Aufgabenbereich
- Bessere Koodination verschiedener Vorhaben und Projekte
- Festgelegter Abschluß für jede Phase der Planung
- Bekennen zu bereits definierten Zielen seitens der Politiker (bezieht sich auf öffentliche Verwaltungen).

Der Bereich Zielsetzung und Planung ist aufgrund der Komplexität der Faktoren, die diese Funktionen beeinflussen, als besonders vielfältig und schwierig zu betrachten. Aber nicht nur die allgemeinen Bedingungen der Umwelt von Organisationen wirken sich auf die Aktivitäten der Zielsetzung und Planung aus. Häufig wirkt einer längerfristigen Orientierung bei der Setzung von Zielen und der Erstellung von Plänen die Verfolgung kurzfristiger Planungshorizonte entgegen. Die strategische Dimension bei der Festlegung der Ziele von Organisationen und den entsprechenden Aktivitäten der Planung erlangt dadurch nicht im gewünschten Ausmaß ihre Bedeutung. In bezug auf das Individuum in Organisationen erscheint eine Dynamisierung, aber auch eine Objektivierung besonders bei der Personalplanung wünschenswert. In diesem Zusammenhang ist besonders der Wunsch nach einer individuellen, leistungsorientierten Planung der Karriere zu nennen.

6.2.4. Motivation

Motivation kann letztlich als Grund für ein bestimmtes menschliches Verhalten verstanden werden. Eine Person wird in einer bestimmten Art und Intensität sowie in einer bestimmten Situation auf ein Ziel hin aktiviert. Diese Aktivierung erfolgt unter den Bedingungen menschlichen Verhaltens. Als Bedingungen menschlichen Verhaltens werden situative Ermöglichung (äußere Gegebenheiten), soziales Dürfen (vgl. soziale Normen), individuelles Können (Fähigkeiten und Kompetenzen) sowie persönliches Wollen verstanden. Motivation kann letztlich als Resultat der ständigen Interaktion von Person und Situation gesehen werden. Motiviertes Handeln ist auf einen zielorientierten Abschluß gerichtet. Dieses Verhalten auf dem Weg zum Ziel ist verbunden mit ständig steigender Spannung des psycho-physischen Systems. Diese Spannung wird erst aufgrund der erreichten Befriedigung hin zu Entspannung transformiert.

Das Management von Motivation im Rahmen von Organisationen steht in engem Zusammenhang mit der Personalführung. Letztlich bilden bereits die Personalauswahl sowie die Aus- und Weiterbildung des Personals wichtige Grundlagen für ein gelingendes Motivationsmanagement. Hierbei ist auch die Gestaltung menschlicher Arbeitsbedingungen in Organisationen von wesentlicher Bedeutung. Im Zentrum des Interesses steht dabei die Formulierung der Anreize und Leistungserfordernisse in bezug auf die Mitarbeiter. Damit verbunden sind vor allem auch Fragen menschlicher Arbeitsbedingungen im engeren Sinn (z.B. Aufbau- und Ablauforganisation, Kommunikation zwischen hierarchischen Ebenen).

Ein zentraler Begriff im Rahmen des Motivationsmanagements ist jener der Arbeitsmotivation. Unter Arbeitsmotivation ist jener Aspekt der Motivation zu verstehen, der mit dem Verhalten von Individuen in hierarchischen und arbeitsteiligen Organisationen verbunden ist. Arbeitsmotivation bzw. Leistungsverhalten ist in Großorganisationen meist durch folgende Determinanten charakterisiert:

- Rekrutierung von Personal mit spezifischen Werten und Einstellungen; damit sind jene Werte und Einstellungen gemeint, die üblicherweise in Großorganisationen anzutreffen sind (vgl. z.B. "sicherer Arbeitsplatz")

- Sozialisation im Sinne der (starren) Strukturen und Vorschriften der Organisation. Dadurch werden häufig Frustration, Resignation und Angepaßtheit hervorgerufen

- Eher ungünstige Karriereperspektiven, starre Regeln in bezug auf die Bezahlung und Beförderung.

In Großorganisationen - öffentliche Verwaltungen und private Unternehmen gleichermaßen - kann letztlich davon ausgegangen werden, daß die Arbeitsmotivation der Mitarbeiter hauptsächlich durch den Wunsch der Befriedigung von existentiellen Bedürfnissen entsteht. Echte Bereitschaft zur Erbringung von Leistung ist allerdings erst dann gegeben, wenn eine tatsächliche, über die Befriedigung von existentiellen Bedürfnissen hinausgehende Anreizstruktur besteht. Als wesentliche Komponenten eines Systems von Anreizen zur Erbringung von Leistung können letztlich die Gestaltung der Tätigkeit, die Führung der Mitarbeiter und, als ebenso wesentlicher Faktor, die Personalentwicklung gesehen werden.

Probleme "Motivation"

- Die allgemeine Situation in bezug auf die Motivation wird als äußerst bescheiden erlebt

- Befriedigung in finanzieller oder "seelischer" Hinsicht ist kaum gegeben

- Motivationsmanagement wird im allgemeinen als unzulänglich gesehen

- Beeinträchtigung der Motivation durch Eingriffe höherer hierarchischer Ebenen, in der öffentlichen Verwaltung auch durch politische Eingriffe

- Mangel an Koordination

- Fehlende Leistungsanreize im Gehaltssystem (verbunden mit fehlenden finanziellen Anreizen bei Erfolg)

- Mangelnde Eigenverantwortung

- Fehlendes Selbstbewußtsein in öffentlichen Verwaltungen durch schlechtes Image (bezieht sich auf öffentliche Verwaltungen).

Vorschläge "Motivation"

- Steigerung der Motivation der Mitarbeiter durch verbesserte Instrumente zur Motivation
- Möglichkeiten der Ergreifung "unbürokratischer" Maßnahmen
- Förderung und Berücksichtigung konstruktiver Mitarbeiter
- Anerkennung der Mündigkeit der Mitarbeiter
- Ermöglichung der Einräumung von Anreizen zu höherer Leistung
- Möglichkeiten für Führungskräfte zur Setzung von Maßnahmen zur Förderung der Motivation im allgemeinen (z.B. finanzielle Anerkennung, Freizeit, Weiterbildung etc.)
- Leistungsgerechte Entlohnung
- Änderung von starren Schemata ohne Flexibilität (z.B. Gehaltssystem)
- Etablierung leistungsbezogener Kriterien für Beförderungen
- Steigerung der Bereitschaft, Verantwortung zu übernehmen
- Vergrößerung des Handlungsspielraums einzelner Mitarbeiter durch Einräumung von mehr Entscheidungsfreiheit
- Ermöglichung von Job-Rotations
- Honorierung privater Weiterbildung
- Einräumung von mehr Sozialleistungen
- Verbesserung der Arbeitsplätze (Ausstattung)
- Verbesserung des Images der gesamten Organisation (bezieht sich auf öffentliche Verwaltungen)
- Pragmatisierung nicht als vorgegebenes Recht, sondern als leistungsbezogenes Ziel (bezieht sich auf öffentliche Verwaltungen).

Der Bereich Motivation ist insofern besonders komplex, da die Motivation von der erfolgreichen Ausübung der übrigen Funktionen des Managements besonders abhängt. Der häufigste Grund für mangelnde Motivation scheint durch starre Strukturen und zu komplizierte Prozesse innerhalb der Organisationen gegeben. Im Rahmen öffentlicher Verwaltungen kommt es durch deren schlechtes Image in der Gesellschaft häufig zu zusätzlicher Demotivation.

6.2.5. Organisation

Organisation als Tätigkeit kann als Summe aller auf bestimmte Zwecke ausgerichteten Regelungen verstanden werden, die sich auf die Gestaltung der Strukturen und Prozesse in Organisationen (als Institutionen) beziehen. Dabei steht die Analyse und Zuordnung von Aufgaben innerhalb einzelner Stellen, deren Zusammenfassung zu einer hierarchisch mehrstufigen Struktur sowie die Gestaltung der Beziehungen zwischen verschiedenen Stellen und Ebenen im Zentrum des Interesses.

Die Aufbauorganisation legt die institutionellen Beziehungen innerhalb einer Organisation fest. Die Ablauforganisation bildet den Rahmen für die Gestaltung der Prozesse in Organisationen. Dabei geht es insbesondere um die Festlegung der Abfolge der Tätigkeiten, die zur Erfüllung spezifischer Aufgaben notwendig sind.

Probleme "Organisation"

Allgemein

- Permanent großer Bedarf an Reform in Großorganisationen, insbesondere zur Gestaltung effizienter Strukturen.

Aufbauorganisation

- Großer, schwerfälliger Apparat der Verwaltung

- Konzept der Organisation (Struktur) oft unklar

- Oft zu viele Instanzen, zu große Kontrollspannen und unklare Abgrenzungen der Kompetenzen

- Mißachtung des Prinzips, daß ein Mitarbeiter nur einem Vorgesetzten unterstellt ist

- Mängel bei der Besetzung von Positionen (z.B. mangelnde Objektivität bei der Auswahl, zu wenig Berücksichtigung fachlicher Kompetenzen)

- Fehlen eines Konzepts der Personalpolitik
- Führungskräften fehlt häufig eine spezifische Ausbildung zur Wahrnehmung ihrer Managementaufgabe.

Ablauforganisation

- Uneinheitliche Vorschriften
- Oft unklare Anweisungen
- Geringe Entscheidungsbefugnis der Mitarbeiter
- Geringer Handlungsspielraum (eingeschränkte Aktionsmöglichkeiten)
- Komplizierte und viel zu lange Instanzenwege
- Komplizierte und lang andauernde Verfahren für Genehmigungen
- Häufig nicht transparente Verteilung der Budgetmittel.

Vorschläge "Organisation"

Allgemein

- Durchführung echter Maßnahmen zur organisatorischen Strukturierung
- Organisation nach kaufmännischen Grundsätzen; dabei sollte vor allem mehr auf das Verhältnis zwischen Kosten und Nutzen geachtet werden
- Vergabe von Positionen nach Qualifikation und Leistung
- Gewährleistung von mehr Kontinuität
- Verringerung politischer Einflüsse, besonders bei der Besetzung von Positionen (bezieht sich auf öffentliche Verwaltungen).

Aufbauorganisation

- Ständiges kritisches Überdenken der Organisationsstrukturen
- Schaffung einer einfacheren, überschaubareren Organisationsstruktur

- Schrumpfen des gesamten Verwaltungsapparates (bezieht sich auf öffentliche Verwaltungen)
- Reduktion von "overheads"
- Weniger hierarchische Ebenen
- Zuordnung eindeutiger Kompetenzen und Verantwortlichkeiten
- Bessere Strukturierung bzw. Zusammenfassung von Kompetenzen
- Schaffung klarer Organisationsstrukturen im Top-Management
- Trennung zwischen allgemeiner Verwaltung und technischen Dienststellen (bezieht sich auf öffentliche Verwaltungen)
- Verringerung der Kontrollspannen
- Lockerung der starren hierarchischen Strukturen
- Flexibilisierung des Personalwesens, insbesondere durch Zuteilung von Personal nach Bedarf und Qualifikation (bezieht sich auf öffentliche Verwaltungen)
- Einsatz der Mitarbeiter entsprechend ihren Fähigkeiten
- Einhaltung des organisatorischen Prinzips, daß ein Mitarbeiter nur einem Vorgesetzten unterstellt ist
- Einsatz von Top-Managern und Bediensteten auf Zeit (z.B. "Manager auf Zeit") (bezieht sich auf öffentliche Verwaltungen).

Ablauforganisation

- Weniger Eingriffe durch die Tagespolitik (bezieht sich auf öffentliche Verwaltungen)
- Allgemeine Reduzierung bürokratischer Abläufe
- Reduzierung und Vereinfachung von Vorschriften und Normen
- Objektivierung der Zuteilung von Budgetmitteln
- Förderung besserer Zusammenarbeit einzelner organisatorischer Einheiten bei gemeinsamen Projekten

- Ermöglichung einer längerfristigen Budgetpolitik
- Auflockerung zu starrer Kompetenzen bei der Beschaffung
- Rasche Vergabe von Leistungen
- Vereinfachung der Administration, besonders unter Zuhilfenahme moderner Techniken der Bürokommunikation
- Für besondere Aufgaben Einsatz von verantwortlichen Managern mit direktem Kontakt zu Politikern (bezieht sich auf öffentliche Verwaltungen)
- Verbesserung der Managementaus- und -weiterbildung
- Besondere Schulung des Führungspersonals auf dem Gebiet Führung
- Besondere Ausbildung und Einschulung auf allen Ebenen, bevor eine bestimmte Funktion ausgeübt wird
- Einschränkung des umfangreichen Berichtswesens
- Einholung von Gutachten durch Sachverständige (bezieht sich auf öffentliche Verwaltungen)
- Effiziente und raschere Erledigung von Anträgen (bezieht sich auf öffentliche Verwaltungen).

Im Zusammenhang mit der Funktion Organisation scheint insbesondere die intensive Auseinandersetzung mit neuartigen Strukturen und Prozessen in Organisationen wesentlich. Diese sollen dabei die hohen Anforderungen an Koordination und Kooperation in komplexen Organisationen besonders berücksichtigen.

6.2.6. Überwachung

Überwachung umfaßt alle Maßnahmen zur Beurteilung tatsächlichen Verhaltens in einer bestimmten Rolle. Dieses Verhalten wird mit den entsprechenden Erwartungen verglichen. Letztlich werden die Vorstellungen über angestrebte Zustände (Soll) den realisierten Zuständen (Ist) gegenübergestellt. Dabei werden Abweichungen untersucht und entsprechende Verantwortlichkeiten festgelegt. Überwachung dient der Gewährleistung ordnungsgemäßen Handelns (Funktion der Gewährleistung). Im Rahmen der Überwachung sollen allfällige Verstöße gegen die gesetzte Ordnung entdeckt werden. Ebenso ist es Ziel der Überwachung, Abweichungen vorzubeugen.

Der Prozeß der Überwachung ist nicht als in sich abgeschlossen zu betrachten. Vielmehr ist Überwachung als "Feed back"-Funktion zu sehen. Sie hat die Aufgabe, rückgekoppelt zu allen anderen Funktionen des Managements systemstabilisierend zu wirken.

Versucht man, Faktoren eines Überwachungssystems zu definieren, stellen sich folgende Fragen:

- Wer überwacht? (z.B. interne und externe Überwachung)

- Was wird überwacht? (z.B. organisatorische Einheiten)

- Inwieweit ist die Überwachung in den Prozeß innerhalb der Organisation eingebunden?

- Nach welchen Prinzipien wird überwacht? (z.B. Ordnungsgemäßheit, Wirtschaftlichkeit)

- Wer veranlaßt Überwachung? (interne oder externe Veranlassung)

- Wann wird überwacht? (ex ante-Überwachung, ex post-Überwachung, begleitende Überwachung)

- Wie intensiv wird überwacht? (lückenlos, nach Stichproben)

- Wie oft wird überwacht? (regelmäßig, fallweise)

- Wie wirkungsvoll wird überwacht? (geschlossene und offene Systeme der Überwachung).

Im Rahmen der öffentlichen Verwaltung ist über die genannten Faktoren eines Systems der Überwachung hinaus politische Überwachung (parlamentarische Überwachung) im allgemeinen, im besonderen aber auch finanzielle Kontrolle (z.B. Kontrolle des Vollzugs von Budgets) und rechtliche Überwachung von besonderer Bedeutung.

Probleme "Überwachung"

- Zu komplexe und dabei vielfach ineffiziente Überwachung.

Vorschläge "Überwachung"

- Umwandlung der hauptsächlich ex post-Überwachung in eine sinnvolle begleitende Überwachung in allen Funktionen des Managements

- Durchführung spezieller ex post-Überwachung (auch von politischen Entscheidungen in bezug auf öffentliche Verwaltungen)

- Auf grundsätzliche Probleme konzentrierte interne Überwachung statt zuviel externer Überwachung

- Abstimmung von mehrfachen Kontrollen

- Schaffung von Möglichkeiten zur wirtschaftlichen Messung der Leistung organisatorischer Einheiten

- Konzentration aller Stellen, die für Kontrolle verantwortlich sind, in einem Kontrollamt (bezieht sich auf öffentliche Verwaltungen).

Die Anwendung von Methoden modernen Kontrollmanagements erscheint längerfristig unumgänglich. Insbesondere ist hier die Bedeutung vorausschauender Methoden der Überwachung gemeint. In diesem Zusammenhang ist vor allem auch der besondere Wert effizienter Überwachung zu betonen.

6.3. Sachfunktionen

6.3.1. Beschaffung

Unter Beschaffung (Rieger 1983, 293 ff.) ist eine kaufmännische Tätigkeit zu verstehen, die auf den Erwerb von Leistungen, meist in Form von Gütern (als allgemeiner Begriff), gerichtet ist. Andere Gegenstände der Beschaffung wären etwa Humanressourcen, Information oder Geld. Üblicherweise wird der Begriff der Beschaffung allerdings primär mit der Beschaffung von Gütern assoziiert.

Bei der Beschaffung geht es letztlich um die Bereitstellung von Gütern für die jeweilige Erstellung von Leistungen. Natürlich werden im Rahmen der industriellen Produktion andere Güter benötigt als bei der Erbringung von Dienstleistungen, z.B. in der öffentlichen Verwaltung. Darüber hinaus werden von allen Organisationen bestimmte Güter gleichermaßen benötigt (z.B. Gebäude, Elektrizität).

Die Aufgabe der Beschaffung besteht darin, die Bereitstellung der zur Erbringung von Leistungen benötigten Güter zu optimieren. Im Vordergrund stehen dabei die Qualität der Güter, deren Menge sowie Ort und Zeit der Bereitstellung. Im Zusammenhang damit sind vor allem Entscheidungen in bezug auf die Optimierung der Bestellmenge sowie Entscheidungen in bezug auf die Alternativen eigene Herstellung oder Fremdbezug wesentlich.

Das Problem der optimalen Bestellmenge ist besonders dann von Bedeutung, wenn eine Organisation ein Lager für Umlaufvermögen unterhält. Dies ist meist bei Produktions- oder Handelsunternehmen der Fall. Öffentliche Verwaltungen sind mit diesem Problem -

wenngleich es auch hier auftritt - eher selten konfrontiert. Entscheidungen hinsichtlich der Alternativen eigene Erstellung oder Fremdbezug von Gütern und Dienstleistungen betreffen alle Organisationen gleichermaßen.

Die Beschaffungspolitik wird von ihren unmittelbaren Zielen, den Bedingungen der Umwelt, der Organisation sowie rechtlichen Regelungen determiniert. Hinsichtlich der Ziele der Beschaffung stehen bei öffentlichen Verwaltungen und privaten Unternehmen der wirtschaftliche und sparsame Einsatz der zur Verfügung stehenden Mittel im Vordergrund. Darüber hinaus wird die Beschaffung in öffentlichen Verwaltungen von Zielen der Wirtschaftspolitik beeinflußt. Das Beschaffungswesen in öffentlichen Verwaltungen kann etwa im Dienst der wirtschaftspolitischen Instrumente eingesetzt werden (z.B. Strukturpolitik, Konjunkturpolitik und Umweltschutzpolitik). Der Einfluß wirtschaftspolitischer Ziele auf die Beschaffung kann sich dabei auf die Menge der zu beschaffenden Güter, auf den Zeitpunkt der Beschaffung und auf die Auswahl der Lieferanten beziehen. Allerdings sind auch in diesem Zusammenhang die genannten Grundsätze der Wirtschaftlichkeit und Sparsamkeit zu beachten.

Bezüglich der Umweltbedingungen, die die Beschaffung beeinflussen, sind primär die Gegebenheiten des Marktes von Relevanz. Die Bedingungen des Marktes werden dabei von den Verhältnissen zwischen Anbietern und Nachfragern einerseits sowie den Nachfragern untereinander andererseits bestimmt. Diese Konstellationen bedingen eine Vielzahl unterschiedlicher Formen von Märkten. Beispielsweise kann ein Anbieter mehreren Nachfragern gegenüberstehen; allerdings ist es auch möglich, daß mehrere Anbieter nur einem Nachfrager gegenüberstehen. Zwischen diesen beiden extremen Situationen gibt es eine Vielzahl an Zwischenformen. Diese vertikale Betrachtung kann auch in horizontaler Form vorgenommen werden. Dabei ist die Beziehung zwischen den einzelnen Nachfragern von Interesse. Hier sind vor allem die Möglichkeiten der gegenseitigen Beeinflussung bei der Beschaffung relevant. Dadurch kann etwa das Verhalten der Anbieter durch die Nachfrager wesentlich beeinflußt werden.

Öffentliche Verwaltungen und private Unternehmen sind bei der Beschaffung im Normalfall den Bedingungen des Marktes ausgesetzt. Öffentliche Verwaltungen, häufig aber auch große Unternehmen, haben als Nachfrager meist eine starke Stellung. Insbesondere öffentliche Verwaltungen treten in speziellen Fällen als einzige Nachfrager auf.

Bezüglich der rechtlichen Bedingungen sind öffentliche Verwaltungen ebenso wie private Unternehmen bei der Beschaffung mit den Regelungen des Privatrechts konfrontiert. Bei öffentlichen Verwaltungen treten darüber hinaus auch Regelungen des öffentlichen Rechts hinzu.

Hinsichtlich der Methode der Beschaffung stehen zahlreiche Varianten zur Auswahl. So kann die Beschaffung etwa zentral oder dezentral organisiert sein. Die Beschaffung kann auf direktem Weg vom Erzeuger oder in indirekter Weise über Dritte (z.B. Händler) erfolgen. Ein Spezifikum hinsichtlich der Art der Vergabe von Aufträgen ist in der öffentlichen Verwaltung festzustellen. Von großer Bedeutung sind hier Ausschreibungen, die nach bestimmten Kriterien organisiert sind. Dabei werden Anbieter eingeladen, ihre Güter und Dienstleistungen aufgrund von detaillierten Anforderungen anzubieten. Die Anforderungen sowie der Ablauf des Verfahrens der Ausschreibung richten sich dabei üblicherweise nach Normen, die am öffentlichen Recht orientiert sind. Auf den Einsatz von Ausschreibungen zur Auswahl des optimalen Anbieters wird - zumindest bei großen Aufträgen - zunehmend auch in privaten Unternehmen zurückgegriffen. Wesentlich weniger aufwendig und vor allem im Zusammenhang mit kleineren Aufträgen häufig angewendet ist die Vergabe von Aufträgen nach freiem Ermessen ohne formales Verfahren.

Im Rahmen der Beschaffung geht es - analog zum Konzept des "Marketing-Mix" - um eine Kombination von Instrumenten, die als "Purchasing-Mix" bezeichnet werden könnte. Der Einsatz dieser Instrumente soll die Beschaffung erleichtern und gleichzeitig zu ihrer Optimierung beitragen. Ein derartiger "Purchasing-Mix" bezieht sich insbesondere auf die Qualität der zu beschaffenden Güter und Dienstleistungen, auf vertragliche Nebenleistungen, auf Entgelt und Mengen, auf die Kommunikation zwischen Nachfrager und Anbieter sowie auf die Auswahl des am besten geeigneten Lieferanten.

Bezüglich der Qualität der zu beschaffenden Güter und Dienstleistungen sind vor allem die gewünschten Anforderungen und Eigenschaften zu spezifizieren. Hinsichtlich der Nebenleistungen geht es um die Art und das Ausmaß der im Rahmen der Beschaffung vertraglich zu vereinbarenden sonstigen Leistungen (z.B. spezielle Bedingungen der Lieferung und Zahlung, Haftung, Kundendienst) und deren Vorteile.

Entgelt und Nebenleistungen für zu beschaffende Güter und Dienstleistungen stehen in engem Zusammenhang mit den zur Diskussion stehenden Mengen. Dieser Zusammenhang wird zudem wesentlich von den Beziehungen zwischen Anbieter und Nachfrager bestimmt. Dabei ist insbesondere deren Kräfteverhältnis auf dem Markt von Relevanz. Von spezieller Bedeutung sind hierbei Großaufträge. Die Beschaffung im Zusammenhang mit Großaufträgen erfolgt üblicherweise mittels Ausschreibungen. Dabei bestimmt der Anbieter zwar den Preis und die Konditionen, der Nachfrager hat jedoch die Möglichkeit, zwischen verschiedenen Anbietern wettbewerbsgerecht auszuwählen.

Die Kommunikation zwischen Anbietern und Nachfragern im Rahmen der Beschaffung richtet sich bei privaten Unternehmen eher auf die Förderung des Images des betreffenden Unternehmens als Einkäufer. Dadurch soll vor allem das Vertrauen des Lieferanten in den Auftraggeber gefördert werden. Öffentliche Verwaltungen als Beschaffer kommunizieren mit den Lieferanten demgegenüber eher in bezug auf den Austausch von Informationen über geforderte Güter und Dienstleistungen (vgl. Spezifikationen, Normen).

Ein wesentlicher Teil des "Purchasing-Mix" ist die Auswahl eines geeigneten Lieferanten. Diese richtet sich zum einen nach den vom Lieferanten angebotenen Preisen und Konditionen; zum anderen ist auch dessen Zuverlässigkeit, besonders in bezug auf die Einhalltung von Terminen und Vereinbarungen, relevant. Hinsichtlich der Auswahl von Lieferanten durch öffentliche Verwaltungen ist als Besonderheit die zunehmend übliche Teilung von Aufträgen - insbesondere Großaufträgen - anzumerken.

Probleme "Beschaffung"

Allgemein

- Optimale Gestaltung des "Purchasing-Mix".

Insbesondere

- Optimierung der Bestellmengen

- Bestmögliche Abstimmung der Alternativen eigene Herstellung und Fremdbezug

- Zentralisierung versus Dezentralisierung der Beschaffung

- Gestaltung der Beziehungen zwischen Nachfrager(n) und Anbieter(n).

Vorschläge "Beschaffung"

Allgemein

- Ausschöpfung aller Möglichkeiten zur Optimierung der Gestaltung des "Purchasing-Mix" unter Zuhilfenahme von Management Consulting.

Insbesondere

- Einsatz von (mathematischen) Verfahren zur Optimierung der Bestellmengen

- Kalkulation der Vorteile von eigener Fertigung und Fremdbezug nach kaufmännischen Gesichtspunkten

- Versuch zur konsensualen Gestaltung der Beziehungen zwischen Anbieter und Nachfrager, insbesondere durch Etablierung bewährter, auf Vertrauen beruhender geschäftlicher Beziehungen.

6.3.2. Leistungserstellung

Unter Leistungserstellung (Rieger 1983, 321 ff.) versteht man die Hervorbringung (Gewinnung oder Erzeugung) von Gütern und Dienstleistungen sowie den Handel mit Gütern. Die Leistungserstellung in öffentlichen Verwaltungen ist - in eingeschränkter Weise - durch die Hervorbringung von Dienstleistungen bestimmter Art gekennzeichnet. Diese Dienstleistungen können auch monetären Charakter haben. Als Beispiele dafür wären etwa die Gewährung von Sozialleistungen und Subventionen zu nennen. Die

Leistungserstellung in Unternehmen erfolgt auf technischem und bürokratischem Weg, in öffentlichen Verwaltungen weitgehend auf bürokratischem Weg.

Betrachtet man die Leistungserstellung nach ihren Merkmalen, lassen sich folgende Aspekte unterscheiden:

Die Organisation der Leistungserstellung kann an bestimmten Orten oder unabhängig von bestimmten Standorten erfolgen. Bei Unternehmen sind beide Arten der Leistungserstellung anzutreffen (z.B. Produktion in Werkstätten, Leistungserstellung auf Baustellen). Aufgrund des bürokratischen Charakters von öffentlichen Verwaltungen ist hier die Leistungserstellung nahezu ausschließlich an bestimmten Orten von Bedeutung. Dies trifft auch für die bürokratischen Funktionen in Unternehmen zu.

Betrachtet man die Häufigkeit der Wiederholung bei der Herstellung von Leistungen, lassen sich bei allen Arten grundsätzlich Einzel-, Mehrfach- und Massengüterherstellung unterscheiden. Dies trifft sowohl auf Unternehmen (z.B. Industrieunternehmen) als auch auf öffentliche Verwaltungen zu. Im Falle der öffentlichen Verwaltungen werden Leistungen häufig im Wege der Massenerstellung erbracht.

Mechanisierung bzw. Automatisierung der Leistungserstellung sind sowohl in technologischer als auch bürokratischer Hinsicht von großer Bedeutung. Organisationen, die sich insbesondere mit der (industriellen) Produktion von Gütern befassen, fokussieren ihr Interesse überwiegend auf die Mechanisierung und Automatisierung der Produktionsprozesse. Im Rahmen der administrativen Leistungserstellung in Unternehmen und öffentlichen Verwaltungen ist besonders die Mechanisierung und Automatisierung bei der Verarbeitung von Informationen relevant. In diesem Zusammenhang sind allerdings nicht alle Aufgaben automatisierbar. Dies trifft etwa auf die unmittelbaren Aufgaben des Managements (z.B. Kommunikation) zu.

Betrachtet man die Dauer der Leistungserstellung, so können grundsätzlich verschiedene Fristigkeiten (kurzfristig, mittelfristig, langfristig) unterschieden werden. Üblicherweise ist bei Unternehmen und öffentlichen Verwaltungen die Dauer der Leistungserstellung jedoch überwiegend kurzfristig orientiert.

Zum Ausgleich von Schwankungen der Nachfrage haben Organisationen, die Güter produzieren, die Möglichkeit, Leistungen auf Vorrat zu erstellen. Eine andere Möglichkeit ist die Bildung eines Auftragsbestandes, der Schwankungen in der Nachfrage ebenso ausgleichen kann. Produzenten von Dienstleistungen können Schwankungen in der Nachfrage nur durch die Bildung von Auftragsbeständen ausgleichen. In öffentlichen Verwaltungen ist die Bildung von "Auftragsbeständen" allerdings eher negativ besetzt. In diesem Fall werden vor allem Wartezeiten bei der Bearbeitung von Fällen assoziiert. Allerdings ist bei einem Teil der von öffentlichen Verwaltungen erbrachten Dienstleistungen ebenso wie bei einem Teil der von Unternehmen erbrachten Dienstleistungen die jederzeitige Bereitschaft zur Abgabe von Leistungen erforderlich (z.B. die Versorgung mit Elektrizität).

In bezug auf die Möglichkeiten der Anpassung der Leistungserstellung auf Änderungen der Nachfrage lassen sich als Maßnahmen vor allem Änderungen in der Beschäftigung und Variationen der Mengen der Leistungserstellung durchführen. Aufgrund der unmittelbaren Auswirkungen dieser Änderungen auf die Struktur der Kosten kann den Änderungen der Nachfrage wirksam begegnet werden.

Anzumerken ist allerdings, daß im Rahmen öffentlicher Verwaltungen kurzfristige Maßnahmen der Anpassung wenig Bedeutung haben. Aufgrund der meist spezifischen - wenig flexiblen - Bedingungen der Beschäftigung von Mitarbeitern läßt sich der Personalstand öffentlicher Verwaltungen in kurzer Zeit kaum anpassen (reduzieren). Auch hinsichtlich der Anpassung von Mengen sind aufgrund der Notwendigkeit kontinuierlicher Leistungserstellung seitens öffentlicher Verwaltungen (kurzfristige) Anpassungen kaum möglich.

Betrachtet man die Gewichtung der Möglichkeiten der Anpassung an Schwankungen der Nachfrage, so zeigt sich, daß in personalintensiven Bereichen Effekte eher aufgrund der Änderung der Beschäftigung zu erzielen sind. In kapitalintensiven Bereichen trifft dies eher auf die Änderung der Menge der Leistungserstellung zu. Die Wirksamkeit der Maßnahmen in bezug auf die (eingesparten) Kosten ist unmittelbar vor allem dann gegeben, wenn kurzfristige Maßnahmen der Anpassung ergriffen werden können. Ist dies nicht oder nur schwer möglich (z.B. Änderungen der Beschäftigung in öffentlichen Verwaltungen), ist die Möglichkeit unmittelbarer Einsparung von Kosten zu relativieren.

Probleme "Leistungserstellung"

- Optimierung der Massenfertigung von Gütern und Dienstleistungen

- Kurzfristige Erstellung und Verfügbarkeit von Gütern und Dienstleistungen

- Flexible Anpassung von Beschäftigung und Kapazitäten oft nicht im notwendigen Ausmaß möglich.

Vorschläge "Leistungserstellung"

- Einsatz der (vielfältigen) Möglichkeiten der Mechanisierung und Automatisierung unter Beachtung der jeweils speziellen Anforderungen

- Flexibilisierung der Möglichkeiten zur Anpassung der Beschäftigung (unter Beachtung sozialer Aspekte, wie z.B. Ausnützung der Möglichkeit flexibler Arbeitszeiten) und Kapazitäten (etwa durch sinnvolles Anlegen von Vorräten und adäquate Steuerung von Auftragsbeständen).

Auf weitere Spezifika der Leistungserstellung in Organisationen wird in Abschnitt 7.3.2. eingegangen.

6.3.3. Leistungsverwertung

Betrachtet man die Leistungsverwertung von Gütern und Dienstleistungen, zeigen sich gewisse Unterschiede. Diese liegen darin begründet, daß Dienstleistungen aufgrund ihres Charakters mehr Erklärung bedürfen, weshalb bei der Verwertung von Dienstleistungen gegenüber jener von Gütern besondere Anforderungen gegeben sind (Rieger 1983, 370 ff.).

Die Aufgabe der Leistungsverwertung ist es, die hervorgebrachten Güter und Dienstleistungen in optimaler Form abzugeben. Dabei stehen Art und Qualität, Menge, Ort und Zeit der Abgabe im Vordergrund. Die Aufgabe der Leistungsverwertung ist bei Unternehmen und öffentlichen Verwaltungen grundsätzlich gleich.

Bezüglich ihrer organisatorischen Eingliederung ist die Leistungsverwertung bei Unternehmen üblicherweise in einem selbständigen Bereich organisiert, in öffentlichen Verwaltungen erfolgt sie in der Regel durch jene Stellen, die die Leistungen erbracht haben. In diesem Fall gibt es keine eigenen organisatorischen Einheiten zur Verwertung von Leistungen. Aufgrund dessen ist bei öffentlichen Verwaltungen die Verwertung von Leistungen stark dezentralisiert.

Um eine adäquate Verwertung der erbrachten Leistungen zu gewährleisten, ist die Gewinnung von diesbezüglichen Informationen notwendig. Unternehmen versuchen in diesem Zusammenhang vor allem, Informationen über die Situation des jeweiligen Marktes bzw. Wettbewerbes zu akquirieren. Dies ist für öffentliche Verwaltungen aufgrund ihrer Stellung als Monopol grundsätzlich nicht notwendig. Allerdings ist es für sie notwendig, den Bedarf für die von ihnen zu erbringenden Leistungen laufend zu erheben. Unternehmen wie öffentliche Verwaltungen sind bei der Gewinnung der für sie relevanten Informationen primär auf die Erhebung empirischer Daten angewiesen. Im Zuge dessen stellen sich allerdings auch alle Probleme, die im Zusammenhang mit der Erhebung empirischer Daten üblicherweise auftreten (z.B. Verläßlichkeit des Datenmaterials, methodische Probleme bei der Auswertung). Insbesondere für öffentliche Verwaltungen ergeben sich dabei zahlreiche Schwierigkeiten. Beispielsweise ist es bei Erhebungen für die Befragten meist kaum möglich, den unmittelbaren Nutzen der von öffentlichen Verwaltungen bereitgestellten Leistungen richtig bzw. objektiv einzuschätzen. Bei der Umsetzung der zur optimalen Verwertung der Leistungen gewonnenen Erkenntnisse sind im Vergleich zwischen Unternehmen und öffentlichen Verwaltungen wesentliche Unterschiede festzustellen. Für Unternehmen ist es üblicherweise opportun, die geäußerten Wünsche zu befolgen. Für öffentliche Verwaltungen kommt dies jedoch nur mit Einschränkungen in Frage. Für öffentliche Verwaltungen ist es vor allem wesentlich, die Kontinuität der Erfüllung öffentlicher Aufgaben zu gewährleisten.

Ebenso wie die Beschaffung läßt sich auch die Verwertung von Leistungen nach den Aspekten Ziele der Leistungsverwertung, Umweltbedingungen und einwirkende rechtliche Regelungen behandeln. Bezüglich der Ziele der Leistungsverwertung sind Unternehmen primär an erwerbswirtschaftlichen, öffentliche Verwaltungen hingegen primär an bedarfswirtschaftlichen Zielen orientiert. Erwerbswirtschaftliche Ziele sind eng mit der üblicherweise angestrebten Steigerung von zu verwertenden Mengen und der Erhöhung von Anteilen auf dem Markt verknüpft. Bei der Verfolgung von bedarfswirtschaftlichen Zielen steht vor allem die Deckung des vorhandenen kollektiven Bedarfs im Vordergrund. Dabei ist es in manchen Fällen notwendig, die zur Verfügung stehenden (knappen) Leistungen öffentlicher Verwaltungen zu kontingentieren. Dies ist insbesondere dann der Fall, wenn Leistungen aufgrund ihres Charakters - etwa wegen ihrer Unentgeltlichkeit - besonders begehrt sind.

Betrachtet man die Umweltbedingungen bei der Verwertung von Leistungen, so zeigt sich, daß sich Unternehmen aufgrund des Umstandes, daß sie auf Märkten agieren, in sehr unterschiedlichen Situationen befinden können. Öffentliche Verwaltungen treten hingegen bei der Verwertung ihrer Leistungen meistens als Monopolisten auf. Zum einen ist dies meist mit einer relativ großen Nachfrage nach den von ihnen erstellten Leistungen verbunden (vgl. Knappheit), zum anderen ist im Zusammenhang mit Leistungen öffentlicher Verwaltungen unter Umständen ein Zwang zur Abnahme dieser Leistungen gegeben. Während die sich ständig wandelnden Märkte die Situation von Unternehmen wesentlich beeinflussen, ist jene von öffentlichen Verwaltungen durch Kontinuität geprägt, das heißt ihre Stellung als Erbringer von Leistungen ist sehr stark.

Betrachtet man die Relevanz rechtlicher Rahmenbedingungen im Zusammenhang mit der Verwertung von Leistungen, zeigt sich für Unternehmen und öffentliche Verwaltungen ein sehr unterschiedliches Bild. Für Unternehmen gilt grundsätzlich das Prinzip der Vertragsfreiheit. Für öffentliche Verwaltungen hingegen ist die Verwertung von Leistungen relativ umfangreich geregelt. Dabei ist vor allem die Pflicht zur Abgabe der erstellten Leistungen von Bedeutung. Ebenso wesentlich ist für öffentliche Verwaltungen die Pflicht zur Gleichbehandlung der Abnehmer ihrer Leistungen. Unter gewissen Bedingungen besteht auch für Unternehmen die Pflicht zur Abgabe ihrer Leistungen. Dies ist vor allem bei Unternehmen der Versorgung und Beförderung häufig der Fall. Die Abgabe der Leistungen ist in diesen Ausnahmefällen üblicherweise mit Tarifen geregelt.

Im Zusammenhang mit der Verwertung von Leistungen kommen bestimmte Instrumente zum Einsatz. Diesbezüglich wird bei einer Tätigkeit auf Märkten - etwa durch Unternehmen - von "Marketing-Mix" gesprochen. Die Anwendung dieses Begriffs in bezug auf öffentliche Verwaltungen ist demgegenüber eher ungebräuchlich. Allerdings ist der Einsatz gewisser Instrumentarien zur Verwertung von Leistungen, wenngleich in anderer Form, als dies bei Unternehmen der Fall ist, ebenfalls durchaus üblich.

Bei Unternehmen und öffentlichen Verwaltungen gleichermaßen stehen die Gestaltung des Portfolios der Güter und Dienstleistungen, deren Verteilung, der dafür zu entrichtende Preis (primär bei Unternehmen) bzw. die Form der Zuteilung (primär bei öffentlichen Verwaltungen) sowie die Art der Kommunikation mit den Abnehmern der Leistungen im Vordergrund.

Bei der Gestaltung des Portfolios der Produkte und Dienstleistungen von Unternehmen und öffentlichen Verwaltungen kommen gewisse grundsätzliche Kriterien in Betracht. Die von Unternehmen und öffentlichen Verwaltungen erbrachten Leistungen sind zunächst in

Hinblick auf die Erfüllung ihres Zweckes zu gestalten. Dieser Zweck ist dann erfüllt, wenn die hervorgebrachten Güter und Dienstleistungen entweder zur Befriedigung der Bedürfnisse von privaten Haushalten oder zur Erstellung weiterer Güter und Dienstleistungen, etwa durch andere Unternehmen, geeignet sind. In bezug auf die Eignung von Leistungen kommt bei öffentlichen Verwaltungen noch hinzu, ob und inwieweit sie der Erfüllung öffentlicher Aufgaben dienen. Die Möglichkeiten der Verwertung von Leistungen hängt auch davon ab, ob diese mit bereits erbrachten oder anderen zu verwertenden Leistungen zusammenpassen. In diesem Zusammenhang ist beispielsweise bei öffentlichen Verwaltungen der Zusammenhang bestimmter Leistungen mit anderen Leistungen zu nennen: Die Erfüllung öffentlicher Aufgaben hängt nämlich davon ab, ob die einzelnen Leistungen einander bedingen und aufeinander abgestimmt sind. Die Eignung der erbrachten Leistungen an sich und ihre Stellung innerhalb des Portfolios aller Leistungen ist deshalb für öffentliche Verwaltungen wesentlich wichtiger als für Unternehmen.

Die Gestaltung des Portfolios von Gütern und Dienstleistungen besteht hauptsächlich in der Etablierung neuer Güter und Dienstleistungen sowie in der Änderung und Adaptierung des bestehenden Portfolios. Bei Unternehmen ergeben sich derartige Aktivitäten vor allem durch Impulse aus dem Markt. Bei öffentlichen Verwaltungen steht die Adaption des bestehenden Portfolios von Leistungen vor allem im Zusammenhang mit veränderten Anforderungen an die Erfüllung öffentlicher Aufgaben.

Betrachtet man die Art der Verteilung von Leistungen, so zeigt sich, daß die Leistungen von Unternehmen überwiegend in aktiver Weise dem Abnehmer der Leistungen angeboten werden (müssen). Dies ist bei öffentlichen Verwaltungen nicht notwendig. Im Gegenteil haben öffentliche Verwaltungen die Abgabe ihrer Leistungen zu garantieren.

Für eine adäquate Verteilung der Leistungen ist der Standort der Organisation, von der die Leistung erbracht wird, wesentlich. Dies ist vor allem bei öffentlichen Verwaltungen von großer Bedeutung, da diese ihre Leistungen nur auf direktem Weg an die Empfänger der Leistungen abgeben. In bezug auf den Standort bedingt dies ein hohes Ausmaß an Dezentralisierung, um alle Empfänger von Leistungen in ausreichender Weise erreichen zu können. Für Unternehmen stehen demgegenüber diverse Wege der Verteilung ihrer Güter und Dienstleistungen zur Verfügung. In diesem Zusammenhang stehen beispielsweise zentraler und dezentraler Vertrieb sowie direkte und indirekte Verteilung von Gütern und Dienstleistungen zur Verfügung.

Unternehmen geben ihre Leistungen üblicherweise gegen Entgelt an die Empfänger der Leistungen ab. In diesem Fall wird die Abgabe mit Hilfe der Preise gesteuert. Den Abnehmern der Leistungen steht es normalerweise frei, ihren Partner bzw. die nachgefragte Menge auszuwählen. Im Falle der öffentlichen Verwaltung erfolgt die Abgabe von Leistungen auf dem Wege der Zuteilung an die Empfänger. Als Entgelt werden - allerdings nicht in jedem Fall - Gebühren und Beiträge eingehoben. Diese dienen hauptsächlich der Deckung eines Teils der entstandenen Kosten, nicht jedoch der Lenkung der Nachfrage oder ähnlichen in Zusammenhang mit Märkten stehenden Absichten.

Im Rahmen der Verwertung von Leistungen kommt der Kommunikation zwischen den Anbietern und den Empfängern der Leistungen Bedeutung zu, die hinsichtlich Unternehmen und öffentliche Verwaltungen allerdings sehr unterschiedlich ist. Für auf Märkten agierende Unternehmen ist die Bedeutung der Kommunikation in Form von Werbung, Absatzförderung und Öffentlichkeitsarbeit sehr hoch. Die Verwertung der Leistungen von öffentlichen Verwaltungen unterliegt im Gegensatz dazu aufgrund ihres speziellen Charakters kaum derartigen Notwendigkeiten.

Probleme "Leistungsverwertung"

- Optimierung der Abgabe der erstellten Leistungen in Hinblick auf die Erfüllung der auf dem Markt gegebenen Nachfrage (Unternehmen) sowie die Erfüllung öffentlicher Aufgaben (öffentliche Verwaltungen)

- Akquirierung ausreichender Informationen, um die Verwertung der Leistungen erfolgreich zu gestalten

- Optimierung des Portfolios von Gütern und Dienstleistungen auf der Grundlage der jeweiligen Ziele und Erfordernisse

- Effiziente Gestaltung der Verteilung der Güter und Dienstleistungen durch Nutzung effizienter Vertriebskanäle (Unternehmen)

- Lenkung der Nachfrage durch Einsatz der Preispolitik (Unternehmen)

- Optimale Gestaltung der Kommunikation zwischen Leistungserstellern und -abnehmern.

Vorschläge "Leistungsverwertung"

- Gestaltung eines optimalen "Marketing-Mix", d.h. Einsatz der Instrumente modernen Marketings (Unternehmen); Einsatz derartiger Instrumente in adaptierter Form in Hinblick auf die optimale Erfüllung öffentlicher Aufgaben (öffentliche Verwaltungen)

- Einsatz moderner empirischer Methoden zur Erhebung von Daten in bezug auf die Abnehmer der Leistungen

- Heranziehung der so gewonnenen Daten zur Gestaltung des Portfolios von Gütern und Dienstleistungen

- Nutzung effizienter Vertriebskanäle zur bestmöglichen Erreichung der Abnehmer von Leistungen (Unternehmen)

- Einsatz der Preispolitik zur Lenkung der Nachfrage (Unternehmen)
- Optimierung der Kommunikation zwischen den Erbringern von Leistungen und deren Abnehmern durch Einsatz moderner Methoden der Werbung, Absatzförderung und Öffentlichkeitsarbeit (Unternehmen, eingeschränkt auch von öffentlichen Verwaltungen anwendbar).

6.3.4. Finanzierung

Versucht man, einen Überblick über die Finanzierung von Unternehmen und öffentlichen Verwaltungen zu geben, bietet sich dies anhand der Zahlungsströme an. Darüber hinaus erscheint es sinnvoll, "Finanzierung" und "Investition" zu trennen und gleichzeitig deren Zusammenhänge aufzuzeigen (Rieger 1983, 454 ff.).

In monetärer Hinsicht haben Unternehmen wie öffentliche Verwaltungen Einnahmen und Ausgaben zu verzeichnen. Dabei stellt jede von einer Organisation geleistete Zahlung eine Ausgabe dar, jede an die Organisation geleistete Zahlung eine Einnahme. Unterschieden werden Ausgaben und Einnahmen, die das Vermögen betreffen (z.B. Aufnahme von Krediten für Investitionen in das Anlagevermögen) und solche, die den Erfolg der Organisation betreffen. Jene Ausgaben und Einnahmen, die den Erfolg der Organisation betreffen, werden auch als Aufwände und Erträge bezeichnet. Bei Unternehmen entstehen derartige Ausgaben (Aufwände) hauptsächlich durch die Beschaffung von Gütern und Dienstleistungen zur Erstellung von Leistungen. Einnahmen (Erträge) resultieren bei Unternehmen hauptsächlich durch die Verwertung der erbrachten Leistungen. Öffentliche Verwaltungen können auch Erträge aus den von ihnen erbrachten Leistungen erzielen, geben ihre Leistungen jedoch überwiegend unentgeltlich ab. Daher ist es notwendig, öffentliche Verwaltungen auf andere Weise mit finanziellen Mitteln zu versorgen. Im wesentlichen werden öffentliche Verwaltungen mit Steuern, im geringeren Ausmaß aber auch durch Gebühren und Beiträge finanziert. Aufwände entstehen bei öffentlichen Verwaltungen allerdings in ähnlicher Weise wie bei Unternehmen, nämlich im Zusammenhang mit der Erstellung von Leistungen.

Finanzierung

Betrachtet man die Finanzierungsarten, sind bei Unternehmen und öffentlichen Verwaltungen gleichermaßen Innenfinanzierung und Außenfinanzierung zu unterscheiden.

Die wesentlichsten Formen der Innenfinanzierung sind im Falle von Unternehmen die Bildung von Ersparnissen, die Finanzierung aus Abschreibungen, aus Rückstellungen und aus Umschichtungen des Vermögens. Für öffentliche Verwaltungen hat vor allem die Finanzierung durch Bildung von Ersparnissen und jene aus der Umschichtung von Vermögen Bedeutung.

Als Varianten der Außenfinanzierung stehen vor allem die Aufbringung von Kapital auf dem Wege von Beteiligungen und die Finanzierung über Kredite zur Verfügung. Insbesondere gewinnt bei Unternehmen die Finanzierung durch Beteiligungen zunehmend an Bedeutung. Dabei wird von einem Unternehmen Kapital aufgebracht, indem sich eine andere Organisation an diesem Unternehmen beteiligt und im Zuge dessen Kapital zur Verfügung stellt. Im Falle öffentlicher Verwaltungen besteht die Möglichkeit, daß sich diese etwa an nachgeordneten Unternehmen beteiligen.

Die Finanzierung über die Aufnahme von Krediten ist hingegen für alle Arten von Organisationen von großer Bedeutung. In diesem Zusammenhang existieren vielfältige kurz-, mittel- und langfristige Möglichkeiten der Finanzierung. Spezielle Formen kommen dabei lediglich für Unternehmen, andere wiederum nur für öffentliche Verwaltungen zur Anwendung.

Betrachtet man die Finanzierung in Hinblick auf gewisse Prinzipien, lassen sich Grundsätze in bezug auf die Verwendung der finanziellen Mittel und solche in bezug auf die Höhe der Verschuldung unterscheiden.

Bezüglich einer optimalen Verwendung der finanziellen Mittel gilt für Unternehmen vor allem, daß die Liquidität nicht gefährdet werden soll. Konkret heißt dies, daß über das zur Verfügung stehende Fremdkapital so lange verfügt werden soll, bis das damit finanzierte Vermögen amortisiert ist.

Bezüglich der Höhe der Verschuldung steht vor allem eine Begrenzung eines zu hohen Risikos in bezug auf die Struktur des Kapitals im Vordergrund. Das unmittelbare Risiko etwa einer Investition im allgemeinen und die Rentabilität des aufgenommenen Kapitals im speziellen sind dabei jene Aspekte, die von besonderer Bedeutung sind. Mit der Beachtung dieser Komponenten soll vor allem der Gefahr einer zu hohen Verschuldung begegnet werden.

Von Interesse ist es natürlich, die günstigste Art der Verschuldung zu ermitteln. Kaufmännisch betrachtet zeigt sich, daß die maximale Verschuldung dann erreicht ist, wenn die Höhe der Kosten des aufgenommenen Kapitals gerade von der Rentabilität der damit getätigten Investition gedeckt werden kann. Normalerweise sollte aber der Grad der Verschuldung unter diesem Punkt liegen. Zu bedenken ist dabei, daß die (finanzielle) Unabhängigkeit von Organisationen wesentlich durch den Grad der Verschuldung bestimmt wird.

Investition

Im Rahmen der Investition lassen sich verschiedene Arten von Investitionen unterscheiden. Die Legitimität von Investitionen ergibt sich vor allem aufgrund ihres Nutzens bzw. ihrer Vorteile. Zunächst lassen sich Investitionen nach ihrem Ziel unterscheiden. Dabei können etwa Investitionen in Sachvermögen oder Finanzvermögen differenziert werden. Darüber hinaus ist auch der Anlaß von Investitionen ein wichtiges

Kriterium der Unterscheidung. Ein Beispiel für einen häufigen Anlaß von Investitionen wäre die Notwendigkeit von Rationalisierungen. Investitionen in öffentlichen Verwaltungen werden hauptsächlich im Zusammenhang mit den Notwendigkeiten betrachtet, die sich im Zuge der Erfüllung öffentlicher Aufgaben ergeben. In diesem Rahmen können sie für verschiedenste Aufgaben getätigt werden (z.B. Investitionen für Bildung, Gesundheit). Ein weiteres Kriterium der Unterscheidung von Investitionen wäre etwa die Betrachtung ihrer Effekte innerhalb von Organisationen (z.B. Anschaffung einer EDV-Anlage) und ihre Wirkung nach außen (z.B. Bau von Straßen durch öffentliche Verwaltungen).

Ein wesentlicher Aspekt ist jedenfalls die Vorteilhaftigkeit von Investitionen. Diese kann vor allem durch verschiedene Methoden der Berechnung ihres Nutzens ermittelt werden.

Bei Investitionen, die von Unternehmen getätigt werden, steht primär die wirtschaftliche Rentabilität im Vordergrund. Investitionen von öffentlichen Verwaltungen sind vor allem in bezug auf den Grad der Wohlfahrt, den sie im Rahmen einer Gesellschaft bewirken, zu beurteilen. Während die Beurteilung der wirtschaftlichen Effizienz von Investitionen relativ einfach ist, gestaltet sich die Beurteilung von Investitionen öffentlicher Verwaltungen - insbesondere ihre Wirkung auf das Gemeinwohl - ziemlich schwierig. Der Grund dafür ist, daß vielfältige Aspekte in diese Art der Beurteilung einzubeziehen sind.

Probleme "Finanzierung"

Finanzierung

- Aufbringung ausreichender Finanzmittel

- Beachtung der Grundsätze der Finanzierung.

Investition

- Optimale Berechnung der Rentabilität von Investitionen.

Vorschläge "Finanzierung"

Finanzierung

- Im Fall von Unternehmen kreative Anwendung der vielfältigen Arten zur Finanzierung

- Die nachhaltig erfolgreichste Art der Finanzierung ist die Finanzierung durch Kumulierung von Profiten.

Investition

- Einsatz EDV-gestützter Verfahren der Investitionsrechnung

- Im Falle von öffentlichen Verwaltungen zusätzlich Heranziehung von Katalogen in bezug auf die Effekte von Investitionen zur Erzielung einer maximalen Wohlfahrt.

6.4. Informationswesen

6.4.1. Rechnungswesen

Das Rechnungswesen umfaßt Verfahren zur systematischen Erfassung und Auswertung aller quantifizierbaren Beziehungen und Vorgänge in Organisationen zum Zweck der Gewinnung von Information. Intern dient das Rechnungswesen Zwecken der Dokumentation und Kontrolle. Extern besteht die Notwendigkeit zur Rechenschaftslegung und unter bestimmten Bedingungen zur Information der Öffentlichkeit.

Ein wesentlicher Bestandteil des Rechnungswesens ist die Buchführung. Unter Buchführung versteht man die planmäßige und lückenlose Aufzeichnung aller Geschäftsvorfälle in Organisationen. Die Buchführung sammelt, ordnet und gruppiert die aus den getätigten Transaktionen resultierenden Werte. In regelmäßigen Zeitabständen (monatlich, jährlich) werden daraus Abschlüsse entwickelt.

In Unternehmen wird heute nahezu ausschließlich das System der sogenannten doppelten Buchführung verwendet. Dabei wird jede durch einen Geschäftsfall ausgelöste und aufgrund eines Belegs vorgenommene Buchung auf mindestens zwei Konten verbucht. Dieses Verfahren beeinflußt auch die Art des periodischen Abschlusses. Das Verfahren der Bilanzierung unterscheidet die Erstellung einer Bilanz sowie einer Gewinn- und Verlustrechnung. Unter Bilanz ist eine bestimmte Form der Gegenüberstellung von Vermögen (Aktiva) und Kapital (Passiva) zu einem bestimmten Zeitpunkt zu verstehen. Die Aktiva zeigen die konkrete Verwendung der eingesetzten finanziellen Mittel, die Passiva die Ansprüche der Gläubiger (Fremdkapital) und das unternehmenseigene Kapital (Eigenkapital als Saldo zwischen Vermögen und Fremdkapital). Aktiva und Passiva stellen insgesamt denselben Wert dar. Die Ermittlung des kaufmännischen Erfolges einer Periode erfolgt sowohl im Rahmen der Bilanz als auch durch die Gewinn- und Verlustrechnung. Die Gewinn- und Verlustrechnung ist eine Gegenüberstellung von Aufwendungen und Erträgen zur Ermittlung des kaufmännischen Ergebnisses eines Unternehmens und der Darstellung seiner Quellen.

Im Gegensatz zur doppelten Buchführung von Unternehmen kommt in öffentlichen Verwaltungen das Verfahren der kameralistischen Buchführung zur Anwendung. Die Kameralistik ist ein Verfahren der Buchführung, bei dem die tatsächlichen Ausgaben in einer Periode jenen, die für eine betreffende Stelle im Rahmen des öffentlichen Haushalts geplant sind, gegenübergestellt werden. Dabei geht es um die Einhaltung des vorgesehenen Budgets bzw. um die Ermittlung eines Überschusses oder Defizits. Mit

Hilfe der kameralistischen Buchführung können die Budgets, tatsächliche Ausgaben und noch verfügbare finanzielle Mittel differenziert und exakt ausgewiesen werden. Aufgrund eines derartigen Vergleichs von Soll und Ist kann jederzeit festgestellt werden, inwieweit die bewilligten Mittel tatsächlich ausgegeben sind bzw. inwieweit die öffentliche Verwaltung die Vorgaben des Budgets für öffentliche Haushalte eingehalten hat.

Betriebskameralistik ist als spezielle, weiterentwickelte Form der Kameralistik zu verstehen. Durch die Betriebskameralistik wird es möglich, die zur Führung eines Betriebes erforderlichen Informationen zur Buchführung bereitzustellen. Sie vermittelt letztlich ähnliche Ergebnisse wie die doppelte, kaufmännische Buchführung. Dadurch wird auch die Erstellung eines Jahresabschlusses in Form einer Bilanz sowie einer Gewinn- und Verlustrechnung möglich. Diese Art der Buchführung wird häufig in öffentlichen Unternehmen angewendet. Hierbei ist es notwendig, ein wirtschaftliches Ergebnis nach kaufmännischer Art zu ermitteln, auch wenn man sich nicht der Doppik bedient. Letztlich stellt die Betriebskameralistik einen Ansatz dar, der aus der Verwaltungskameralistik entwickelt wurde und einen kaufmännischen Jahresabschluß enthält, der über Vermögen und Erfolg umfassend informiert.

Probleme "Rechnungswesen"

- Lückenlosigkeit bei der Datenerfassung
- Transparenz bei der Dokumentation
- Rationelle Verarbeitung der Daten
- Optimale Ausnützung rechtlicher Möglichkeiten (z.B. steuerliche Begünstigungen).

Vorschläge "Rechnungswesen"

- Möglichst effiziente Gestaltung der Aufbau- und Ablauforganisation des Rechnungswesens (vgl. Verbindlichkeit kaufmännischer Prinzipien, etwa der "Grundsätze ordnungsgemäßer Buchführung", Erstellung interner Richtlinien etc.)
- Einsatz von EDV zur Verarbeitung des Datenmaterials; speziell Einsatz geeigneter Software.

Auf weitere Spezifika des Rechnungswesens wird in Abschnitt 7.3.3. eingegangen.

6.4.2. Controlling

Controlling umfaßt - im Gegensatz zum traditionellen Rechnungswesen - insbesondere die Planung und Kontrolle des Geschehens in Organisationen sowie die diesbezügliche Berichterstattung (Weber 1988).

Planung im Rahmen von Controlling beinhaltet die Erstellung und Koordinierung von Plänen in bezug auf Gewinn, Kosten, Produktion, Absatz, Beschaffung und Investition sowie die Unterstützung bei der Durchführung dieser Pläne. Ein wesentlicher Schwerpunkt dabei ist die Integration der einzelnen Teilpläne.

Eine wichtige Funktion des Controlling ist die Berichterstattung und Interpretation der Erkenntnisse. Darunter fallen etwa die Erstellung von periodischen Standardberichten (z.B. monatliche Erfolgsrechnung) sowie spezielle Auswertungen (z.B. Beurteilung von Investitionsvorhaben). Im Zuge dessen werden besondere Informationssysteme verwendet, deren Management von erheblicher Bedeutung ist (vgl. Al-Ani 1992).

Eine weitere wichtige Aufgabe liegt in der allgemeinen kontinuierlichen Beurteilung der jeweiligen Organisation und deren Beratung. Controlling soll mit der Wahrnehmung dieser Aufgabe den ausführenden Abteilungen helfen, die vereinbarten Ziele (z.B. Erreichung bestimmter Umsätze, Einhaltung des Budgets) zu erreichen. Letztlich kann Controlling auch als organisationsinterne Beratung aufgefaßt werden. Eine zusätzliche Aufgabe des Controllings ist häufig die Behandlung von Steuerangelegenheiten sowie die Berichterstattung an staatliche Stellen. Ebenso wichtig wie die Aufgaben Planung und Steuerung ist im Rahmen des Controllings die eigentliche Kontrollaufgabe. Dabei steht besonders die Sicherung des Vermögens sowie die Erfüllung gesetzlicher Anforderungen im Vordergrund.

In einer moderneren, weiteren Fassung des Begriffs wird Controlling zudem als eine Funktion des Managements der gesamten Organisation verstanden. Innerhalb dieser Funktion werden zwar keine eigenständigen Führungsentscheidungen getroffen, diese jedoch umfassend vorbereitet und ihre Durchsetzung unterstützt.

Das Konzept des Controllings geht daher weit über die Anforderungen und Möglichkeiten des betrieblichen Rechnungswesens hinaus. Zwar sind ebenso detaillierte, realistische Informationen über Kosten und Erlöse notwendig, um die Fülle von Aufgaben des Controllings zu bewältigen. Allerdings werden zum einen wesentlich umfassendere Daten als im Rechnungswesen benötigt. Beispiele dafür wären etwa Informationen über die qualitative Einschätzung der Entwicklung von Märkten und der Nachfrage. Zum anderen ist die Bereitstellung von Informationen nur ein kleiner Ausschnitt der gesamten Aufgabe im Rahmen dieser Funktion. Controlling ist nicht nur für die Entwicklung und Implementierung von Instrumenten und Systemen der Planung, Steuerung und Kontrolle verantwortlich; darüber hinaus soll auch dafür gesorgt werden, daß die bereitgestellten Daten von den Empfängern gemäß ihren Aufgaben und Zielen verwendet werden. Dies erfordert eine häufig weitreichende Unterstützung der Empfänger von Daten seitens des Controllings. Eine derartige Unterstützung besteht in der Erläuterung schwer interpretierbarer Informationen für nicht speziell geschultes Personal. Dadurch soll vor allem die praktische Umsetzbarkeit gewährleistet und erleichtert werden.

Im Rahmen der Aufgabe von Controlling als unterstützende Funktion des Managements ist es notwendig, gewisse Managementprinzipien in dessen Konzeption einzubeziehen. In der Praxis bedeutet dies vielfach die Notwendigkeit der Abkehr von einem - häufig vorfindbaren - Verständnis von Controlling als lediglichе Instanz der Kontrolle (vgl. 6.2.6. "Überwachung"). Demgegenüber ist Controlling vielmehr als Aufgabe der Beratung, Unterstützung und Motivation zu verstehen. Dies bedeutet letztlich auch, daß sich Controlling als Unterstützung des Managements nicht nur auf den operativen Bereich beschränkt, sondern auch die strategische Komponente des Managements berücksichtigt werden muß. Das heißt, daß der zunächst dominanten Komponente der koordinierenden Abstimmung kooperativer Prozesse ein weiterer Faktor hinzutritt. Dieser besteht - mit zunehmender Tendenz - in der Funktion des Controllings als visionäre Aufgabe. Operationalisiert wird dies vor allem im Rahmen der strategischen Unternehmensplanung. Dabei steht insbesondere auch die Aufgabe des Risk Management im Vordergrund (vgl. vorzeitiges Erkennen von Risiken und entsprechende Absicherung).

Traditioneller Einsatzbereich des Controllings sind Organisationen meist beträchtlicher Größenordnung (z.B. private Unternehmen). Der in diesem Rahmen erhebliche Bedarf an Koordination sowie die Einflüsse aus der Umwelt des Unternehmens begründen die Notwendigkeit des Einsatzes von Controllinginstrumenten. In jüngerer Zeit sind Faktoren wie die Dynamik des Wettbewerbs, die schnelle technische Entwicklung und kürzere Lebenszyklen von Produkten dafür ausschlaggebend, daß Controlling auch in mittleren und kleineren Unternehmen zunehmend Einsatz findet. Erste Ansätze für die Einführung des Controllings zeigen sich auch im Rahmen von öffentlichen Verwaltungen und Unternehmen. Gegenwärtig wird damit hauptsächlich auf die Erreichung von Rationalisierungseffekten abgezielt. Diesbezügliche Erfahrungen liegen vor allem aus öffentlichen Unternehmen und Kommunalverwaltungen vor.

Der wesentliche potentielle Nutzen von Controlling in öffentlichen Organisationen ist in folgenden Aspekten und Möglichkeiten zu sehen:

- Raschere Anpassung des Programms öffentlicher Leistungen an die sich wandelnden Bedürfnisse der Bürger

- Stärkere Versachlichung politischer Entscheidungsprozesse und Rahmenbedingungen

- Bessere ökonomische Abstimmung, zum Beispiel zwischen einzelnen öffentlichen Verwaltungen und Unternehmen (vgl. öffentliche Verwaltungen als Eigentümer von Unternehmen)

- Generelle Erhöhung der Wirtschaftlichkeit bei der Erstellung von Leistungen.

Das generelle Konzept des Controllings kann grundsätzlich auf jede Art öffentliche Organisation übertragen werden. Allerdings sind dabei gegenüber privaten Unternehmen zum Teil erhebliche Modifikationen vorzunehmen. Dieser Bedarf nach Modifikationen ergibt sich aus den Spezifika der hoheitlichen, in öffentlichen Verwaltungen auszuübenden Aufgaben. Auch der Einsatz von Instrumenten des Controllings in öffentlichen

Unternehmen bedarf einiger Adaptionen gegenüber Controlling in auf rein erwerbswirtschaftliche Ziele ausgerichteten privaten Unternehmen.

Die Durchsetzung des Konzepts Controlling in öffentlichen Organisationen ist gegenwärtig generell eher mit Problemen verbunden. Diese ergeben sich häufig aus mangelnder Rezeption des Controllings aufgrund der nach wie vor ausgeprägten Existenz tradierter, von Controlling völlig verschiedener Konzepte. Die vollständige Implementation von Controlling - besonders in öffentlichen Verwaltungen - kann sicherlich als langer, nicht ohne Schwierigkeiten verlaufender Weg gesehen werden. Die Einführung und Optimierung der verschiedenen Instrumente kann dabei sicherlich auch nur schrittweise erfolgen.

Probleme "Controlling"

- Früherkennung von Entwicklungen, insbesondere von Risiken
- Aussagekräftigkeit der erarbeiteten Daten
- Optimierung in Hinblick auf die Verwendbarkeit als wirkliches Steuerungsinstrumentarium.

Vorschläge "Controlling"

- Einsatz professioneller Kaufleute als Controller (zumindest in höheren hierarchischen Ebenen unabdingbar)
- Sinnvoller Einsatz der vielfältigen, zur Verfügung stehenden modernen Methoden
- Erhöhung der Akzeptanz von Controlling als positive, unterstützende Funktion durch geeignete Maßnahmen der Aufklärung (vgl. Imagepflege).

7. Ausgewählte Probleme öffentlichen und privaten Managements

7.1. Zur "Differentia specifica"

Die These der institutionellen Universalität von Management geht davon aus, daß die Probleme des Managements in allen Arten von Organisationen einander prinzipiell ebenso ähnlich sind wie die zu ihrer Lösung angewendeten Techniken und Praktiken (Strunz 1990a, 175 ff.). Im Zusammenhang damit ist allerdings anzumerken, daß allgemeine Aussagen über Management bei hohem Niveau der Abstraktion zwar getroffen werden können, bei konkreten Aussagen und Empfehlungen allerdings die speziellen Bedingungen und Eigenarten, denen die jeweilige Organisation unterliegt, dennoch zu berücksichtigen sind.

Betrachtet man etwa die in Abschnitt 5.4. differenzierten Organisationsformen, können diese zwar gleichermaßen als wirtschaftlich-technisch-soziale Einheiten aufgefaßt werden. Ihre wesentliche gemeinsame Aufgabe ist die Kombination von Produktionsfaktoren zur Erstellung von Leistungen. Trotz vieler ähnlicher Komponenten und Gemeinsamkeiten unterscheiden sich die differenzierten Idealtypen - wenngleich in jeweils unterschiedlichem Ausmaß - doch erheblich. Diese Differenzen lassen sich z.B. anhand der Bereiche Zielsetzung und Finanzierung anschaulich zeigen.

	ÖFFENTLICHE VERWALTUNGEN	VERBÄNDE	ÖFFENTLICHE UNTERNEHMEN	GENOSSENSCHAFTEN	PRIVATE UNTERNEHMEN	PRIVATE HAUSHALTE
ZIELSETZUNG	Bedarfsdeckung der Allgemeinheit	Bedarfsdeckung von Gruppen	Bedarfsdeckung, Rentabilität	Bedarfsdeckung von Gruppen	Rentabilität	Selbstverwirklichung, Einkommenserzielung
FINANZIERUNG	Abgaben	Umlagen	Umsatzerlöse	Umsatzerlöse Umlagen	Umsatzerlöse	Einkünfte
BEISPIELE	Ministerien, Universitäten Kommunalverwaltung	Fachverbände, Gewerkschaften	Industrie-, Versorgungsbetriebe	Landwirtschaftliche Genossenschaften, Konsumgenossenschaften	Industrie-, Handelsbetriebe, Banken	Ein- und Mehrpersonenhaushalte

Übersicht 9: Zielsetzungen und Finanzierung unterschiedlicher Organisationsformen (in Anlehnung an Strunz 1990a, 176)

Die Differenzierung in Übersicht 9 kann nun um zusätzliche Determinanten erweitert werden. Polarisiert man dabei die genannten Idealtypen und stellt öffentliche Verwaltungen und private Unternehmen einander gegenüber, zeigen sich die Unterschiedlichkeiten einzelner Organisationsformen.

	ÖFFENTLICHE VERWALTUNGEN	PRIVATE UNTERNEHMEN
Primäres Ziel	Deckung von Allgemeinbedarf ("nicht erwerbsorientiert")	Gewinnerzielung ("erwerbsorientiert")
Zielbildung	von pluralistischen Interessen stark determiniert	frei im Rahmen staatlicher Normen
Art der Bedarfsdeckung	kollektive Bedarfsdeckung	individuelle Fremdbedarfsdeckung
Leistungserstellung	in der Regel nicht marktfähige, kollektive Güter ("marktfern")	marktfähige Güter ("marktnah")
Leistungsabgabe	häufig unentgeltlich, oft keine Abnahmepflicht	auf dem Markt, Angebot und Nachfrage bestimmen die Höhe des Entgelts
Finanzierung	Abgaben (Finanzierung durch die Gemeinschaft)	Umsatzerlöse (Finanzierung durch die Abnehmer der erstellten Leistungen)
Eigentümer	öffentliches Eigentum	privates Eigentum
Bestandsrisiko	nein	ja, häufig hoch
Marktstellung	Teilmarktbetrieb	Vollmarktbetrieb
Marktform	Monopol	Konkurrenz
Steuerungsprinzip	politische Legitimität	marktwirtschaftl. Ordnung
Steuerungsinstrument	Norm	Geld
Handlungsprinzip	Legalität	Produktivität
Handlungsinstrument	öffentliches Recht	privates Recht
Leistungsprinzip	Dienstprinzip	Erwerbsprinzip
Leistungsanreiz	sozial	monetär
Einkommensfindung	Gesetzgebung	Tarifverhandlung
Rechnungsstil	Kameralistik	Doppik
Kontrolle	Finanzkontrolle	Erfolgskontrolle

Übersicht 10: Gegenüberstellung öffentliche Verwaltungen - private Unternehmen (in Anlehnung an Strunz 1990a, 177)

Letztlich kann man feststellen, daß von privaten Unternehmen über öffentliche Unternehmen bis zu öffentlichen Verwaltungen der Einfluß des politischen Systems von

Staat und Gesellschaft und der Einfluß rechtlicher Regelungen steigt. Daraus ist zu folgern, daß - bei realistischer Betrachtung - der Einfluß kommerziellen Denkens sinkt. Dies kann letztlich auch auf allgemein management-orientiertes Denken ausgeweitet werden.

7.2. "Differentia specifica": Probleme strategischen Managements

7.2.1. Öffentliche Aufgaben und private Ziele

(Private) Unternehmen verfolgen üblicherweise primär das Ziel, am Ende einer bestimmten Periode einen möglichst hohen Gewinn auszuweisen. Demgegenüber besteht das oberste Ziel öffentlicher Verwaltungen in der Erreichung eines möglichst hohen Beitrags zum Gemeinwohl. Individuelle Interessen in privaten Unternehmen stehen somit dem Ziel der Förderung der Gesellschaft gegenüber (Rieger 1983; Braun 1988, 93 ff.). Art und Umfang der von öffentlichen Verwaltungen bereitgestellten Güter und Dienstleistungen sind deshalb über das Kriterium der Erzielung eines maximalen Nutzens bei den Verwendern zu definieren. Für die Bestimmung des optimalen Ausmaßes der von öffentlichen Verwaltungen angebotenen Leistungen sowie bezüglich des Einsatzes der dafür notwendigen Ressourcen bietet die Wohlfahrtstheorie zwar Lösungen an, allerdings sind diese in der Praxis kaum wirklich zu realisieren. Demnach würde ein Optimum dann erreicht sein, wenn der Grenznutzen der gesamten für die Erstellung von Gütern und Dienstleistungen aufgewendeten Ausgaben gleich dem entgangenen Nutzen ist, der den Bürgern durch die daraus resultierende finanzielle Belastung entsteht. Die Verwirklichung derartiger Regeln setzt das Funktionieren der sozialen Wohlfahrt voraus. Diese ist empirisch jedoch kaum zu ermitteln. Daher ist letztlich die Verfolgung des obersten Ziels "Förderung des Gemeinwohls" für die Entscheidungsträger öffentlicher Verwaltungen außerordentlich schwierig.

Unterhalb dieses obersten formalen Ziels existieren jedoch eine Reihe weiterer wichtiger Ziele. Diese stehen vor allem im Zusammenhang mit der Entstehung der angebotenen Güter und Dienstleistungen. In allen Organisationen gleichermaßen stehen hier Produktivität und Wirtschaftlichkeit - vor allem in bezug auf die Entstehungskosten - im Vordergrund. Die Beachtung dieser Ziele liegt allerdings nicht im alleinigen Ermessen der einzelnen Organisationen. So ist das private Unternehmen diesbezüglich üblicherweise dem Druck des Marktes ausgesetzt. Öffentlichen Verwaltungen wiederum sind entsprechende gesetzliche Verpflichtungen auferlegt.

Bei der Verwertung der erstellten Leistungen ist ein wichtiges Ziel in allen Organisationen eine hohe Wirtschaftlichkeit, hier in bezug auf den erzielten Ertrag oder Nutzen. Diese wird bei Unternehmen in der Regel bei einer Steigerung der abgesetzten Mengen erreicht (z.B. Erhöhung des Umsatzes, Erweiterung des Marktanteils). Bei öffentlichen Verwaltungen kommt dies jedoch nur teilweise in Betracht. Aufgrund des primären Ziels der Stiftung maximaler Wohlfahrt soll eine Befriedigung der Bedürfnisse stets nur in den Grenzen des gesellschaftlichen Bedarfs erfolgen. Die unentgeltliche Abgabe von Gütern und Dienstleistungen macht es häufig erforderlich, daß die Bestimmung der nachgefragten

Menge nicht den Nachfragern überlassen werden kann. Bei der Abgabe gegen Entgelt muß dieses üblicherweise durch den Anbieter festgelegt werden. Im Zusammenhang mit stark begehrten Gütern (z.B. Sozialleistungen und Subventionen) werden meistens Kontingentierungen vorgenommen, weil keine oder nur eine sehr späte Sättigung der Nachfrage zu erwarten ist. Bei wenig begehrten Gütern müssen öffentliche Verwaltungen demgegenüber häufig dafür sorgen, daß diese Güter ihre Empfänger erreichen. Teilweise besteht hier sogar die Möglichkeit eines zwangsweisen Absatzes (z.B. Impfzwang, Genehmigungspflichten). Allerdings wird auch in diesem Fall eine Ausschöpfung des Angebots nur innerhalb der Grenzen des gesellschaftlichen Bedarfs angestrebt.

Außer den Zielen, die sich am Streben nach Wirtschaftlichkeit orientieren, existieren speziell für öffentliche Verwaltungen noch zahlreiche weitere formale Ziele. Beispiele dafür wären etwa die verschiedenen Formen des Strebens nach Sicherheit in finanzieller Hinsicht und in bezug auf die Kontinuität der zu erstellenden Leistungen.

Ferner lassen sich - je nach dem angestrebten Grad an Autonomie - Ziele in bezug auf die künftige Erreichung von Unabhängigkeit bzw. Konzentration etc. feststellen. Im Zusammenhang mit künftigen Entwicklungen lassen sich auch Wachstums-, Stagnations- und Schrumpfungsziele unterscheiden. Diese Arten von Zielen sind in bezug auf öffentliche Verwaltungen und private Unternehmen einander jedoch relativ ähnlich.

An der Bildung von Zielen in Organisationen sind üblicherweise zahlreiche, meist heterogene Interessengruppen beteiligt. Die jeweiligen Ziele sind das Ergebnis von komplexen Prozessen, im Rahmen derer sie gebildet werden. Von besonderer Komplexität ist die Bildung von Zielen öffentlicher Verwaltungen. Entsprechende Einflüsse gehen etwa von der Gesetzgebung, der Regierung, anderen öffentlichen Verwaltungen, dem Management einzelner öffentlicher Verwaltungen und den Vertretern der Beschäftigten aus. Letztlich ist auch der - zumindest mittelbar ausgeübte - Einfluß der Bürger nicht zu unterschätzen. Diese treten in ihren verschiedenen Rollen auf, entweder als Wähler, Mitglieder von Verbänden, Abnehmer von Gütern, Lieferanten oder Fremdkapitalgeber.

Die wesentliche Rolle bei der Bildung von Zielen öffentlicher Verwaltungen spielen jedoch Gesetzgebung, Regierung, das Management einzelner öffentlicher Verwaltungen und die Vertreter der Beschäftigten. An sich ist das System der diesbezüglichen Entscheidungsfindung so ausgerichtet, daß die Willensbildung hauptsächlich den von der Verfassung vorgesehenen Organen vorbehalten bleibt. Dies würde bedeuten, daß etwa den Vertretern der Beschäftigten nur relativ wenig Bedeutung bei der Mitwirkung im Rahmen der Bildung von Zielen zukommt. In der Praxis öffentlicher Verwaltungen hat sich jedoch der Einfluß gerade dieser Gruppe zunehmend verstärkt.

Die Bürger können jedenfalls kaum zur Kerngruppe bei der Bildung von Zielen gerechnet werden. Während bei Unternehmen einzelne Lieferanten, Abnehmer oder Gläubiger oft einen großen Einfluß auf die Bildung von Zielen ausüben können, ist dies bei öffentlichen Verwaltungen nicht der Fall. Dies liegt darin begründet, daß die Stellung der öffentlichen Verwaltungen außerordentlich stark ist. Jede einzelne Organisation ist letztlich nur eine von vielen Lieferanten, Kapitalgebern oder Abnehmern von Gütern. Die Leistungen öffentlicher Verwaltungen werden zudem meist ohne Entgelt überlassen. Der Einfluß der Bürger auf die Bildung von Zielen geht vor allem von ihrer Mitwirkung bei Wahlen und Gruppenverhandlungen aus. Aufgrund des Umstandes, daß derartige politische Mechanismen der Steuerung nur sehr ungenau wirken, verbleibt den Kerngruppen im Rahmen der Bildung von Zielen ein erheblicher Spielraum.

7.2.2. Steuerung öffentlicher und privater Organisationen

Im Rahmen einer Marktwirtschaft werden Unternehmen von den marktwirtschaftlichen Mechanismen gesteuert. Dies erfolgt bei dezentraler Planung durch die Lenkung der wirtschaftlichen Prozesse über Märkte (Rieger 1991, 382 f.). Diese werden über den Preis-Mechanismus koordiniert. Die staatlichen Aufgaben beschränken sich dabei auf die Festlegung der Rahmenbedingungen, innerhalb derer die Koordination des Wettbewerbs wirkungsvoll erfolgen kann. Ferner werden seitens des Staates verschiedene öffentliche Güter bereitgestellt. Dies sind solche Güter, deren Bereitstellung - etwa durch Unternehmen - unter marktwirtschaftlichen Bedingungen nicht rentabel wären. Der Markt sorgt somit im Rahmen einer Art koordinierenden Funktion für die Abstimmung der Pläne der verschiedenen Wirtschaftssubjekte. Im Rahmen dessen sollen die einzusetzenden Güter zu den jeweils ergiebigsten Stellen gelenkt werden (Allokationsfunktion). Darüber hinaus zeigt der Markt auch deutlich die gesamtwirtschaftliche Knappheit von Gütern, wenn dies der Fall ist (Signalfunktion).

Öffentliche Verwaltungen geben ihre Güter üblicherweise ohne Entgelt ab. Daher ist eine Steuerung mit Hilfe der Mechanismen Markt und Preis zum Teil grundsätzlich nicht möglich, zum Teil allerdings auch nicht gewollt. Grundsätzlich nicht möglich ist diese Art der Steuerung bei allen gemeinwirtschaftlichen Gütern (z.B. innere und äußere Sicherheit, Straßen), weil Märkte hier versagen. Dieses Versagen des Marktes hängt zum einen mit der nicht vorhandenen Möglichkeit zusammen, (potentielle) Empfänger derartiger Güter vom Empfang der entsprechenden Leistung auszuschließen. Zum anderen steht das Versagen des Marktes auch mit der Unteilbarkeit dieser Güter im Zusammenhang. Nicht gewollt ist die Steuerung über Märkte bei allen Gütern, bei denen die marktmäßige Versorgung zu unbefriedigenden Ergebnissen führt.

Anstelle von Märkten kommen bei öffentlichen Verwaltungen politische Mechanismen der Steuerung zur Anwendung. Im Zusammenhang damit sind vor allem Wahlen und Gruppenverhandlungen relevant. Bei politischen Wahlen stehen einander Politiker bzw. Parteien und die stimmberechtigten Wähler gegenüber. Bei Gruppenverhandlungen treten als Akteure öffentliche Verwaltungen und verschiedene Verbände bzw. Interessenvertretungen auf. Im Zusammenhang damit ist besonders die Bezeichnung "Lobbyismus" bekannt.

Wahlen und Gruppenverhandlungen sind letztlich weit unvollkommenere Steuerungsmechanismen als Märkte. So können bei Wahlen die Wähler ihre Wünsche - etwa hinsichtlich der Art und Menge bestimmter Güter - nur sehr vage zum Ausdruck bringen. Zudem erfolgt dies nur in großen zeitlichen Abständen. Umgekehrt werden dadurch aber auch die öffentlichen Anbieter der Güter und Dienstleistungen nur sehr unzureichend über die wirklichen Wünsche der Wähler informiert. So wird den Anbietern etwa nicht bekannt, welche Leistungen der einzelne Wähler wirklich will, wem die Güter zugute kommen und in welchem Ausmaß die einzelnen Empfänger die Güter und Dienstleistungen konsumieren. Letztlich beruht die Unvollkommenheit der Steuerung durch politische Wahlen vor allem auf einer Unvollkommenheit der übermittelten Information. Unvollkommenheit bei der Steuerung durch Gruppenverhandlungen hat demgegenüber andere Gründe. Gruppenverhandlungen führen nämlich nur dann zu Ergebnissen, die im Interesse der gesamten Gesellschaft liegen, wenn bei Entscheidungen auch wirklich jedes relevante Anliegen zum Ausdruck kommt. Allerdings sind die verschiedenen Interessengruppen sehr unterschiedlich organisiert und auch in unterschiedlicher Weise fähig, Konflikte auszutragen. Dadurch besteht die Gefahr, daß es nicht zu einem Ausgleich der Interessen, sondern möglicherweise zu einer einseitigen Bevorzugung bestimmter Gruppen kommt. Öffentliche Verwaltungen können insgesamt auch nur sehr bedingt den Vorschlägen der verschiedenen Interessengruppen folgen.

7.3. "Differentia specifica": Probleme operativen Managements

7.3.1. Operatives Management in öffentlichen und privaten Organisationen

Der dargestellte Überblick zu wichtigen Problemen des strategischen Managements zeigt, daß zwischen öffentlichen Verwaltungen und privaten Unternehmen teilweise erhebliche Unterschiede bestehen (Strunz 1990a, 179 ff.). Darüber hinaus lassen sich auch Unterschiede in bezug auf das operative Management ermitteln. Zu diesem Zweck erscheint es sinnvoll, eine inhaltliche Analyse der einzelnen Führungsfunktionen vorzunehmen (vgl. auch Abschnitt 6.2.). Diese - auf hypothetischer Basis beruhende - Analyse möglicher Unterschiede beim Management öffentlicher Verwaltungen und privater Unternehmen ist in Übersicht 11 zusammengefaßt.

Dabei wird von der Annahme ausgegangen, daß innerhalb jeder der betrachteten Organisationsformen Einheiten unterschiedlicher Größe existieren, was sich auch auf die vorzunehmende Betrachtung auswirkt. Bei der Gegenüberstellung wird, um diesem Aspekt zu entsprechen, zur Beurteilung der Ausprägung der jeweiligen Kriterien eine Bandbreite gewählt. Deren linker Teil weist eher auf kleinere organisatorische Einheiten hin, die rechte Seite weist eher Merkmale komplexerer Organisationen auf. Das heißt, daß der linke Rand einer solchen Bandbreite eher die managementspezifische Situation in einer kleineren organisatorischen Einheit, nach rechts verlaufend mehr die Situation in organisatorischen Einheiten zunehmender Größe kennzeichnet.

Überschneiden sich die schraffierten Flächen öffentlicher Verwaltungen (Schraffur von links oben nach rechts unten) und privater Unternehmen (Schraffur von links unten nach rechts oben), entstehen doppelt schraffierte Flächen. In diesem Bereich sind der Einschätzung gemäß keine managementspezifischen Unterschiede zwischen den vergliche-

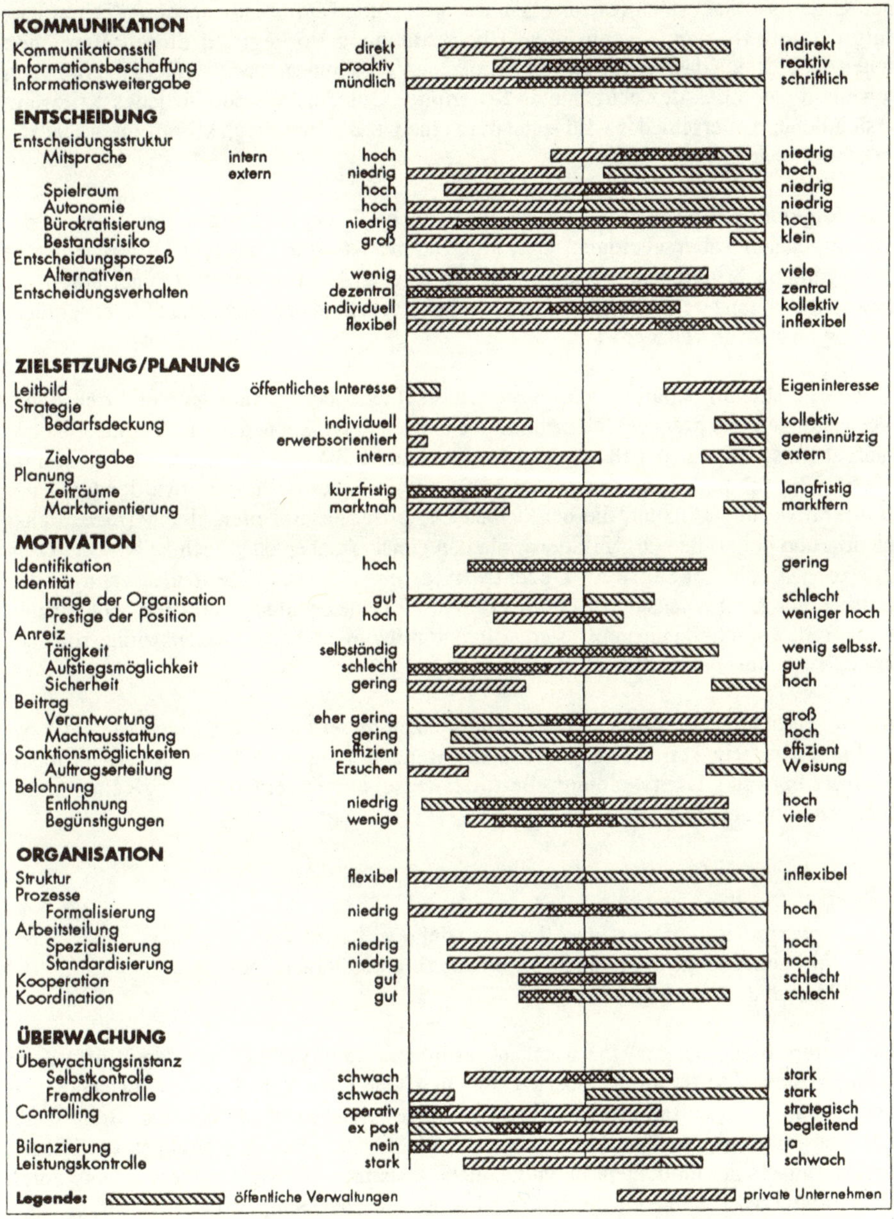

Übersicht 11: "Differentia specifica" - Hypothetische Unterschiede beim Management öffentlicher Verwaltungen und privater Unternehmen (Strunz 1990a, 180)

nen Organisationsformen festzustellen. Zur gesuchten "Differentia specifica" kommt es folglich jeweils dann, wenn keine Überschneidung vorliegt. In diesen Bereichen unterscheidet sich das Management öffentlicher Verwaltungen und privater Unternehmen jeweils hinsichtlich des betrachteten Kriteriums. Das Ausmaß des für jedes Kriterium ersichtlichen Unterschiedes wird somit durch die Größe der einfach schraffierten Flächen gekennzeichnet.

Die folgende Interpretation des Schaubildes berücksichtigt - auf der Basis einer idealtypischen Unterscheidung - nur signifikante Kongruenzen und Differenzen des Managements öffentlicher Verwaltungen und privater Unternehmen. Weniger prägnante bzw. unbedeutendere Unterschiede und Ähnlichkeiten sind aus dem Schaubild ersichtlich, werden aber nicht weiter erörtert.

Gliedert man zur Analyse möglicher Unterschiede beim Management öffentlicher Verwaltungen und privater Unternehmen die einzelnen Funktionen in ihre Teilinhalte bzw. -aufgaben, so zeigt sich, daß es in einigen Bereichen zu wirklichen Ähnlichkeiten kommt (siehe Überschneidungen in der Graphik). Als Beispiel dafür sei etwa der Grad der Bürokratisierung genannt, die bei kleinen Organisationseinheiten gleichermaßen eher niedrig und bei großen Organisationseinheiten gleichermaßen eher hoch zu bewerten sein dürfte. Auch bezüglich Dezentralisierung versus Zentralisierung des Entscheidungsverhaltens dürfte ein eher dezentrales Entscheidungsverhalten bei kleineren Organisationseinheiten gegeben sein, während mit zunehmender Organisationsgröße der Zentralisierungsgrad tendenziell steigt.

Im Gegensatz zu den festgestellten Kongruenzen differieren die übrigen Inhalte bzw. Aufgaben relativ stark. Die größten Differenzen zeigen sich bei den Funktionen Zielsetzung und Überwachung. Beispielsweise stehen einander im Rahmen der Zielsetzung gegenüber:

- Öffentliches Interesse vs. Eigeninteresse
- Individuelle vs. kollektive Bedarfsdeckung
- Erwerbsorientiertes vs. am Allgemeinwohl orientiertes Verhalten
- Weitgehend eigenbestimmte vs. fremdbestimmte Zielvorgabe
- Marktnähe vs. Marktferne.

Die Unterschiede bei der Überwachung resultieren hauptsächlich aus deren differenter grundsätzlichen Ausrichtung. Überwachung in öffentlichen Verwaltungen etwa geht weit über - in allen Organisationen gleichermaßen angewendete - standardmäßige Grundsätze, z.B. der ordnungsgemäßen Buchführung, hinaus. Öffentliche Verwaltungen unterliegen darüber hinaus der indirekten (durch staatliche Instanzen vollzogen) Überwachung durch die Öffentlichkeit, in deren Interesse sie handeln sollen. Demgegenüber ist ein privates Unternehmen unter gewissen Voraussetzungen zwar zur Veröffentlichung seines Rechnungsabschlusses verpflichtet. Dieser ist aufgrund gesetzlicher Vorschriften und bestimmter Grundsätze zu erstellen und zu prüfen. Darüber hinaus ist allerdings keine Kontrolle, z.B. durch die Öffentlichkeit, institutionalisiert.

Das Instrumentarium des Controllings dürfte hingegen im Gegensatz zu privaten Unternehmen, wo eine weitere Verbreitung allmählich doch Platz greift, in der öffentlichen Verwaltung - insbesondere in strategischer Hinsicht - eher selten angewendet werden. Die interne Leistungskontrolle der Mitarbeiter scheint in privaten Unternehmen größer zu sein als in der öffentlichen Verwaltung. Diese Feststellung dürfte sich allerdings mit zunehmender Unternehmensgröße relativieren. In öffentlichen Verwaltungen ist Leistungskontrolle jedenfalls zwar grundsätzlich möglich, was aber die Sanktionierung allfälliger Minderleistungen anbelangt - z.B. gesetzlich geregeltes Entlohnungsschema, Pragmatisierung etc. -, nur bedingt wirkungsvoll.

Relativ große Differenzen dürften auch im Bereich Entscheidung gegeben sein, etwa hinsichtlich der Möglichkeit externer Mitsprache bei der Entscheidungsfindung. So ist eine externe Mitsprache bei der Entscheidungsfindung eines privaten Unternehmens - abgesehen von gesetzlichen Auflagen etc. - idealtypisch nicht vorgesehen. In öffentlichen Verwaltungen ist diese durch die Gesetzgebung nicht nur institutionalisiert, sondern wird darüber hinaus in vielfältiger Hinsicht auch praktiziert. Der Entscheidungsspielraum bzw. die Autonomie der Entscheidung ist beim privaten Unternehmen als relativ hoch einzuschätzen. Öffentliche Verwaltungen sind bei der Entscheidungsfindung demgegenüber überwiegend an rechtliche Regelungen gebunden. Dies bedeutet auch, daß im Falle öffentlicher Verwaltungen die Anzahl alternativer Entscheidungsmöglichkeiten häufig gering ist und infolgedessen auch das Entscheidungsverhalten entsprechend inflexibel ist.

Innerhalb der Funktion Organisation dürften die größten Unterschiede in der Flexibilität bzw. Inflexibilität bei der Gestaltung der Aufbauorganisation liegen, zudem in einer im privaten Unternehmen eher geringeren gegenüber eher hohen Formalisierung der Prozesse in der öffentlichen Verwaltung. Ferner scheint eine eher niedrige (private Unternehmen) gegenüber einer eher hohen Standardisierung von Arbeitsabläufen (öffentliche Verwaltungen) gegeben.

Im Bereich der Motivation sind anzahlmäßig zwar weniger, jedoch inhaltlich bedeutende Unterschiede festzustellen. So ist das Image der öffentlichen Verwaltung als eher schlecht zu beurteilen, während jenes des privaten Unternehmens als doch eher positiv besetzt gilt. Bezüglich der Sicherheit von Arbeitsplatz und Einkommen ist der Anreiz in der öffentlichen Verwaltung sicherlich hoch. Dem stehen allerdings überwiegend höheres Einkommen, Flexibilität und dadurch gegebene bessere Möglichkeiten beruflicher Entwicklung in privaten Unternehmen gegenüber. Die Verantwortung im Sinne möglicher persönlicher Konsequenzen (vgl. Sicherheit, Arbeitsplatz, Einkommen) bei nicht hinreichender Erfüllung einer übertragenen Aufgabe ist im privaten Unternehmen sicherlich höher einzuschätzen als in öffentlichen Verwaltungen. Hier stellt sich die Art der Verantwortung in gewissermaßen erweiterter Form dar. Zur rein inhaltlichen und aufgabenbezogenen Komponente treten moralische Aufgabe und gesellschaftliche Ziele der öffentlichen Verwaltung hinzu.

Bei Betrachtung des Schemas lassen sich die gesuchten Verschiedenartigkeiten beim Management öffentlicher Verwaltungen und privater Unternehmen ebenso wie durchaus gegebene Kongruenzen deutlich erkennen. Der Vergleich stützt sich allerdings nicht auf empirische Daten, auch auf eine exakte Erforschung der Unterschiede kann nicht zugegriffen werden. Dennoch scheint die Hypothese der Existenz einer "Differentia specifica" eine tiefergehende Beschäftigung mit dieser Thematik durchaus zu rechtfertigen.

7.3.2. Güter und Dienstleistungen

Die von Organisationen angebotenen Güter und Dienstleistungen können nach verschiedenen Kriterien unterschieden werden (Rieger 1983, 127 ff.). So sind etwa Hauptprodukte und Nebenprodukte zu unterscheiden. Als Hauptprodukte sind dabei jene Güter und Dienstleistungen zu verstehen, deren Produktion als Schwerpunkt der Tätigkeit eines Betriebes zu betrachten ist. Demgemäß wären alle anderen im Rahmen der betrieblichen Tätigkeit entstandenen Güter und Dienstleistungen als Nebenprodukte aufzufassen.

Eine weitere Unterscheidung differenziert in Einzelgüter und Gemeinschaftsgüter. Einzelgüter oder Individualgüter befriedigen individuelle Bedürfnisse. Gemeinschaftsgüter oder Kollektivgüter befriedigen die Bedürfnisse der Gemeinschaft. Bedürfnisse von Gemeinschaften werden zwar ebenfalls von Individuen empfunden und nicht von der Gemeinschaft als Ganzes, tatsächlich dienen die für die Gemeinschaft erbrachten Leistungen aber der Befriedigung der Bedürfnisse von Personenmehrheiten. Ferner lassen sich auch noch Mischgüter unterscheiden, die dadurch gekennzeichnet sind, daß sie gleichzeitig individuelle und kollektive Bedürfnisse befriedigen. Als Merkmale zur Unterscheidung von Einzelgütern und Gemeinschaftsgütern dienen üblicherweise die Möglichkeit des Ausschlusses vom Bezug sowie die Zurechenbarkeit des Nutzens. Die Möglichkeit des Ausschlusses vom Bezug meint, das für eine Leistung (z.B. Sachen, Rechte oder Geld) einem Individuum ein ausschließliches Recht zum Besitz (z.B. bei Gütern) oder zur Nutzung (z.B. bei Dienstleistungen) eingeräumt wird. Derartige exklusiv eingeräumte Rechte existieren bei kollektiven Gütern nicht.

Hinsichtlich der Zurechenbarkeit des Nutzens ist es wesentlich, ob der Nutzen aus der Verwendung eines Gutes oder einer Dienstleistung einem einzigen Individuum zugute kommt oder nicht. Bei Einzelgütern kommt der Nutzen jeweils einer Person zugute, wobei dieser Nutzen allerdings auch auf andere Personen übertragen werden kann. Der Nutzen von Gemeinschaftsgütern ist demgegenüber nicht in dieser Form zurechenbar. Im Falle eines kollektiven Gutes kommt dessen Nutzen jeweils der Gemeinschaft zugute.

Bei der Nutzung von Gemeinschaftsgütern treten allerdings häufig Beeinträchtigungen des Nutzens auf. Diese ergeben sich üblicherweise aus der Art ihrer Bereitstellung wie auch aus den persönlichen Voraussetzungen der Nachfrage. So kann der Genuß eines kollektiven Gutes etwa an einen bestimmten Standort gebunden sein. Beispielsweise ist zur Nutzung bestimmter Verkehrseinrichtungen (z.B. Autobahnen) die Entfernung des Wohnortes des Benutzers von der jeweiligen Einrichtung maßgeblich. Auch hinsichtlich der persönlichen Voraussetzungen ist es z.B. entscheidend, ob jemand ein Kraftfahrzeug besitzt oder nicht, um damit das kollektive Gut Autobahn nützen zu können oder nicht. Bei individuellen Gütern wiederum kann es sein, daß diese nicht nur einen individuellen Nutzen stiften, sondern gleichzeitig der Befriedigung eines Bedürfnisses der Gemeinschaft dienen. In diesem Fall läßt sich der Nutzen des individuellen Gutes in einen individuellen und einen kollektiven Anteil teilen. Die erstellten Güter und Dienstleistungen von Unternehmen sind zum überwiegenden Teil individuelle Güter. Dies ist auch der Grund dafür, daß Unternehmen ihre Leistungen letztlich nur gegen Entgelt absetzen, da sich für einen entgeltlichen Absatz von Leistungen ausschließlich individuelle Güter und Dienstleistungen eignen. Kollektive Güter und Dienstleistungen kommen im Zusammenhang mit Unternehmen eigentlich nur als Nebenleistungen vor. Nennenswert sind dabei allerdings (leider) nur negative Erscheinungsformen. Beispiele dafür wären etwa Belastungen der natürlichen Umwelt, die durch die Tätigkeit von Unternehmen entstehen.

Die Hauptleistungen von Unternehmen können Sachen sowie konkrete oder abstrakte Dienste sein. Als "Sachen" sind etwa die Produkte von Landwirtschaft und industrieller Produktion zu verstehen. "Konkrete Dienste" sind beispielsweise die Leistungen von Elektrizitätsversorgungs- und Beförderungsunternehmen, aber auch jene von Beratungsunternehmen. Unter "abstrakte Dienste" sind insbesondere die Leistungen von Banken und Versicherungen zu subsumieren.

Als Nebenleistungen kommen bei Unternehmen alle oben unterschiedenen Güter und Dienstleistungen vor. So beispielsweise - ohne eine detaillierte Gliederung vorzunehmen - Werbung, Beteiligungen, Kundenforderungen und Geldleistungen etwa in Form von Spenden.

Öffentliche Verwaltungen erbringen als hauptsächliche Leistungen vor allem Gemeinschaftsgüter, zum Teil aber auch individuelle Güter. Die von öffentlichen Verwaltungen erbrachten und zur Verfügung gestellten Leistungen werden üblicherweise abgegrenzt von versteckten Leistungen des Staates (z.B. indirekte Subventionen, die durch Einbußen des Staates bei Einnahmen entstehen) sowie den mit der Abgabe von Leistungen verbundenen wirtschaftspolitischen Wirkungen (z.B. Vollbeschäftigung, Wachstum). Die hauptsächlichen Leistungen öffentlicher Verwaltungen sind konkrete Dienste und Geld. Die konkreten Dienste stellen sich sehr vielfältig dar und können unterschieden werden in:

- Konkrete Gewährleistungen
- Bereitstellung von Nutzung an Sachen
- Persönliche Dienste
- Nachrichten (besonders jene, die für den Empfänger eine bindende Wirkung haben).

Als konkrete Gewährleistungen können jene Dienste bezeichnet werden, die darauf ausgerichtet sind, bestehende oder erwünschte gesamtgesellschaftliche Zustände zu gewährleisten (z.B. äußere und innere Sicherheit). Diese klassischen kollektiven Güter zielen auf die Beseitigung und Vermeidung von Beeinträchtigungen beim Nutzen aus materiellen oder immateriellen Gütern ab. Insbesondere wird dabei auf immaterielle Güter, wie z.B. Sicherheit und Freiheit, abgezielt.

Ein wesentlicher Teil der Tätigkeit öffentlicher Verwaltungen besteht in der Bereitstellung von Nutzung an Sachen. Diese stehen den Empfängern im wesentlichen zur freien Verfügung (z.B. Straßen, Parks, Museen).
Persönliche Dienste werden von öffentlichen Verwaltungen hauptsächlich im Zusammenhang mit Gesundheitswesen und Ausbildung erbracht.

Nachrichten stellen ebenfalls einen wesentlichen Teil der Tätigkeit öffentlicher Verwaltungen dar. Insbesondere sind sie von Bedeutung, wenn sie in der Form von bindenden Nachrichten übermittelt werden. Nachrichten mit bindender Wirkung gehen von unterschiedlichen Ebenen der öffentlichen Verwaltung aus, so etwa in Form von Gesetzen, Verordnungen, Bescheiden und Urteilen. Häufig stehen Nachrichten mit bindender Wirkung im Zusammenhang mit der Ausübung der staatlichen Kontrollfunktion. Bezogen auf ihren Inhalt können derartige Nachrichten etwa in Form von Begünstigungen (z.B. Erteilung von Genehmigungen) oder Belastungen (z.B. Untersagung bestimmter Handlungen) übermittelt werden.

Als wesentliche Leistung öffentlicher Verwaltungen über die konkreten Dienste hinaus spielt Geld im Rahmen von Transferleistungen (vgl. Umverteilung) eine große Rolle. Beispiele dafür sind Ausgleichszahlungen, Beihilfen, Zuschüsse etc. Sind die Empfänger beispielsweise private Haushalte, spricht man üblicherweise von sozialen Leistungen. Sind es private oder öffentliche Unternehmen, werden derartige Zuwendungen als Subventionen bezeichnet. Sozialleistungen werden normalerweise ohne Auflagen hinsichtlich ihrer Verwendung vergeben. Subventionen verpflichten demgegenüber ihre Empfänger häufig zu bestimmten Handlungen (z.B. Investitionen).

Als Nebenleistungen sind auch im Rahmen öffentlicher Verwaltungen alle genannten Arten von Leistungen festzustellen. Von besonderer Bedeutung sind allerdings abstrakte Dienste. Diese treten insbesondere in Form von Darlehen, abstrakten Gewährleistungen und Beteiligungen auf. Abstrakte Gewährleistungen existieren in sehr unterschiedlicher Form, etwa als Bürgschaft, Schuldübernahme oder Risikoversicherung. Ähnlich wie bei Diensten in Form von Darlehen sind auch im Zusammenhang mit dieser Art von Gewährleistungen häufig Finanzinstitutionen wie etwa Banken zwischengeschaltet. Die finanzielle Hilfe oder übernommene Haftung wird allerdings vom Staat übernommen.

7.3.3. Kameralistik und Doppik

Wie bereits in Abschnitt 6. 4. 1. gezeigt, unterscheiden sich das kaufmännische und das öffentliche Rechnungswesen grundlegend (Becker 1989, 680 ff.). Dies sowohl in Hinblick auf die jeweiligen Ziele als auch bezüglich der Systematik. Übersicht 12 zeigt einen Vergleich zwischen öffentlichem Rechnungswesen (Kameralistik) und kaufmännischem Rechnungswesen (Doppik) anhand wesentlicher Merkmale.

MERKMALE	ÖFFENTLICHES RECHNUNGSWESEN (KAMERALISTIK)	KAUFMÄNNISCHES RECHNUNGSWESEN (DOPPIK)
Darstellung	Nachweis der Einhaltung eines vorgegebenen Budgets	Nachweis eines kfm. Erfolgs, d.h.: - Erbringung bestimmter Leistungen - Erreichung finanzieller Ziele
Steuerung	Allokation, Distribution, Stabilisation (gesamtwirtschaftlich)	Rentabilität, Wirtschaftlichkeit (einzelwirtschaftlich)
Datenkategorien	(nur) Einnahmen und Ausgaben, Nachweis von Vermögen und Schulden	alle Arten von Daten: Einnahmen, Ausgaben; Erträge, Aufwände; Leistungen, Kosten; Einzahlungen, Auszahlungen; Trennung von Erfolg und Vermögen
Kontenstruktur	einseitige Konten (Einnahmen oder Ausgaben), mehrspaltige Konten (Soll, Ist, Rest)	zweiseitige Konten (Soll und Haben), einspaltige Konten (nur Ist-Größen)
Konsolidierung	Haushaltsabschluß, Vergleich mit Haushaltsplan	Bilanz, Gewinn- und Verlustrechnung
Rechnungsperioden	isolierte Perioden	Kontinuität über einzelne Perioden hinaus (z.B. Fortschreibung des Vermögens, Rechnungsabgrenzungen, Rückstellungen)

Übersicht 12: Vergleich zwischen öffentlichem und kaufmännischem Rechnungswesen (in Anlehnung an Eichhorn 1987a, 57 und Reichard 1987, 298)

In der Folge wird auf die Besonderheiten des öffentlichen Rechnungswesens (Kameralistik) überblicksartig eingegangen. Der Grund dafür ist nicht zuletzt, daß das System des öffentlichen Rechnungswesens einer weit geringeren Öffentlichkeit bekannt ist als jenes des kaufmännischen Rechnungswesens.

Öffentliche Verwaltungen unterscheiden sich von erwerbswirtschaftlich orientierten Unternehmen vor allem durch ihr primäres Ziel, der Erstellung kollektiver Leistungen; zusätzlich auch durch die Art ihrer Finanzierung, die aus den Einnahmen des Staates erfolgt. Daraus ergibt sich ein weiteres Spezifikum, nämlich die Bindung öffentlicher Verwaltungen an die Pläne, die für den gesamten öffentlichen Haushalt erstellt werden.

Die sich daraus ergebenden Ziele des öffentlichen Rechnungswesens sind somit haushaltswirtschaftlicher, gesamtwirtschaftlicher und betriebswirtschaftlicher Natur.

Im Rahmen der haushaltswirtschaftlichen Ziele des öffentlichen Rechnungswesens steht vor allem - wie auch beim kaufmännischen Rechnungswesen - die Rechenschaftslegung im Vordergrund. Diese dient der Information der Entscheidungsgremien, Aufsichts- und Prüfungsbehörden sowie der Bürger. In diesem Zusammenhang ist vor allem die Kontrolle öffentlicher Verwaltungen wesentlich. Sie bezieht sich etwa auf die Kontrolle der Liquidität, hauptsächlich aber auf die Einhaltung des Haushaltsplans. Als operative hauswirtschaftliche Ziele stehen die Ermittlung des Haushaltsergebnisses (Überschuß oder Fehlbetrag) sowie die Darstellung des Vermögens und der Schulden im Vordergrund.

Die gesamtwirtschaftlichen Rechnungsziele ergeben sich aus dem Umstand, daß bei der Erstellung der Haushaltspläne die Erfordernisse des gesamtwirtschaftlichen Gleichgewichts beachtet werden. Daher ist es von Interesse, die Effekte der Aktivität öffentlicher Verwaltungen auf die Volkswirtschaft darzustellen. Entsprechende Daten sind für Entscheidungen im Rahmen der Finanzpolitik oder Wirtschaftspolitik ebenso bedeutend wie für Zwecke der Dokumentation etwa im Rahmen der volkswirtschaftlichen Gesamtrechnung.

Betriebswirtschaftliche Ziele des öffentlichen Rechnungswesens ergeben sich vor allem aus den Grundsätzen der Wirtschaftlichkeit und Sparsamkeit, denen öffentliche Verwaltungen ebenso unterliegen wie alle anderen Arten von Organisationen.

Das öffentliche Rechnungswesen beruht auf der Gegenüberstellung von Einnahmen und Ausgaben. Darüber hinaus ist auch der Nachweis des Vermögens und der Schulden relevant. Wesentliches Ziel des öffentlichen Rechnungswesens ist der Nachweis der Einhaltung des im Rahmen des Haushaltsplans vorgegebenen Budgets (für die jeweilige organisatorische Einheit). Im öffentlichen Rechnungswesen ist die Ermittlung der Ergebnisse aus folgenden Bereichen von besonderem Interesse:

- Kassa/Liquidität; dabei sollen alle Geldbewegungen, der Geldbestand und die Entwicklung der Zahlungsfähigkeit nachgewiesen werden. Anhand der Kassabücher wird ein kassenmäßiger Abschluß erstellt. Als Ergebnis wird der Unterschied zwischen Ist-Einnahmen und Ist-Ausgaben einer Periode ermittelt.

- Dokumentation aller Transaktionen und Ermittlung eines Ergebnisses (Haushaltsabschluß); für jede organisatorische Einheit wird der realisierte Umfang der Leistungen nachgewiesen. Dabei ist das jeweilige Haushaltsergebnis, besonders in Hinblick auf die Einhaltung des Haushaltsplans, von Interesse.

- Vergleich zwischen Haushaltsergebnis und Haushaltsplan; im Rahmen eines Vergleichs wird nachgewiesen, ob sich die erhaltenen und geleisteten Zahlungen im Rahmen der Vorgaben des Haushaltsplans gehalten haben bzw. diesbezügliche Überschreitungen entstanden sind.

- Vermögen/Schulden; im Rahmen einer Vermögensrechnung wird schließlich der Stand und die Entwicklung des Vermögens und der Schulden nachgewiesen. Dabei erfolgt die Darstellung des Vermögens nach Gruppen und jene der Schulden nach Gläubigern und Fälligkeiten.

Betrachtet man die - aus den obigen Ausführungen bereits deutlich erkennbaren - Grenzen des öffentlichen Rechnungswesens, verwundert es wenig, daß vielfach die Auffassung vertreten wird, daß die Instrumente des kaufmännisches Rechnungswesens wesentlich leistungsfähiger sind. Daraus ergibt sich die häufig zu beobachtende Forderung, das kaufmännische Rechnungswesen - mehr oder weniger modifiziert - auch auf öffentliche Verwaltungen zu übertragen. Allerdings werden dabei häufig die besonderen Anforderungen übersehen, denen ein öffentliches Rechnungswesen ausgesetzt ist. Im Rahmen dessen stellen sich als Alternativen die Weiterentwicklung des gegenwärtigen Rechnungswesens oder dessen Neuorientierung am kaufmännischen Rechnungswesen, indem dieses an den besonderen Bedürfnissen öffentlicher Verwaltungen modifiziert wird.

Aufgrund der - bereits erwähnten - Besonderheiten der Aufgaben öffentlicher Verwaltungen scheint die Variante der Weiterentwicklung des bestehenden öffentlichen Rechnungswesens allerdings realistischer. Von besonderem Interesse sind in diesem Zusammenhang die Integration von zwei bisher weitgehend nicht berücksichtigten Aspekten. Zum einen ist es notwendig, betriebswirtschaftliche Elemente einzubeziehen, zum anderen sind Möglichkeiten zur Messung nicht quantitativer Erscheinungen anzustreben.

Die Integration betriebswirtschaftlicher Elemente in das gegenwärtige öffentliche Rechnungswesen würde helfen, die ökonomische Steuerung des Leistungsprozesses zu verbessern. Bisher existiert lediglich eine - diesbezüglich nicht effiziente - Erfassung der Zahlungsströme (vgl. Einnahmen und Ausgaben). Dabei wäre die Berücksichtigung betriebswirtschaftlicher Elemente nicht allzu kompliziert. Beispielsweise wäre die periodengerechte und kostenorientierte Erfassung (Abgrenzung) der Einnahmen und Ausgaben ein erster konkreter Schritt in diese Richtung. Dadurch wäre es möglich, perioden- und erfolgsbezogene Aussagen zu treffen. Letztlich würde die Einbeziehung betriebswirtschaftlicher Elemente in das öffentliche Rechnungswesen sinnvolle Informationen über das Handeln öffentlicher Verwaltungen geben. Effektivität und Effizienz der Erfüllung öffentlicher Aufgaben könnten dadurch auch wesentlich besser beurteilt werden.

Die Charakteristika gemeinwirtschaftlicher Aufgaben finden ihren Niederschlag im Rechnungswesen in nur schwieriger Operationalisierbarkeit. Der Saldo finanzieller Transaktionen kann allerdings keine befriedigende Information über die von öffentlichen Verwaltungen zu erbringenden bzw. erbrachten Leistungen sein. Darüber hinaus sind

Möglichkeiten zur Erfassung nicht quantitativer Erscheinungen notwendig. Dies könnte etwa durch die Einbeziehung von nicht-monetären Größen in das öffentliche Rechnungswesen, etwa in Form von Indikatoren, erfolgen. Derartige Indikatoren (Schauer 1988, 59 ff.) ermöglichen - innerhalb gewisser Grenzen - die Berücksichtigung gesellschaftsbezogener Elemente (vgl. soziale Kosten und Nutzen). Davon ausgehend wären geeignete Kennzahlensysteme für den öffentlichen Bereich zu entwickeln. Diese könnten zusammen mit einem modernen, betriebswirtschaftlich orientierten öffentlichen Rechnungswesen ein durchaus adäquates Informations- und Steuerungssystem für öffentliche Verwaltungen darstellen.

8. Herausforderungen an moderne Verwaltung

8.1. Fall 1: "Makro-Management" - Strukturierung der Bedingungen für Organisationen

8.1.1. Organisationen als Teil des "Systems"

Organisationen sind letztlich als Ausprägung des umfassenderen Begriffs "Institution" zu verstehen. Institutionen sind dabei einerseits aufzufassen als Elemente des Kontextes, in dem Organisationen agieren (vgl. formelles und informelles Umfeld von Organisationen bzw. Rahmenbedingungen von Organisationen). In dieser Eigenschaft beeinflussen sie deren inneren und äußeren Wirkungsgrad unmittelbar. Andererseits werden auch Organisationen selbst als Institutionen betrachtet (Strunz 1991, 26 ff.). Plakativ darstellbar ist der Begriff Institution etwa, wenn man ein marktwirtschaftliches System betrachtet. Darin zeigen sich Institutionen sowohl in Form klar definierter ökonomischer Rahmenbedingungen (z.B. Wirtschaftsgesetze, staatliche Maßnahmen, Marktmechanismen) als auch in Form von Organisationen, die als Wirtschaftssubjekte auftreten. Ein derartiges System von Institutionen unterliegt verständlicherweise laufend starken Wandlungen.

Diese Tendenz zur Wandlung bzw. Entwicklung läßt sich - in theoretischer, jedoch praktisch relevanter Form - anhand der neueren Systemtheorie nachvollziehen (Luhmann 1985, 1988). Diese ermöglicht die Analyse von Veränderungen in einem theoretischen Raster. Diese Art der Betrachtung kann auch für Institutionen, sofern man sie als System bzw. Teil eines Systems betrachtet, herangezogen werden. Die systemorientierte Sichtweise hilft dabei, von äußerst unterschiedlichen Voraussetzungen - etwa der jeweiligen Spezifika in einzelnen Ländern - auszugehen. Ein wesentlicher Vorteil der neueren Systemtheorie ist es, daß sie von kontingenten Strukturen ausgeht. Dadurch wird die Berücksichtigung spezifischer Verhältnisse bzw. Aspekte möglich.

Komplexe Systeme bestehen aus kontingenten Strukturen, weshalb ihr dauerhafter Fortbestand nicht gewährleistet ist. Anders ausgedrückt heißt dies, daß komplexe Systeme keine statische Existenz haben, sondern einer dynamischen Entwicklung ausgesetzt sind. Um ihren Fortbestand allerdings abzusichern, reproduzieren sich Systeme in permanenter Abfolge selbst. Die Bezugsgröße dafür ist die - einem ständigen Wandel unterliegende - Differenz zwischen einem System und seinem jeweiligen Umfeld. Die permanente Selbstreproduktion des Systems erfolgt dadurch, daß sich dessen Elemente, Strukturen und Abläufe in immer neuer Form wiederherstellen. Dies erfolgt mit Hilfe der Teile, aus denen ein System besteht. Das zentrale Kriterium dabei ist die innerhalb des Systems getroffene und auf das System bezogene Entscheidung.

Das Funktionssystem "Wirtschaft" ist als Subsystem des Systems Gesellschaft zu verstehen. Wirtschaft besteht aus partizipierenden Systemen (z.B. öffentliche Verwaltungen, Unternehmen, Verbände, Haushalte). Diese orientieren sich an den Gesetzlichkeiten des Systems, dem sie angehören. Für partizipierende Systeme stellt sich das System der Wirtschaft als deren Umfeld dar (z.B. Markt). Gleichzeitig ist das partizipierende System Teil des Systems Wirtschaft. Wirtschaft kann somit als evolutionäres, zirkulär konstitutives System aufgefaßt werden.

Die Entwicklung von Organisationen ergibt sich allerdings nicht primär aus dieser gesellschaftlichen Differenzierung. Sie hängt vielmehr von den (stark relativen) Komponenten Eigenlogik und Eigendynamik des Entscheidungsverhaltens in Organisationen ab. Wesentliches Element in diesem Zusammenhang ist der Umstand, daß sich die Systemelemente im geschlossenen Prozeß ständig reproduzieren. Das Verhalten der Elemente in diesem Prozeß determiniert dabei die Abstimmung des Systems auf sein Umfeld erheblich. Laufende Adaption in Form von Beobachtung und daraus folgender ständiger Neuentwicklung kann letztlich als einzige Möglichkeit sozialer Systeme verstanden werden, die Komplexität ihres Umfeldes zu bewältigen.

Die Adaption selbst erfolgt primär mittels Reflexivität und Reflexion. Als Reflexivität wird in diesem Zusammenhang die eigenständige, permanente Erneuerung der Prozesse innerhalb des Systems verstanden. Häufig auftretende Beispiele für derartige Prozesse wären etwa wahrgenommene Wahrnehmung, geplante Planung oder erwartete Erwartung. Reflexivität beinhaltet aber auch den Prozeß der laufenden Neukonstituierung des Systems und darüber hinaus die reflexive Auswahl von Strukturen (reversibel) und Prozessen (irreversibel) im allgemeinen. Im Rahmen der Reflexion erfolgt die Erneuerung des Systems auf der Basis seines Verhältnisses zu seinem Umfeld. Die Adaptierung des Systems erfolgt in der Differenzierung zu seiner Umwelt. Wesentlich dabei ist die Erfassung der Wirkungen der eigenen Identität des Systems in seinem Umfeld. Ebenso wahrzunehmen sind die Konsequenzen dieser Wirkungen für das System. Bei diesem Vorgang wird vor allem der Unterschied zu den Wirkungen, die andere Systeme in ihrem Umfeld erzeugen, beobachtet.

Auch Organisationen werden als selbstreferentielle Systeme aufgefaßt. Elemente des organisierten sozialen Systems sind

- Entscheidungen
- Verhaltenserwartungen bzw. Strukturen
- Kultur
- Strukturänderungen.

Entscheidungen beruhen auf Erwartungen und dienen der Reproduktion sozialer Systeme. Sie entstehen durch soziale Reflexivität im System der Interaktion, Normierung von Verhaltenserwartungen sowie durch formale Organisation sozialer Systeme. Entscheidungen stehen in unmittelbarem Zusammenhang mit den Prozessen der Kommunikation. Diese sind der Entscheidung vor- bzw. nachgelagert. Als Probleme bei der Findung von Entscheidungen treten besonders Unsicherheit und die Gefahr mangelnder Rationalität auf. Entscheidungen können letztlich als Verarbeitung von Kontingenz unter Inanspruchnahme von Zeit betrachtet werden. Vor der Entscheidung stellt sich die Kontingenz als Wahlsituation dar. Der externe Bezug von Entscheidungen besteht darin, daß organisationsinterne Entscheidungen Einfluß auf das Verhältnis zwischen der Organisation und ihrem Umfeld haben. Entscheidungsfindung ist als situative Realitätsdefinition und -interpretation seitens der Beteiligten zu sehen.

Entscheidungen sind vielfach mit Erwartungen verknüpft. Erwartungen sind letztlich jene "Strukturen", die das "Ereignis" Entscheidung hervorbringen bzw. mitbestimmen. (Verhaltens-)Erwartungen bzw. Strukturen bedingen grundsätzlich die Möglichkeit eines zirkulären Zusammenhangs von Erwartung und Entscheidung. So können Erwartungen etwa künftige Entscheidungen antizipieren bzw. vergangene Entscheidungen einbeziehen. Erwartungen können Strukturen schaffen, die der Reproduktion des Systems dienen (vgl. prozessuale Selbstreferenz). Strukturen sind letztlich Bedingung und Resultat des Handelns gleichermaßen. Erwartungen können allerdings auch in generalisierter Form auftreten. Beispiele dafür wären etwa Normen, die wiederum zur Stützung generalisierter Erwartungen dienen, ebenso Konditionen zur Strukturierung unerwarteter Erwartungen. Derartige generalisierte Formen von Erwartungen dienen der Reduktion von Komplexität und der Absicherung von Erwartungen. Dieser Aspekt ist auch im Zusammenhang mit den Möglichkeiten der Strukturierung formaler Organisationen von Relevanz.

Die Einbeziehung kultureller Aspekte umfaßt zwei Ausprägungen. Zum einen die Kultur der Gesellschaft als Ganzes: Dies ist vor allem im Zusammenhang mit der Berücksichtigung spezifischer Werthaltungen der Akteure in sozialen Systemen von Bedeutung. Die Akteure sind nämlich gleichzeitig Mitglieder der jeweiligen Gesellschaft und somit auch Träger deren Kultur. Demgegenüber umfaßt "Organisationskultur" alle spezifisch auf eine Organisation abgestimmten Orientierungen für Handlungen. Beispiele dafür wären spezifische Werte oder Normen wie Rituale, Sprachregelungen etc. Die Mitglieder von Organisationen sind der Beachtung derartiger Orientierungen verbindlich ausgesetzt. Organisationskultur dient dabei besonders der Harmonisierung des Verhaltens in der jeweiligen Institution. Dies vor allem in bezug auf die Anforderungen des Umfeldes der Organisation. Gleichzeitig fungiert Organisationskultur als (subjektives) Bezugssystem für Organisationsmitglieder. Letztlich ist in diesem Zusammenhang ein wechselseitiger Prozeß der Durchdringung der kulturellen Systeme von Organisation und Umfeld gegeben.

Bei Strukturänderungen stehen Abweichungen von Strukturen im Zentrum des Interesses. Strukturen entwickeln sich üblicherweise in Form eines ungesteuerten, evolutionären Prozesses (vgl. "gewachsene" Strukturen). Dieser ist durch einen eigendynamischen Verlauf gekennzeichnet (z.B. zirkulär, kumulativ etc.). Anpassung an das Umfeld besteht in der Veränderung der Differenz (Relation) zwischen dem System und seinem Umfeld mittels Reflexion. Demgegenüber erfolgt die Selbstanpassung durch die Veränderung der Relationen zwischen den Elementen innerhalb des Systems (vgl. Reflexivität).

Diese in aller Kürze dargestellten wesentlichen Elemente der neueren Systemtheorie sind die Grundlage für eine erfolgreiche Strukturierung von Systemen im allgemeinen sowie jener des Umfeldes von Organisationen im speziellen.

8.1.2. Die Rolle des Umfeldes von Organisationen

Für eine erfolgreiche Tätigkeit von Organisationen ist ein funktionsfähiges Umfeld von großer Bedeutung (Strunz 1991, 29 ff.). Dieses Umfeld hat auf die internen Strukturen und Prozesse von Organisationen und dadurch unmittelbar auf die Erfüllung der Aufgaben der Organisation im Rahmen der Gesellschaft großen Einfluß. Besonders bestimmte soziale und ökonomische Rahmenbedingungen sind Voraussetzung für die Gewährleistung optimaler Funktionalität von Organisationen. Deshalb ist zunächst eine systematische Erfassung der Beziehungen zwischen Organisationen und ihrem Umfeld erforderlich. Dies bedingt vor allem eine Analyse der diesbezüglichen Einflußgrößen.

Als Umfeld ist das gesamte System von Institutionen, die mit der Organisation in Beziehung stehen, zu verstehen. Die Gestaltung dieses Umfeldes ist für somit für das Geschehen in Organisationen von unmittelbarer Bedeutung. Bei systemorientierter Betrachtung stellt sich die Organisation als "offenes System" dar. Dieses steht in vielfältigen Beziehungen zu anderen Systemen, also ihrem Umfeld. Das Geschehen innerhalb und zwischen den jeweiligen (Sub-)Systemen ist als dynamischer Prozeß zu verstehen. Zweck und Ziele von Organisationen sind insbesondere vor dem Hintergrund ihrer Funktion zu sehen, die sie als (Sub-)System in ihrem Umfeld ausüben bzw. ausüben sollen. Diese Sichtweise verdeutlicht, daß die Organisation mehr als nur ein Konstrukt der Wirtschaft ist, nämlich eine "gesellschaftliche Institution" (Ulrich 1970). Dies setzt auch die Berücksichtigung gesellschaftlicher Faktoren bei der Betrachtung von Organisationen voraus. Auch in diesem Zusammenhang ist eine kontingente Sichtweise von Vorteil, da Organisationen - und damit auch die Gestaltung ihres Managementsystems - starken und sehr dynamischen äußeren Einflüssen unterliegen. Anders ausgedrückt sind Organisationen situativ den Erscheinungen ihres Umfeldes ausgesetzt. Die Bedingungen des Umfeldes können direkt oder indirekt auf das Handeln in Organisationen wirken bzw. faktischen oder potentiellen Charakter haben. Diesen Kriterien kommt unter dem Gesichtspunkt der Dynamik gesellschaftlicher und wirtschaftlicher Entwicklung besondere Bedeutung zu. Diese Dynamik drückt sich durch die Häufigkeit und den Grad der Veränderungen von Elementen des Umfeldes aus. Von besonderer Bedeutung für ein erfolgreiches Management von Organisationen ist - gerade in diesem Zusammenhang - das Problem der Vorhersehbarkeit. Dadurch wird auch die Komplexität, die ursächlich von Anzahl und Verschiedenartigkeit der die Erfüllung der Aufgaben beeinflussenden Faktoren des Umfeldes bestimmt wird, (erhöhend) determiniert.

Sieht man die Organisation als gesellschaftliche Institution, so stellt sich die Frage nach ihrer Stellung im Supersystem Gesellschaft. Diese Frage mündet letztlich in der Befürwortung eingeschränkter Autonomie des Handelns von Organisationen. Dieses resultiert aus der Vielzahl und Unterschiedlichkeit feststellbarer (gesellschaftlicher) Interessen (vgl. Organisation als "Koalition"). Dieser Umstand ist letztlich auch bei der Formulierung der Ziele von Organisationen zu berücksichtigen. Versucht man zu operationalisieren, erscheinen organisationsintern ökonomische und soziale Effizienz sowie -extern gesellschaftliche Effektivität wünschenswert. In dieser Weise läßt sich der Grad der Erfüllung der Aufgaben von Organisationen relativ gut definieren und beurteilen gleichermaßen.

Ziel bei der Gestaltung des Umfeldes von Organisationen ist die Bereitstellung optimaler Bedingungen für die Erstellung von Leistungen sowie deren Verwertung. Ziel der Organisation soll es sein, ihre (gesellschaftlichen) Aufgaben unter Nutzung der gegebenen Rahmenbedingungen in optimaler Weise zu erfüllen. Die Gestaltung der Organisation im einzelnen richtet sich somit letztlich an ihrem Umfeld aus. Dabei gilt es insbesondere, die vielfältigen Interessen aller Beteiligten in die Zielbildung und Gestaltung einzubringen und zu berücksichtigen.

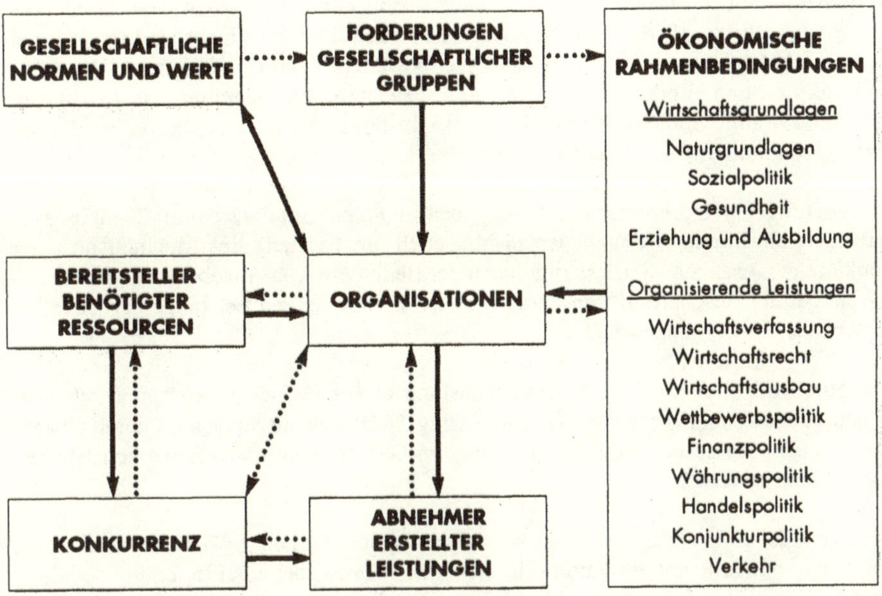

Übersicht 13: Umfeld von Organisationen (Strunz 1991, 31)

Übersicht 13 zeigt die Einflüsse des Umfeldes auf die Organisation. Gesellschaftliche Normen und Werte sowie daraus letztlich resultierende Forderungen diverser gesellschaftlicher Gruppierungen sind zwar nur mittelbar dem ökonomischen Bereich zuzuzählen; allerdings bestehen hier offensichtliche Interdependenzen. So beeinflussen derartige "nicht-ökonomische" Kategorien die allgemeinen ökonomischen Rahmenbedingungen üblicherweise nicht unerheblich. Die ökonomischen Rahmenbedingungen sind zu verstehen als durch den Staat gewährleistete Mittel, die als Subsysteme bzw. Systemelemente in gleicher Weise zur Erfüllung der gesellschaftlichen Aufgaben zur Verfügung stehen. Innerhalb dieser Rahmenbedingungen steht zunächst die

Sicherung der Grundlagen der Wirtschaft im Vordergrund. In diesem Zusammenhang sind vor allem eine sorgsame Bewahrung bzw. ein umsichtiger Einsatz der natürlichen Ressourcen sowie die Sozial-, Gesundheits- und Bildungspolitik (Erziehung und Ausbildung) als Basis für die Pflege des Humankapitals zu nennen. Diese Komponenten sind generell als Grundlage jeder Gesellschaft zu begreifen. Sie gehören zwar primär weniger der ökonomischen Sphäre an, sind gleichzeitig jedoch notwendige Bedingungen des Handelns in Organisationen bzw. des Wirtschaftens.

Die ökonomischen Rahmenbedingungen - im engeren Sinn begriffen - beinhalten darüber hinaus die Bereitstellung sogenannter organisierender Leistungen durch den Staat. So ist es als Aufgabe des Staates zu betrachten, eine Wirtschaftsverfassung bzw. ein daraus abgeleitetes Wirtschaftsrecht zur Verfügung zu stellen. Darüber hinaus sind im Rahmen der Wirtschaftspolitik seitens des Staates Wettbewerbs-, Finanz-, Währungs-, Handels-, Konjunktur- und Verkehrspolitik zu gewährleisten. Zu beachten ist in diesem Zusammenhang, daß die jeweiligen Aktivitäten situativ entsprechend und organisationsfördernd ausgerichtet werden.

Die postulierten ökonomischen Rahmenbedingungen implizieren im Prinzip eine marktwirtschaftliche Ordnung, wobei hier auch die Existenz des Mechanismus der Konkurrenz zu nennen ist. Diese tritt - unter der Bedingung von Angebot und Nachfrage - sowohl bei der Beschaffung von Ressourcen zur Erstellung von Leistungen als auch bei der Abgabe der Leistungen auf.

Erst durch die Sicherung bzw. Gewährleistung dieser (Mindest-)Komponenten sind Organisationen dauerhaft in der Lage und befähigt, Aufgaben im Sinne ihrer unmittelbaren Ziele zu erfüllen sowie damit ihren Beitrag zu Gemeinwohl und zur wirtschaftlichen Entwicklung zu leisten.

Ergänzend ist anzumerken, daß sämtliche Organisationsformen (vgl. Abschnitt 5.4.) im Rahmen der Instrumentalfunktion - das heißt als Instrumente zur Erreichung der Ziele ihrer Träger - Einsatz finden. In diesem Zusammenhang sind dabei jene Organisationen von besonderem Interesse, die im Einflußbereich des Staates liegen (z.B. öffentliche Verwaltungen und Unternehmen). Diese werden nämlich vor allem zur Verwirklichung der gesellschaftlichen und wirtschaftspolitischen Ziele des Staates bzw. zur Gewährleistung der ökonomischen Rahmenbedingungen herangezogen.

Die Tätigkeit von Organisationen als Zelle wirtschaftlichen Handelns wird nachhaltig positiv beeinflußt, wenn gewisse Voraussetzungen gegeben sind, unter denen Organisationen einen möglichst optimalen Wirkungsgrad entfalten können. Diese Voraussetzungen umfassen zum einen die erörterten sozialen und ökonomischen Rahmenbedingungen. Zum anderen sind bestimmte organisationsinterne Verhältnisse notwendig, um die Funktionsfähigkeit von Organisationen nachhaltig positiv zu gestalten. In diesem Zusammenhang ist wesentlich, daß die Vorgänge innerhalb der Organisation in Entsprechung zueinander stehen. Mit anderen Worten heißt dies, daß die Relationen zwischen den Systemelementen möglichst aufeinander abgestimmt sein sollen. Diese

Entsprechung kann mit Hilfe der Gestaltungsinstrumente Strukturierung und Koordination herbeigeführt bzw. erhalten werden (vgl. auch Abschnitt 6).

Zusammenfassend kann "Makro-Management" als Strukturierung der Bedingungen für die erfolgreiche Tätigkeit von Organisationen verstanden werden. Dabei werden Organisationen als Subsysteme der Gesellschaft aufgefaßt. Um ihre gesellschaftlichen Aufgaben optimal erfüllen zu können, sind für Organisationen bestimmte Bedingungen notwendig. Aufgrund der Integration in ihrer Umwelt und der Voraussetzungen des Handelns in Organisationen sind insbesondere bestimmte soziale und ökonomische Rahmenbedingungen nötig, um die Basis der Funktionsfähigkeit von Organisationen sicherzustellen. Darüber hinaus ist es auch notwendig, daß die Verhältnisse im Inneren von Organisationen den jeweils spezifischen Bedingungen entsprechen.

8.2. Fall 2: Umweltmanagement

8.2.1. Umweltschutz: Strategie des Überlebens

Als Folge der Entwicklung der menschlichen Zivilisation, vor allem jedoch durch wirtschaftliche Aktivitäten, entstanden im Laufe der Zeit erhebliche Umweltprobleme. Diese sind nicht zuletzt auch durch die umfassenden zur Verfügung stehenden Möglichkeiten menschlichen Handelns bedingt. Gleichzeitig waren bisher aber Wissen und Macht der Menschen zu begrenzt, um die kausale Reichweite des Handelns in die Zukunft einzubeziehen.

Vor diesem Hintergrund sind zur Erhaltung des Gemeinwohls letztlich neue Strategien zu definieren. Ein wesentliches Element ist dabei die Ausbildung eines allgemein stärkeren umweltethischen Empfindens. Auf der Grundlage eines derartigen Empfindens ist dann ein entsprechendes umweltethisches Handeln auszurichten. Ein solches Handeln auf allen Ebenen der Gesellschaft ist die einzige Möglichkeit, die natürlichen Grundlagen für die Zukunft zu sichern. Erst dadurch kann auch die Möglichkeit für das Überleben der Menschen in Zukunft gewährleistet werden (Strunz 1993c, 15 ff.; vgl. auch Übersicht 14).

Die Notwendigkeit eines stärkeren umweltethischen Empfindens wird offenbar, wenn man den gegenwärtigen Zustand der natürlichen Umwelt betrachtet. So zeigen die bereits vorhandenen tiefgreifenden Schäden am gesamten System der Biosphäre (z.B. Klima, Vegetation) deutlich auf, daß traditionelle Vorgangsweisen künftig nicht weitergeführt werden können. Das Individuum ist letztlich Träger jeglichen umweltethischen Empfindens und damit auch allen ökologisch verantwortlichen Handelns. Gerade beim Umweltschutz zeigt sich allerdings, daß ein allgemeiner Konsens, die natürlichen Grundlagen umsichtig zu bewahren, nicht gegeben ist. Ein möglicher Grund dafür könnte sein, daß sich die gesellschaftlichen Normen und Werte tendenziell auseinanderentwickeln. Dies führt in der Folge zu unterschiedlichen Ansichten und Wahrnehmungen. Offensichtlich bedarf es in diesem Zusammenhang allgemein akzeptierter Grundsätze und Wertmaßstäbe, etwa in Form konsensstiftender Normen. Im Vordergrund steht dabei das Bestreben, umweltethisches Empfinden in wirtschaftliches Handeln einfließen zu lassen.

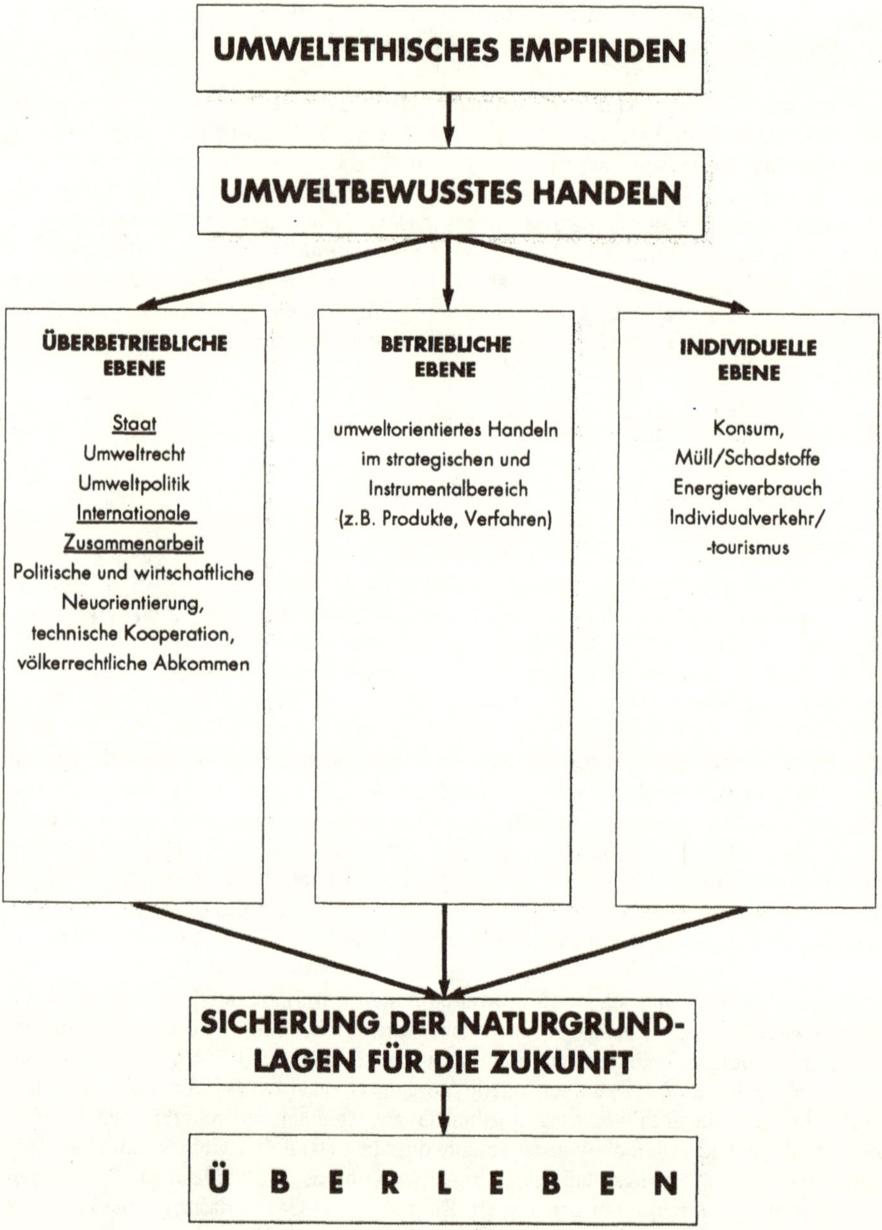

Übersicht 14: Ebenen und Konsequenzen umweltethischen Handelns (Strunz 1993c, 18)

Dies mündet letztlich in der Forderung, die "ökonomische Rationalität" durch eine "ökologische Rationalität" zu bereichern. Anders ausgedrückt heißt dies, daß insbesondere kurzfristig und ausschließlich an Profit orientierte wirtschaftliche Aktivitäten, die gleichzeitig die natürliche Umwelt schädigen, mit den überaus wichtigen Maßstäben der Vernunft betrachtet werden. Allgemein geht es um die Implementierung eines ethisch fundierten Entscheidungsverhaltens in ökologierelevanten Problemsituationen.

Verantwortungsbewußtes Handeln zur Sicherung der natürlichen Grundlagen muß auf allen Ebenen menschlichen Lebens verwirklicht werden. Drei Ebenen menschlichen Handelns können unterschieden werden:

- Makro-Ebene (überbetriebliche Ebene)
- Meso-Ebene (betriebliche Ebene)
- Mikro-Ebene (individuelle Ebene).

Die überbetriebliche Ebene (Makro-Ebene) bildet die Plattform für die Gestaltung der gesamtwirtschaftlichen Rahmenbedingungen, wie zum Beispiel Umweltrecht und Umweltpolitik. Darüber hinaus finden auf dieser Ebene die Aktivitäten internationaler Zusammenarbeit statt. In diesem Rahmen sind etwa Fragen der politischen und wirtschaftlichen Neuorientierung, der technischen Kooperation sowie völkerrechtliche Abkommen relevant.

Als Grundsätze des Handelns auf dieser Ebene können folgende Kriterien herangezogen werden: Dem Schutz und der Pflege jener Grundlagen, die die Basis des menschlichen Lebens bilden, ist grundsätzlich Vorrang gegenüber jenen, die darauf aufbauen, zu gewähren. Dies bezieht sich vor allem auf den Vorrang der Verwirklichung und Respektierung jener Ansprüche, die sich aus dem ökologischen System Mensch-Erde ableiten, vor jenen, die sich lediglich aus sozialen Systemen ergeben. Demgemäß sind ökologische Gesetzmäßigkeiten gegenüber jenen, die von menschlichen Interessen geschaffen sind (z.B. Wirtschaft), vorrangig zu behandeln.

Daraus können Grundsätze praktischen Umweltschutzes abgeleitet werden. Etwa dem Einsatz regenerierbarer Ressourcen den Vorzug gegenüber der Verwendung nicht erneuerbarer Rohstoffe zu geben. Ebenso wären reversible Schäden bei unvermeidbarer Inkaufnahme von Konsequenzen irreversiblen oder Langzeitfolgen vorzuziehen. Der Vorsorge zur Vermeidung von Umweltschäden und Belastungen ist besonders in Hinblick auf die Beseitigung von Schäden, die sich meist aufwendig und nur bedingt wirksam gestaltet, erhöhte Aufmerksamkeit zu widmen. Die Selbstregenerierung der Natur ist nur dann gewährleistet, wenn auf die Möglichkeit der Wiedereinbringung von Abfällen und Schadstoffen in den natürlichen Kreislauf geachtet wird. Da immer weniger regenerierbare Ressourcen zur Verfügung stehen, ist Sparsamkeit im Umgang mit ihnen von großer Bedeutung. An diesen und weiteren umweltethisch orientierten Grundsätzen sind letztlich die politischen, rechtlichen und wirtschaftlichen Rahmenbedingungen auszurichten. Diese wiederum sind notwendig, um umweltorientiertes Handeln auf betrieblicher und individueller Ebene zu entfalten.

Die betriebliche Ebene (Meso-Ebene) bildet im wesentlichen das Forum für die Tätigkeit von Organisationen. Insbesondere sind damit wirtschaftliche Organisationen im engeren Sinn, aber auch Verbände (z.B. Konsumentenorganisationen etc.) gemeint. Durch den hohen Organisationsgrad der heutigen Gesellschaft ist die Bedeutung umweltorientierten Handelns auf dieser Ebene besonders groß. Von außerordentlicher Umweltrelevanz ist dabei das Verhalten von produzierenden Wirtschaftsunternehmen. Langfristig und nachhaltig ist ein sinnvolles umweltorientiertes Verhalten derartiger Organisationen nur dann gesichert, wenn entgegen ihrer häufigen Praxis ein aktiver Umweltschutz betrieben wird. Dieser sollte Resultat der Wahrnehmung ökologischer Verantwortung sein. Im Zuge dessen sich bietende Chancen zu nützen, erscheint dabei durchaus legitim.

Die Anpassung von Organisationen an das allmählich wachsende allgemeine Umweltbewußtsein ist eine der wichtigsten Notwendigkeiten der Gegenwart. Dabei geht es um die Ausrichtung jeglicher betrieblicher Aktivitäten an ökologischen Gegebenheiten und Erfordernissen. Nicht nur die Erfüllung von gesetzlichen Auflagen ist damit gemeint, sondern allgemein verantwortungsbewußtes, aktives Umweltmanagement. Dabei ist auch der Bewahrung öffentlicher Interessen der Vorrang vor individuellen Interessen zu gewähren.

Ein derartiges betriebliches Umweltmanagement verlangt zunächst die Einbeziehung des Gedankens des Umweltschutzes in die Philosophie und Politik der Organisation. Nicht gemeint ist damit eine ökologische Philosophie, die als "Marketing-Ideologie" dient. Ebensowenig eine naive, gut gemeinte ökologische Ethik, die sich nicht mit strukturellen Problemen auseinandersetzt. Letztlich ist die tatsächliche Integration des Umweltschutzes in alle Funktionsbereiche der Organisation gemeint (vgl. Abschnitt 8.2.3.).

Auf der individuellen Ebene (Mikro-Ebene) interessieren die Möglichkeiten des - ebenso ethisch zu fundierenden - Handelns des Individuums. Das Individuum tritt dabei etwa als Konsument, Arbeitnehmer oder im privaten Haushalt in Erscheinung. Es stellt sich die Frage, was das Individuum tut oder tun kann, um seine Verantwortung in bezug auf die Erhaltung der Umwelt wahrzunehmen. Einige Möglichkeiten des Handelns des Individuums sind allerdings eingeschränkt, da viele individuelle Handlungen, besonders auf Makro- und Meso-Ebene, vorbestimmt bzw. festgelegt werden.

Auf der individuellen Ebene ist vor allem die Entwicklung eines neuen ökologischen Bewußtseins zur Begründung eines den nunmehr gegebenen Umständen adäquaten ökologischen Handelns als verbindlich anzusehen. Nachdem der einzelne letztlich entscheidende Instanz umweltorientierten Handelns ist, führt eine wirkliche Wahrnehmung ökologischer Verantwortung ausschließlich über ein solches Bewußtsein. Dies ist insofern von Bedeutung, als die Werte und Einstellungen des Individuums in jegliches gesellschaftliche Handeln einfließen. Zum einen ist der einzelne von Institutionen und Strukturen geprägt; zum anderen werden Organisationen und Gesellschaft von Individuen getragen. Dies führt dazu, daß kollektive Werte und Einstellungen wiederum auf jenen der Individuen beruhen. Aufgrund dieser Interdependenzen läßt sich der Schluß ableiten, daß letztlich nur Erziehung und Erkenntnis Grundlage des Umweltbewußtseins sein können.

8.2.2. Was kann der Staat tun?

Auf der überbetrieblichen Ebene kann Umweltschutz von seiten des Staates mit Hilfe des Umweltrechts und der Umweltpolitik beeinflußt werden.

Umweltrecht

Rechtliche Regelungen können als Instrumente zur Bewältigung der Umweltproblematik gesehen werden. Als Rahmenbedingungen determinieren sie sowohl die Umweltpolitik des Staates als auch das umweltorientierte Handeln auf der Ebene der Organisationen. Rechtliche Regelungen beziehen sich nahezu auf alle Bereiche des Umweltschutzes (z.B. Gewässerschutz, Luftreinhaltung, Abfallentsorgung, Strahlenschutz etc.). Trotz allgemein starker Zunahme des rechtlichen Instrumentariums sind die Regelungen häufig dennoch nicht ausreichend.

Als wesentliche Bereiche des Umweltrechts können Umweltverfassungsrecht, Umweltverwaltungsrecht, Umweltabgabenrecht, Umweltprivatrecht, Umweltstrafrecht sowie internationales Umweltrecht unterschieden werden.

Das Umweltverfassungsrecht enthält üblicherweise grundsätzliche programmatische Erklärungen zur "natürlichen Umwelt" bzw. zu einem "umfassenden Umweltschutz". Derartige Erklärungen sind allerdings insofern problematisch, als sich daraus für den einzelnen keine Ansprüche ableiten lassen, die in der Praxis auch durchsetzbar sind.

Im Umweltverwaltungsrecht sind alle auf den Umweltschutz bezogenen verwaltungsrechtlichen Normen zusammengefaßt. Das Umweltverwaltungsrecht versucht, die umweltspezifischen Ziele des Verfassungsrechts zu konkretisieren. Geregelt wird dabei, in welchem Ausmaß Beeinträchtigungen der natürlichen Umwelt gestattet bzw. nicht gestattet sind. Die entsprechenden Gebote und Verbote können auf unterschiedliche Weise definiert werden, z.B. in Form von Grenzwerten oder bestimmten Kriterien. Die Anwendung derartiger Vorgaben in der Praxis des Umweltschutzes gibt einen oft erheblichen Ermessensspielraum. Zudem fällt die Vollziehung der Vorschriften üblicherweise in die Kompetenz verschiedener administrativer Stellen (z.B. Bund, Länder, Gemeinden). Dies erschwert eine gemeinsame und vergleichbare Vorgangsweise. Speziell im Zusammenhang mit dem Umweltverwaltungsrecht kommt es bei dessen Vollzug auch zu "Defiziten" - also zu Differenzen zwischen rechtlich festgelegtem Soll und tatsächlichem (akzeptierten) Ist.

Das Umweltabgabenrecht regelt alle monetären Leistungen, die zum Zweck des Umweltschutzes erhoben und dafür gewidmet werden (z.B. Steuern, Gebühren, Beiträge und andere Abgaben).

Das Umweltprivatrecht dient dazu, die umweltbezogenen Interessen des einzelnen, üblicherweise auf dessen Initiative, zu schützen. In diesem Zusammenhang ist insbesondere das Schadenersatzrecht zu nennen. Häufig ist es für den einzelnen allerdings schwierig, Ansprüche durchzusetzen, da die Erbringung von Beweisen oft problematisch ist.

Aufgabe des Umweltstrafrechts ist es, umweltschädigendes Verhalten zu ahnden. Das gegenwärtig noch dafür herangezogene allgemeine strafrechtliche Instrumentarium ist für Zwecke des Umweltschutzes allerdings nur unzureichend geeignet.

Aufgabe des internationalen Umweltrechts ist es, Umweltschutz auch über staatliche Territorien hinaus zu verwirklichen. Zum einen wird damit - vor allem im Rahmen des Völkerrechts - der globale Schutz der natürlichen Grundlagen menschlichen Lebens (z.B. Meere, Atmosphäre) verfolgt. Zum anderen geht es auch um die Regelung von grenzüberschreitenden Beeinträchtigungen bzw. um entsprechende Regelungen des Schadenersatzes.

Bezogen auf die einzelnen Rechtsgebiete wäre es im allgemeinen wünschenswert, effektivere Bestimmungen zu erlassen. Dafür ist es allerdings notwendig, der natürlichen Umwelt auch im rechtlichen System einen entsprechenden Status einzuräumen. Im Zusammenhang damit stellt sich die grundsätzliche Frage, ob und inwieweit bisherige Werte aufrechterhalten werden bzw. ob der Mensch auch bereit ist, Einschränkungen zugunsten der natürlichen Umwelt zu akzeptieren.

Umweltpolitik

Nicht zuletzt aufgrund der diesbezüglich zunehmenden Probleme wurde die Umweltpolitik allmählich als eigenständige öffentliche Aufgabe rezipiert. Als grundsätzliches Ziel wird dabei die Sicherung der natürlichen Umwelt verfolgt. Im Rahmen dessen werden für die einzelnen Bereiche der natürlichen Umwelt (z.B. Boden, Luft, Wasser) üblicherweise vielfältige Detailziele formuliert. Die Hauptproblematik umweltpolitischer Ziele liegt in ihrer schwierigen Operationalisierung. Damit ist vor allem die befriedigende Überleitung qualitativer Ziele in quantifizierbare, eindeutig meßbare Kriterien gemeint. Ein weiteres Problem ist, daß für Umweltschutz, trotz des mittlerweile bereits relativ hohen Stellenwertes in der politischen Praxis, aufgrund knapper finanzieller Ressourcen oft nur verhältnismäßig geringe Beträge gewidmet werden. Darüber hinaus erfolgt der Einsatz dieser Beträge häufig noch in nicht optimaler Weise. Da die Ziele der Umweltpolitik auf politischer Ebene definiert werden, ist die Umweltpolitik zudem nicht frei von ideologischen Einflüssen politischer Interessengruppen.

Umweltpolitik ist somit nicht zuletzt vor dem Hintergrund gesamtpolitischer und -wirtschaftlicher Ziele zu sehen. Wesentlich dabei ist vor allem die Berücksichtigung der Interdependenz zwischen Umwelt- und Wirtschaftspolitik. Dies wirkt sich auch im Rahmen der Auswahl der umweltpolitischen Instrumente aus, die somit zum sensiblen Bereich wird. Einerseits ist dabei nach bestimmten objektiven Kriterien vorzugehen: So sind etwa ökologische Wirksamkeit, ökologisch-ökonomische Effizienz und administrativ-rechtliche Praktikabilität wesentlich. Andererseits unterliegt die Auswahl der Instrumente insofern auch ideologischen Einflüssen, als diese - als Teil der Umweltpolitik

- auf die (ebenfalls ideologisch beeinflußte) Wirtschaftspolitik abzustimmen sind. In diesem Zusammenhang, aber auch im engeren Sinn der eigentlichen Umwelt-"Politik" erfolgt die Gestaltung der einzelnen Instrumente entweder mehr marktorientiert oder eher zentralisiert. Somit stehen im Rahmen der Auswahl der Instrumente die Formen der Lenkung des Eigeninteresses auf den Umweltschutz und eine primär an Auflagen orientierte Ausrichtung zur Diskussion.

Übersicht 15 zeigt eine Gliederung der vielfältigen Instrumente der Umweltpolitik. Als Kategorien werden nicht-fiskalische und fiskalische Instrumente der Umweltpolitik unterschieden. Bei den fiskalischen Instrumenten werden zur Verwirklichung der Umweltpolitik finanzielle Mittel aufgebracht. Unterschieden werden dabei Umweltpolitik mit öffentlichen Ausgaben und Umweltpolitik mit öffentlichen Einnahmen.

NICHTFISKALISCHE INSTRUMENTE
- Umweltauflagen
- Umweltrelevante Änderungen der rechtlichen Rahmenbedingungen
- Umweltpolitische Kooperationslösungen
- Zwangsfreie nicht-fiskalische Instrumente
- Umweltplanerische Instrumente

FISKALISCHE INSTRUMENTE - UMWELTPOLITIK MIT ÖFFENTLICHEN AUSGABEN
- Direkter öffentlicher Umweltschutz mit Gebühren- und Beitragsfinanzierung
- Direkter öffentlicher Umweltschutz mit Steuerfinanzierung
- Umweltbewußte Beschaffungspolitik der öffentlichen Hand
- Förderung umweltverbessernder Aktivitäten
- Finanzieren von Institutionen des Umweltschutzes

FISKALISCHE INSTRUMENTE - UMWELTPOLITIK MIT ÖFFENTLICHEN EINNAHMEN
- Umweltlizenzen
- Umweltabgaben

Übersicht 15: Instrumente staatlicher Umweltpolitik (Strunz 1993c, 43 f.)

Als nicht-fiskalische Instrumente werden Umweltauflagen, umweltrelevante Änderungen der rechtlichen Rahmenbedingungen, umweltpolitische Kooperationslösungen, zwangsfreie nicht-fiskalische Instrumente sowie umweltplanerische Instrumente unterschieden.

Unter Auflagen sind "Gebote" und "Verbote" zu verstehen. Gebote legen höchstzulässige Belastungen fest. Verbote sollen Beeinträchtigungen der natürlichen Umwelt ganz unterbinden. Bei diesen umweltbezogenen Vorschriften zur Regelung des Verhaltens wird insbesondere auf Emissionen, den Produktionsprozeß und die Produktion selbst abgezielt.

Die Vorteile von Auflagen liegen in der Möglichkeit, Gefährdungen unmittelbar und wirksam zu begegnen und stellen im Grunde klare Vorgaben dar (z.B. Grenzwerte). Der Charakter des Gebots bzw. Verbots ermöglicht auch eine relativ leichte Durchsetzbarkeit. Insgesamt sind Auflagen ein relativ geeignetes wirtschaftliches Steuerungsinstrument. Allerdings nehmen sie aufgrund ihrer generellen Gültigkeit auf unterschiedliche Voraussetzungen und individuelle Kosten keine Rücksicht. Zudem ist der unmittelbare Anreiz relativ gering, Auflagen proaktiv zu erfüllen.

Als Alternativen zu herkömmlichen Auflagen wurden in den USA verschiedene Instrumente zur Erhöhung der Effizienz und Flexibilisierung der Auflagenpolitik ins Leben gerufen. Etwa durch die "Offset-policy", wonach sich Unternehmen in einer bestimmten Region nur dann ansiedeln dürfen, wenn es ihnen möglich ist, die gesamte Umweltbelastung der Region letztlich zu reduzieren. Dies kann etwa dadurch erfolgen, daß das neue Unternehmen in die Technologie bereits ansässiger, diesbezüglich schlechter ausgestatteter Unternehmen investiert. Von größerer Bedeutung ist die sogenannte "Bubble-policy". Diese sieht im Gegensatz zum Ausgleich zwischen ansässigen und neu angesiedelten Unternehmen vor, den bestehenden Unternehmen bei der Erfüllung ihrer Auflagen zu helfen. Es besteht die Möglichkeit, mehrere Belastungsquellen zu einer Gesamtbelastung zusammenzufassen. Dies führt zu einer Flexibilisierung der betrieblichen Möglichkeiten, die gesamte Belastung erhöht sich dadurch nicht.

Unter umweltrelevanten Änderungen der rechtlichen Rahmenbedingungen werden diverse Instrumente subsumiert. So legt der Staat etwa mit der Erteilung von Umweltlizenzen fest, inwieweit die natürliche Umwelt durch Wirtschaftssubjekte belastet werden darf. Bei der Privatisierung umweltrelevanter Güter werden die Verfügungsrechte von Umweltgütern privatisiert, um damit Effekte des Umweltschutzes zu erzielen. Die Verbesserung der Umweltkontrolle und Überwachung sowie die Verschärfung der Umwelthaftung unter Beziehung auf das Verursacherprinzip sowie umweltpolitische Kooperationslösungen (z.B. Abkommen zwischen verschiedenen Branchen und Umweltbehörden) stellen weitere wesentliche Instrumente im Rahmen des nicht-fiskalischen Umweltschutzes dar. In diesem Zusammenhang sind auch zwangsfreie, auf die Steigerung des freiwilligen umweltbewußten Handelns gerichtete nicht-fiskalische umweltpolitische Instrumente (z.B. Verbraucherinformation), die Schaffung von Vorteilen aus der Nutzung umweltfreundlicher Produkte und Verfahren (z.B. Begünstigungen für die Betreiber lärmarmer LKW) sowie umweltplanerische Instrumente (z.B. im Rahmen der Raumordnung) zu erwähnen.

Im Rahmen der fiskalischen Instrumente unter Verwendung öffentlicher Ausgaben lassen sich direkter öffentlicher Umweltschutz mit Gebühren und Beitragsfinanzierung, direkter öffentlicher Umweltschutz mit Steuerfinanzierung, umweltbewußte Beschaffungspolitik der öffentlichen Hand sowie die Förderung umweltverbessernder Aktivitäten und die Finanzierung von Institutionen des Umweltschutzes unterscheiden.

Beim direkten öffentlichen Umweltschutz mit Gebühren und Beitragsfinanzierung geht es überwiegend um die Zurverfügungstellung von Einrichtungen der Versorgung und Entsorgung (z.B. Wasserversorgung, Abwasser- und Abfallentsorgung). Die

Aufwendungen für die überwiegend auf kommunaler Ebene bereitgestellten Einrichtungen werden vorfinanziert und an den Benutzer in Form von Gebühren und Beiträgen weiterverrechnet. Direkter öffentlicher Umweltschutz mit Finanzierung über Steuern kommt hauptsächlich im Zuge der nachträglichen Beseitigung bereits eingetretener Beeinträchtigungen der Umwelt zur Anwendung (z.B. Lärmschutzmaßnahmen).

Bei der umweltbewußten Beschaffungspolitik der öffentlichen Hand tritt diese zum einen als Wirtschaftsfaktor und zum anderen als Vorbild im Rahmen des Umweltschutzes auf. Durch Förderungen umweltverbessernder Aktivitäten mit öffentlichen Ausgaben sollen Wirtschaftssubjekte zu umweltverbessernden Aktivitäten angeregt werden. So werden etwa Subventionen und steuerliche Begünstigungen für den Einsatz umweltfreundlicher Produktionsverfahren oder Materialien gewährt. Die Finanzierung von Institutionen des Umweltschutzes dient der Verstärkung des Apparates zur Durchsetzung und Kontrolle der Umweltpolitik (z.B. Aufbau und Ausbau von Umweltbehörden).

Als fiskalische Instrumente der Umweltpolitik, bei denen die öffentliche Hand Einnahmen erzielt, sind vor allem Umweltlizenzen und Umweltabgaben von Relevanz. Umweltlizenzen räumen ihrem Besitzer das Recht zur Umweltbelastung bis zu einem definierten Ausmaß ein. Dabei ist es das Ziel dieses Instruments, eine bestimmte gesamte Belastung politisch vorzugeben und zu verteilen. Eine Flexibilisierung wird dadurch erreicht, daß derartige Lizenzen auch - in gewissem Ausmaß - gehandelt werden können. An sich marktkonform und administrativ relativ einfach zu handhaben, ist dieses Instrument nicht unumstritten: Lizenzen geben schließlich das Recht zur Schädigung der Umwelt!

Umweltabgaben sollen nicht nur ermöglichen, finanzielle Mittel für umweltverbessernde Aktivitäten aufzubringen, sondern es sollen damit gleichzeitig Anreize zum sorgsamen Umgang mit der natürlichen Umwelt geschaffen werden. Unterschieden werden im wesentlichen umweltbezogene Steuern, Beiträge und Gebühren. Das Prinzip der Einhebung von Abgaben kann durchaus als effizient bezeichnet werden, weil damit Reduktionen von Belastungen erzielt und gleichzeitig honoriert werden können. Allerdings ist damit auch ein erheblicher Verwaltungs- und Kontrollaufwand gegeben.

Insgesamt sollte der Staat seine Möglichkeiten umweltorientierten Handelns in den Dienst folgender Aufgaben stellen:

- Eine präventiv orientierte Umweltpolitik sollte auf die Vermeidung bzw. Verzögerung der Akkumulation von Umweltschäden hinarbeiten. Als begleitende Maßnahmen wären dabei die Förderung des Umweltbewußtseins und als Grundlage dafür auch jene des Wissens über Umweltschäden und Schadensursachen anzustreben.

- Eine ökologische Wirtschaftspolitik müßte die Einbeziehung umweltrelevanter Aspekte vorsehen, d.h. die Ziele der herkömmlichen Wirtschaftspolitik müßten neu ausgerichtet werden. Damit verbunden ist auch eine umweltspezifische Differenzierung ihrer Instrumente und eine Reformierung ihrer Institutionen.

8.2.3. Was können Unternehmen tun?

Bezüglich der Möglichkeiten speziell umweltorientierten betrieblichen Handelns gibt es prinzipiell zahlreiche Möglichkeiten. Allerdings lassen sich die diesbezüglichen Strategien trotz ihrer vordergründigen Vielfalt letztlich auf wenige Varianten des Handelns reduzieren: Vor dem Hintergrund betrieblicher Chancen und Risiken lassen sich fünf Möglichkeiten umweltorientierten betrieblichen Handelns unterscheiden (siehe Übersicht 16) (Strunz 1993c, 55 ff.).

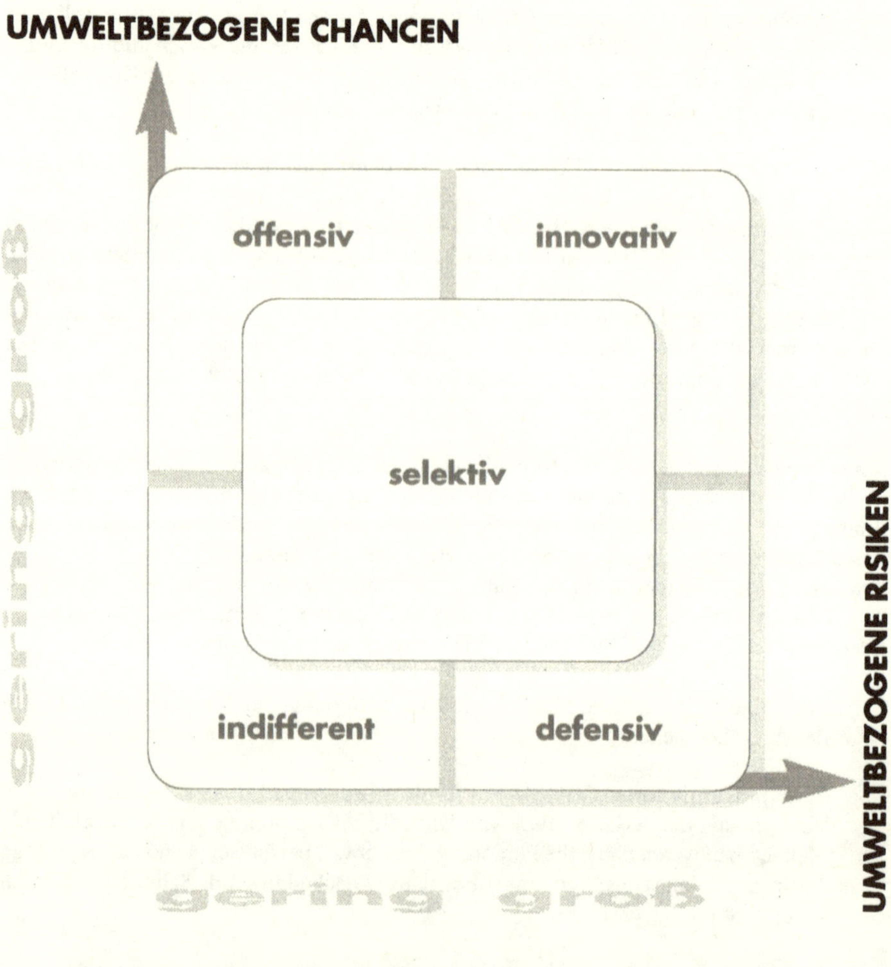

Übersicht 16: Möglichkeiten umweltorientierten betrieblichen Handelns (Strunz 1993c, 58)

Defensive Strategie: Diese Art reaktiven Verhaltens ist dadurch gekennzeichnet, daß Umweltschutzmaßnahmen meist nur aufgrund von gesetzlichen bzw. behördlichen Auflagen vorgenommen werden. Umweltschutz wird dabei häufig - nicht zuletzt durch die entstehenden hohen Kosten - als Einschränkung der Wettbewerbsfähigkeit gesehen.

Indifferente Strategie: Dieses Verhalten ist vor allem durch Unbetroffenheit gekennzeichnet. Meist ist die Gruppe der Unternehmen, die ein indifferentes Verhalten zeigen, nur in Teilbereichen von der Problematik des Umweltschutzes betroffen und ergreift keine oder nur wenige Maßnahmen.

Offensive und innovative Strategie: Diese durch das Ergreifen von aktiven Maßnahmen des Umweltschutzes charakterisierte Gruppe ist von der Problematik in der Regel auch am meisten betroffen. Durch umfassende bzw. innovative Maßnahmen soll nicht nur den gegebenen Risiken wirksam begegnet werden. Darüber hinaus wird auch versucht, sich bietende Chancen durchaus zu nützen.

Selektive Strategie: Diese Strategie sieht - je nach situativer Gegebenheit - aktives wie reaktives Verhalten gleichermaßen vor. Umweltschutz ist dabei insofern von großer Bedeutung, als versucht wird, sowohl Risiken zu vermeiden, als auch sich bietende Chancen zu nützen. Diese Gruppe ist durch die Problematik des Umweltschutzes allerdings weniger betroffen als jene, die sich zu offensivem bzw. innovativem Verhalten veranlaßt sieht.

Die Umsetzung der umweltorientierten Strategien erfolgt durch die Formulierung konkreter Aufgaben in folgenden Bereichen des Unternehmens (Strunz 1990b, 54 ff.; Strunz 1993c, 78 ff.):

- Führungsfunktionen (Kommunikation, Entscheidung, Zielsetzung und Planung, Motivation, Organisation, Überwachung)
- Forschung und Entwicklung
- Materialwirtschaft
- Produktion
- Marketing
- Finanzierung
- Versicherung
- Informationswesen.

Umweltorientiertes Handeln läßt sich als betriebliche Querschnittsfunktion darstellen, da alle Bereiche und Aufgaben im Unternehmen betroffen sind. Die Durchführung der Aufgaben im einzelnen leitet sich aus den strategischen Überlegungen ab. Diese beziehen sich auf den Betrieb als Ganzes, determinieren aber dadurch gleichzeitig die Aufgaben im speziellen. Anders ausgedrückt heißt dies, daß sich eine strategische Entscheidung (z.B. offensives Umweltmanagement praktizieren zu wollen) auf alle Ebenen und Bereiche des betrieblichen Handelns auswirkt. Zunächst werden dazu auf der taktischen Ebene die Ziele der einzelnen Bereiche konkretisiert. Schließlich werden auf der operativen Ebene die grundsätzlichen Inhalte bzw. Aufgaben spezifisch in bezug auf den jeweiligen Bereich detailliert. Die Führungsfunktionen durchdringen dabei in strategischer, taktischer und operativer Hinsicht gleichermaßen jede der anderen Funktionen. Das heißt, daß bezüglich jeder einzelnen Funktion (z.B. Forschung und Entwicklung, Produktion, Marketing etc.) kommuniziert, entschieden und geplant werden muß. Darüber hinaus müssen jeweils auch Aufgaben der Organisation und Überwachung wahrgenommen werden.

Kommunikation

Bedingung für die Realisierung eines erfolgreichen Umweltmanagements sind ein qualitativ hochstehendes, Umweltaspekte einbeziehendes internes und externes betriebliches Informationswesen und entsprechende Kommunikationsstrukturen. Das interne Informationswesen dient der Beschaffung und Verarbeitung von umweltspezifischen Daten in einem Berichtswesen für alle betrieblichen Entscheidungs- und Handlungsträger. Das externe Informationswesen umfaßt die Weitergabe von umweltspezifischen Informationen etwa an Öffentlichkeit, Behörden und Interessenverbände im Rahmen der Öffentlichkeitsarbeit und - sofern vorhanden - eine externe Umweltrechnungslegung (siehe auch Abschnitt "Informationswesen).

Grundsätzlich zu differenzieren sind defensive und offensive Umweltinformationspolitik; die Auswahl der entsprechenden Politik ist angesichts der heiklen Thematik sowie der gebotenen Sorgfalt und Verläßlichkeit der Informationsweitergabe keine einfache Entscheidung.

Entscheidung

Umweltschutzaktivitäten finden derzeit vor allem im Angebot umweltfreundlicher Produkte und in der Erhöhung der Umweltschutzinvestitionen im Produktionsbereich ihren Niederschlag. Den Nutzen derartiger Aktivitäten sehen die betroffenen Unternehmen vor allem in der Verbesserung des Unternehmensimages und möglichen Wettbewerbsvorteilen. Nachteilig wird jedoch insbesondere der erhöhte Kostendruck durch Umweltschutzinvestitionen empfunden. Nicht zuletzt auf diesen Umstand dürfte das derzeit feststellbare, überwiegend reaktive Verhalten vieler Unternehmen zurückzuführen sein.

Dies deckt sich mit der üblicherweise vorgenommenen Unterscheidung in defensives und offensives Umweltschutzmanagement. Das Kernstück der offensiven Verhaltensweise bildet das Konzept des integrierten Umweltschutzes. Damit ist umweltorientiertes Verhalten in allen betrieblichen Funktionsbereichen gemeint. Diese - doch stark polarisierte - Unterscheidung kann unter Einbeziehung situativer Komponenten mit Hilfe der Einbeziehung der Komponenten Marktchancen und Umweltrisiko auf fünf mögliche - nämlich indifferente, defensive, selektive, offensive und innovative - Strategien erweitert werden (vgl. auch Übersicht 16). Dadurch ergibt sich die Möglichkeit einer umfassenderen Analyse verschiedener Umweltstrategien in Abhängigkeit von den jeweiligen Unternehmensbedingungen, Marktreaktionen und Konsequenzen zusätzlicher Umweltaktivitäten.

Echte ökologieorientierte Unternehmensführung bietet eine Vielfalt an Entscheidungsmöglichkeiten hinsichtlich umweltpolitischer Konzeptionen (= Alternativen) und Instrumente (= Maßnahmen). Zur Fundierung der jeweiligen Entscheidung ist die Zuhilfenahme von geeigneten Informations- und Entscheidungstechniken zu empfehlen. Das letztlich zentrale Thema umweltorientierten Managements dürfte jedenfalls der Komplex Umweltschutzinvestitionen sein.

Zielsetzung und Planung

Gesamtgesellschaftliche Ziele wirken auf die Einzelwirtschaft in Form von heteronomen Zielvorgaben (z.B. Auflagen, gesellschaftliche Wertvorstellungen, Marktsignale). Umweltschutz als autonome Zielsetzung resultiert dagegen entweder aus metaökonomischer Zielbildung oder unternehmensseitiger Antizipation von Veränderungen. Dabei liegen allerdings meist Sekundärmotivationen ökonomischen Ursprungs zugrunde. Umweltschutzaktivitäten können grundsätzlich den Charakter von Formalzielen oder Sachzielen haben. Umweltschutz als Formalziel (z.B. als soziale Verantwortung) hat den Charakter einer autonomen, endogenen Handlungsmaxime. Wird Umweltschutz als Sachziel realisiert, dient der umweltschonende Charakter etwa des Produktions- und Absatzprogramms - unabhängig vom Formalziel - der Erschließung von Gewinnpotentialen und der Erbringung von Marktleistungen. Im Rahmen einer Konkretisierung allgemeiner umweltschutzbezogener Unternehmensziele können inputorientierte (vermeiden, vermindern) und outputorientierte Ziele (vermeiden, vermindern, umwandeln, verwerten) grundsätzlich unterschieden werden. Im Zuge der Konkretisierung und Quantifizierung der Ziele wirken verschiedenste Einflußfaktoren auf die Bildung der Prioritäten und die wichtige Operationalisierung von Umweltschutzzielen.

Grundsätzlich stehen einander konkurrierende, indifferente und komplementäre Beziehungen zwischen (traditionellem) Gewinnziel und Umweltschutzziel - situationsabhängig - gegenüber. Dabei scheint Umweltschutz als komplementäres Ziel zu einem vorrangigen Gewinnziel unproblematisch. Umweltschutz als eigenständiges (gleichrangiges) Ziel führt allerdings meist zu Zielkonflikten. In diesem Fall wäre letztlich der Nutzen des jeweiligen Teilziels, gemessen an seinem Beitrag zur Erreichung des Gesamtziels, zu evaluieren. Eine Relativierung der Bedeutung des Gewinnzieles in der Betriebswirtschaftslehre dürfte dabei allerdings gegeben sein. So wurden positive Beziehungen zwischen ökologischen Zielen und Gewinnzielen auch bereits nachgewiesen. Ebenso wurden jedoch existierende Defizite in bezug auf das wahrgenommene Potential positiver Zielbeiträge von Umweltschutzzielen zur Verfolgung von Markt- und Wettbewerbszielen aufgezeigt.

Nach wie vor lassen sich folgende Meinungen hinsichtlich Umweltschutz feststellen:

- Umweltschutz verursacht Kostensteigerung und Erlösminderungen, führt also zu Gewinneinbußen

- Umweltschutz ist nicht nur ein notwendiges Übel, sondern bringt auch Chancen (z.B. Innovationen in bezug auf Produkte und Verfahren)

- Umweltschutzziele werden überwiegend aufgrund sozialer Verantwortung verfolgt.

Langsam kristallisiert sich die zweitgenannte Meinung als die überwiegende heraus, zieht jedoch die Notwendigkeit eines umweltorientierten Leitbildes in der Organisation nach sich. Ein derartiges Leitbild müßte allerdings eine entsprechende Philosophie sowie klar definierte Leitvorstellungen und Grundsätze beinhalten.

Sieht man Umweltschutz auch als Chance zur Ergebnisverbesserung durch Erlössteigerungen (vgl. neue Märkte und Produkte) und/oder Kostensenkungen (z.B. Einsparungen, Anwendung neuer Verfahren), wären grundsätzlich folgende Strategien anwendbar:

- Kostenorientierte Strategie (ökologische Revision aller Funktionsbereiche)

- Absatzorientierte Strategie (Erschließung einschlägiger neuer Märkte und Produktinnovationen)

- Ökologische Unternehmensstrategie (Orientierung an langfristigen gesamtgesellschaftlichen Zielen).

Motivation

Hat sich ein Unternehmen beispielsweise für offensives Umweltmanagement entschieden, ist eine gelingende Motivation aller Beteiligten Grundvoraussetzung für dessen Umsetzung. Die Mitarbeiter sind diesbezüglich größte Chance und größtes Risiko gleichermaßen. Gelingt die Motivation der Mitarbeiter nicht, ist die Realisierung offensiven Umweltmanagements mit hoher Wahrscheinlichkeit zum Scheitern verurteilt. Ein durchdachtes Konzept zur entsprechenden Motivation und Ausbildung der Mitarbeiter für die Schaffung einer gemeinsamen Basis des spezifischen Informations- bzw. Kenntnisstandes ist deshalb Voraussetzung.

Exemplarisch stehen dafür als Instrumente zur Verfügung: Klausuren zur Motivation der Führungskräfte, Ausarbeitung bereichsspezifischer Argumente, Berücksichtigung individueller Motivationslagen und Beachtung weiterer psychologischer Aspekte (Vorbereitung von Beschlüssen, Wahl günstiger Zeitpunkte, gruppendynamische Aspekte, Incentives u.a.). Wichtiger Bestandteil umweltspezifischer Motivation sind auch die interne (Management, Mitarbeiter) und externe (z.B. Konsumenten, Lieferanten) Informationspolitik zur Aufklärung und Schaffung eines allgemeinen Umweltbewußtseins (Moral Suasion).

Das Potential des Humankapitals (Fähigkeiten, Wissen, Erfahrung) ist letztlich die zentrale Voraussetzung für die Umsetzung unternehmerischer Zielsetzungen. Zur Realisierung offensiven Umweltmanagements bedarf es deshalb auch von Seiten des betrieblichen Personalwesens umweltorientierter Motivation und Ausbildung. Diese Aufgabe kann beispielsweise im Rahmen der Personalentwicklung, aufbauend auf das jeweilige bereits vorhandene Umweltbewußtsein der Mitarbeiter, wahrgenommen werden. Darüber hinaus dienen als Anreize für entsprechend qualifiziertes Personal insbesondere günstige Arbeitsbedingungen und ein entsprechendes Unternehmensimage (vgl. "Umweltorientierung").

Organisation

Die Umsetzung der gewählten Umweltschutzziele erfordert entsprechende organisatorische Maßnahmen. Die Institutionalisierung von umweltbezogenen Aktivitäten, Kompetenzabgrenzungen und die organisatorische Einbindung des Umweltschutzes in alle hierarchischen Ebenen sind dabei zentrale Fragen. Allgemein dienen Stellenbeschreibungen mit ökologischer Relevanz der Feststellung spezifischer Aufgaben und Tätigkeiten und der Ausschreibung der erforderlichen Qualifikationen. Davon ausgehend kann eine Zuordnung wesentlicher Umweltschutzaufgaben auf die bestehende Aufbauorganisation erfolgen.

Spezielle betriebliche Umweltschutzinstitutionen sollen den Umweltschutz im Unternehmen koordinieren und interdisziplinär in allen Unternehmensbereichen implementieren. Insbesondere der Umweltschutzbeauftragte wird mit zunehmender Häufigkeit als bereichsübergreifender Koordinator und Innovationsförderer eingesetzt. Darüber hinaus finden Spezialisten für Umweltschutz als Experten in umwelttechnischen Belangen (Emissionen, Gewässer, Abfall) Verwendung.

Überwachung

Die Überwachung dient nicht nur einer ex post-Analyse, sondern ist darüber hinaus "Check-up" für Chancen und Risikopotentiale zur Einbringung der Ergebnisse und Erfahrungen der Vergangenheit in den strategischen Planungsprozeß (vgl. Controlling). Risk Management dient in diesem Zusammenhang der Identifikation und Bewältigung von Risiken im technischen, Markt- und politischen Bereich.

Auf dem Sektor der Dokumentation kommt der Umweltrechnungslegung eine wichtige Stellung zu. Diesbezüglich können folgende Grundtypen unterschieden werden: Sozioökonomische Konzepte berichten über gesellschaftlichen Nutzen und Kosten der umweltrelevanten betrieblichen Aktivitäten. Technische Konzepte dienen der Berichterstattung über Art und Ausmaß der verursachten Umweltbelastungen, den Stand betrieblicher Umweltschutzmaßnahmen und der Beurteilung von Umweltschutzaktivitäten unter Berücksichtigung zukünftiger Entwicklungen. Schließlich geben betriebswirtschaftlich-finanzwirtschaftliche Konzepte Aufschluß über Aufwands- bzw. Ausgabengrößen (z.B. Investitionen).

Forschung und Entwicklung

F&E-Aktivitäten gehören zu den sogenannten verzögert wirksamen Konzeptionen betrieblicher Umweltpolitik und nehmen aufgrund ihrer Bedeutung für die Zukunft eine Schlüsselstellung ein. F&E ist eine langfristig wirksame bereichsübergreifende Strategie der Ökologieorientierung, deren Resultate als (Umweltschutz-)Innovationen bezeichnet werden. Betriebliche F&E dient dazu, (neue) Produkte und Prozesse für eine gegebene Nutzung oder Aufgabe zu optimieren. Dabei bieten insbesondere integrierte Lösungen im Rahmen von Verfahrensänderungen Chancen für Kosteneinsparungen. Öklogieorientierte Produktinnovationen versprechen darüber hinaus - etwa bei Erweiterung des Erzeugnisprogramms - Ertragssteigerungen.

Materialwirtschaft

Logistik und Lagerwesen dienen der Sicherung der Produktions- und Lieferbereitschaft und beinhalten aufgrund ihrer eigenständigen ökologischen Problematik umweltschutzspezifische Aspekte von erheblicher Tragweite. Im Rahmen der Transportfunktion sind unter dem Aspekt der Umweltbeanspruchung insbesondere Transportsystem, -frequenzen und -(hilfs)mittel sowie die Beschaffenheit der Transportgüter zu prüfen. In den Problembereich Lagerhaltung fallen etwa optimale Bestellmenge, Bemühungen zur Verlagerung der Lagerfunktion und die umweltorientierte Auswahl der Lagertechnik. Insbesondere Transport und Lagerung wassergefährdender Substanzen bedürfen entsprechender Sicherheitskonzepte und -systeme. Die Integration von Entsorgung und Recycling in die Material- und Lagerwirtschaft stellt hohe Anforderungen an die Zukunft. Dabei dürfen allerdings die Rückwirkungen der jeweiligen Produktionsverfahren auf die Lagerfunktion nicht außer acht gelassen werden.

Produktion

Produktionsbedingte Umweltbelastungen werden erfaßt als Entnahme natürlicher Ressourcen (Rohstoffabgabe der Umwelt) und als Abgabe von Schadstoffen (Abfallaufnahme der Umwelt). Innerhalb des vorgegebenen gesetzlichen Rahmens steht die Ökologieorientierung des Produktionsbereichs im Zeichen der Minimierung von Einsatz- und unerwünschten Reststoffen bei Maximierung des erwünschten Produktionsoutputs. Neben einer umweltfreundlichen Produktgestaltung dient insbesondere die umweltfreundliche Gestaltung von Produktionsverfahren der Realisierung dieses Ziels. Besonders "integrierte Maßnahmen", d.h. Verfahren, bei deren Anwendung Umweltbelastung von vornherein in geringerem Ausmaß entsteht und dadurch nachgeschalteter Umweltschutz nicht notwendig wird, sind in diesem Zusammenhang von großer Bedeutung. Umweltverträglichere Produktionsverfahren ("Clean Technology") und Verfahren zur Ermöglichung der Wieder- bzw. Weiterverwendung der angefallenen Reststoffe ("Kreislaufführungen") bieten im Rahmen offensiven Umweltmanagements auch Chancen der Kosteneinsparung. Relativierend muß allerdings angemerkt werden, daß solche tiefgreifenden Verfahrensänderungen - bei allem Optimismus - hohe Realisierungszeiträume und großen Kapitalbedarf erfordern.

Marketing

Mit Hilfe von umweltorientierten Marketingkonzepten versuchen immer mehr Unternehmen, den geänderten Bedingungen gerecht zu werden und gleichzeitig vorhandene Marktchancen aufzuspüren. Die Umsetzung derartiger Konzepte bedarf der Modifikation und Ergänzung der traditionellen Instrumente des Marketing-Mix. Das

Spektrum reicht dabei von der Anpassung einzelner bis zur umfassenden Ausrichtung aller Instrumente an ökologische Forderungen. Produkt-, Distributions-, Kommunikations- und Kontrahierungspolitik stehen dabei im Zentrum der Überlegungen.

Eine ökologieorientierte Marketingkonzeption sollte darüber hinaus die ökologiegerechte Festlegung der Marketingziele, eine integrierte Planung der Marketing-Maßnahmen und die Überprüfung und Anpassung von Marketing-Organisation und -Controlling beinhalten. Die grundlegende Strategie ist nach dem festgestellten umweltorientierten Marktpotential (Nachfrage) und entsprechenden Defiziten im Unternehmensverhalten (Angebot) festzulegen.

Produktgestaltung und insbesondere eine ökologieorientierte Produktaufwertung erscheint als zentrale Frage und Aufgabe des Marketings. Auch die Bedeutung einer "neutralen" Kommunikationspolitik, die im Zeichen der Transparenz, nicht der Manipulation stehen sollte, ist nicht zu unterschätzen. Kommunikations- und Kontrahierungspolitik gewinnen besonders dann stark an Bedeutung, wenn die Gebrauchseigenschaften umweltfreundlicher Produkte (noch) nicht jenen von herkömmlichen Produkten entsprechen.

Der Erfolg umweltorientierten Marketings wird letztlich davon bestimmt, inwieweit ein Unternehmen als Ganzes in allen Bereichen dem Anspruch der Umweltorientierung gerecht werden kann.

Finanzierung

Die Aufbringung ausreichender Finanzmittel (Kapital) zur Realisierung der notwendigen Investitionen (insbesondere Sachinvestitionen) bildet eine wesentliche Grundlage umweltorientierter Unternehmensführung. Die Ausnützung aller kapitalwirtschaftlichen Entlastungsmöglichkeiten bei der Durchführung von Investitionen ist daher dringend zu empfehlen. Die Berücksichtigung nicht ausschließlich quantitativer, sondern auch nicht quantifizierbarer Aspekte des Umweltschutzes in der Investitionsrechnung ist - bei allen damit verbundenen Problemen - von Bedeutung.

Für die Finanzierung von Umweltschutzinvestitionen stehen grundsätzlich alle herkömmlichen Finanzierungsarten und -instrumente zur Diskussion. Häufig wird die Finanzierung von Umweltschutzinvestitionen durch die öffentliche Hand gefördert. Aus der Vielzahl der Förderzwecke und Verschiedenartigkeit der Förderungsinstrumente lassen sich direkte Finanzhilfen (z.B. Zuschüsse, Zinsstützungen) und Steuervergünstigungen (z.B. Abschreibungsmöglichkeiten) klassifizieren. Insbesondere steuerliche Anreize können im Rahmen der Leistungserstellung an einer Vielzahl von Stellen (z.B. Rohstoffe, Investitionen, Produkte) ansetzen. Der gesamtwirtschaftliche und ökologische Nutzen derartiger Subventionen wird allerdings häufig bezweifelt. Insbesondere wird die Kompatibilität mit dem Verursacherprinzip in Frage gestellt, wenngleich die Ausnutzung aller Förderungsmöglichkeiten aus einzelwirtschaftlicher Sicht als durchaus rational anerkannt wird.

Versicherung

Die freiwillige bzw. gesetzlich vorgesehene Risikoabsicherung ("Risk Management" als Gesamtheit risikopolitischer Maßnahmen) ist nicht nur als Strategie der Vorsorge für die Bewältigung von Risiken zu sehen; vielmehr auch vor dem Hintergrund des systematischen Zusammenhangs betrieblicher Funktionen im Sinne einer Komplementär- und Sensibilisierungsfunktion.

Umweltspezifische Risiken können interner Natur sein (z.B. Störfälle bei technischen Anlagen mit Umweltauswirkungen), im Marktbereich liegen (z.B. Verschiebungen der Nachfrage, neue Technologien) oder im politisch/gesellschaftlichen Bereich angesiedelt sein (z.B. gesetzliche Maßnahmen - Auflagen). Als additiv einsetzbare Risikobewältigungsstrategien stehen Vermeiden, Vermindern, Abwälzen, Versichern und Selbsttragen zur Diskussion. Spätestens dann, wenn Umwelthaftung zum Konkurs führen kann oder die Versicherungskosten untragbar werden, wird das Eigeninteresse eines Unternehmens auf die Verminderung des Risikos oder der Versicherungskosten gelenkt.

Das hohe wirtschaftliche Risiko umweltgefährdender Produktion bzw. Produkte verlangt nach Änderung der Rechtslage bzw. der Anwendung des Rechts: Insbesondere sind derzeit Bestrebungen zu verzeichnen, das Haftpflichtrecht in bezug auf Umweltschäden zu verschärfen (z.B. durch Ausdehnung der Gefährdungshaftung und Umkehrung der Beweislast). Derartige Tatbestände führen natürlich auch zu betriebswirtschaftlich relevanten Vorgängen. So sind einerseits erhebliche Änderungen bei der Versicherung gegen Haftungsrisiken und der Berücksichtigung kalkulatorischer Wagnisse notwendig; andererseits erlangt die Erfassung und Dokumentation aller umweltrelevanten Vorgänge im Unternehmen - etwa zur Beweisführung in Haftpflichtverfahren - besondere Bedeutung.

Informationswesen

Die Dokumentations- und Lenkungsfunktion des betrieblichen Rechnungswesens und Controllings beinhaltet die Erfassung und Verrechnung umweltschutzbedingter Kosten ebenso wie die Planung, Steuerung und Kontrolle betrieblicher Umweltschutzaktivitäten. Eine Herausforderung für das Informationswesen besteht über die Erfassung der Kosten von Umweltschutzmaßnahmen hinaus besonders in der Analyse ihrer Wirkungen auf die Ertragslage. Eine zentrale künftige Aufgabe liegt in der verursachungsgerechten Zurechnung von den in einem bestimmten betrieblichen Funktionsbereich ergriffenen umweltorientierten Maßnahmen auf andere Funktionsbereiche. Damit ist der Bedarf nach Entwicklung eigener diesbezüglicher Ansätze, vergleichbar etwa dem Konzept der ökologischen Buchhaltung, gegeben.

Der Information externer Adressaten dient die betriebliche Umweltrechnungslegung. Ihr Gegenstand ist der laufende Bericht über alle betrieblichen Aktivitäten, deren Auswirkungen auf die Interessen der Bezugsgruppen der Unternehmung und die Lebensqualität der Gesellschaft. Diese Art der Rechnungslegung ist an das Konzept des Social Accounting angelehnt. Über den Jahresabschluß hinaus werden konkret positive und negative externe Effekte betrieblicher Umweltschutzmaßnahmen und Umweltbelastungen erfaßt, bewertet und ausgewiesen. In diesem Zusammenhang dürfte dem Instrument der umweltorientierten Sozialbilanz künftig eine relativ große Bedeutung zukommen. Ein tatsächlicher Einfluß auf unternehmerisches Verhalten - über PR-Effekte hinaus - ist vermutlich allerdings erst dann gegeben, wenn eine Rechnungslegungs- und Offenlegungspflicht mit Angaben und Erläuterungen zu negativen Wirkungen (z. B. Emissionsmengen) - wegen der damit verbundenen Publizität - bestünde.

Führungsfunktionen	Umsetzung der umweltbezogenen betrieblichen Strategien auf den Instrumentalbereich; Einsatz von Planung, Entscheidung, Organisation (vgl. insbes. "Umweltschutzbeauftragter") und Überwachung; umweltspezifische Motivation und Schulung (insbes. Förderung des Umweltbewußtseins)
Forschung & Entwicklung	Produktgestaltung, Verfahrensgestaltung (z.B. integrierte Maßnahmen)
Materialwirtschaft	Umweltorientierter Einkauf, sparsamer Ressourceneinsatz, Erarbeitung ökologiegerechter Sicherheitskonzepte und -systeme für Lagerung und Transport, incl. Recycling und Entsorgungskonzepte
Produktion	Einsatz umweltfreundlicher Produktionsverfahren, Optimierung des Ressourcenverbrauchs und der Abgabe von Reststoffen
Marketing	Umweltorientierter Marketing-Mix: Produkt-, Kommunikations-, Kontrahierungs- und Distributionspolitik
Finanzierung	Kapitalbereitstellung für Umweltschutzinvestitionen: Betriebliche Finanzierungsinstrumentarien, öffentliche Förderungen (Zuschüsse und steuerliche Anreize)
Versicherung	Risk Management zur Vorsorge für Umweltschäden (Umwelthaftung, Verursacherprinzip)
Informationswesen	Erfassung der Wirkungen von umweltbezogenen Maßnahmen auf Kosten und Erträge. Umweltbezogenes internes und externes betriebliches Informationswesen (vgl. gesellschaftsbezogene Umweltrechnungslegung); insbes. defensive versus offensive Umweltinformationspolitik

Übersicht 17: Instrumente und Inhalte umweltorientierten betrieblichen Handelns (in Anlehnung an Strunz 1993c, 71)

In bezug auf betrieblichen Umweltschutz ist zusammenfassend festzustellen, daß dieser für alle Beteiligten nur dann befriedigend bewältigt werden kann, wenn nicht nur sporadische Einzelmaßnahmen - oft nur als Reaktionen auf gesetzliche Auflagen - getroffen werden. Vielmehr ist ein umfassendes, aktives "Umweltmanagement" zu fordern. Dabei setzt das Unternehmen freiwillig umweltorientierte Maßnahmen in allen betrieblichen Funktionsbereichen. Durch ein derartiges Umweltmanagement soll Umweltschutz längerfristig auch nicht nur Kostenfaktor sein, sondern durchaus neue unternehmerische Chancen bieten. Die praktische Umsetzung des Konzepts Umweltmanagement ist letztlich Resultat eines Bewußtseinsprozesses auf individueller und kollektiver Ebene. Dieser ist momentan allerdings eher noch wenig fortgeschritten und darüber hinaus vor allem auch eine Frage ethischen Empfindens.

8.3. Fall 3: Reform öffentlicher Verwaltungen

8.3.1. Verwaltungsreform in Österreich

Unter Verwaltungsreform versteht man - vor dem Hintergrund gesellschaftlichen Wandels - umfassende Maßnahmen zur Entwicklung des Systems der öffentlichen Verwaltung. Dabei steht insbesondere dessen höhere Qualifikation zur Erfüllung der Aufgaben im Vordergrund. Derartige Bemühungen haben eine lange Tradition und beinhalten üblicherweise zwei Gesichtspunkte. Zum einen die adäquate Berücksichtigung neuer Aufgaben, die den (umfangreichen) Katalog bestehender Aufgaben der Verwaltung entsprechend verändern; zum anderen die Bewältigung der administrativen Probleme, die sich aus der laufenden Verwaltungstätigkeit ergeben. Besonders dieser Bereich bildet vielfältige Ansatzpunkte für Reformbemühungen. Ein wesentlicher Grund dafür ist die Existenz des sogenannten "bürokratischen Phänomens": Max Webers "Idealtypus der Bürokratie" (Weber 1922/1985) sieht, durchaus positiv gemeint, gewisse Standards formalisierten Handelns vor (z.B. Bindung an Regeln, Pflicht zur Dokumentation etc.). Gerade daraus freilich ergeben sich in der Praxis der Verwaltung zahlreiche Dysfunktionalitäten. Dies ist letztlich auch die Hauptursache für die Innovationsbedürftigkeit des Verwaltungssystems.

In jüngster Zeit wurde in Österreich ein neues Projekt zur Reform der öffentlichen Verwaltung initiiert. Aufgrund des Fehlens umfassender Programme, verbunden mit einem Mangel an mittel- und langfristigen Perspektiven, wurde von der österreichischen Regierung mit Beginn 1989 ein Projekt zur Reform der öffentlichen Verwaltung eingeleitet. Dabei handelt es sich um eine, die ministerielle Ebene der Bundesverwaltung sowie alle nachgeordneten Dienststellen erfassende Reformaktivität. In diesem Rahmen soll eine Überprüfung der Aufgabenstellung der öffentlichen Verwaltung, ihrer Organisationsstrukturen und Abläufe, verbunden mit der Setzung geeigneter Maßnahmen, erfolgen. Die Ziele im einzelnen stellen sich wie folgt dar:

- Bereinigung der Aufgaben und Struktur des Managements der öffentlichen Verwaltung durch Konzentration auf deren zentrale Funktionen

- Steigerung der Produktivität der Verwaltung in bezug auf Effektivität und Effizienz in der Erfüllung der Aufgaben

- Senkung der Kosten; Schaffung eines Systems von Kennzahlen in bezug auf Kosten und Leistungen

- Entlastung des Managements durch die Konzentration auf echte Aufgaben des Managements sowie die Entwicklung eines Instrumentariums zur Unterstützung einer resultatsorientierten Führung der Verwaltung

- Erzielung einer ausgewogenen Arbeitsverteilung für die Mitarbeiter der öffentlichen Verwaltung

- Vermehrte Bürgerorientierung der Verwaltung durch Verstärkung der Servicefunktion.

8.3.2. Die österreichische Verwaltungsreform aus der Sicht von Mitarbeitern des öffentlichen Dienstes

Anfang 1990 wurde von Strunz/Stockinger (1991) eine Erhebung zum laufenden Projekt der österreichischen Verwaltungsreform durchgeführt. Ziel dieser Erhebung war es, aus der Sicht von Mitarbeitern der öffentlichen Verwaltung folgendes zu erfahren:

- Wird die Möglichkeit gesehen, aufgrund des gegenwärtigen Projekts zur Verwaltungsreform grundlegende Veränderungen zu erzielen?

- Wo werden - aufgrund persönlicher beruflicher Erfahrung in der öffentlichen Verwaltung - Ansatzpunkte für notwendige und sinnvolle Veränderungen gesehen?

Zur Abdeckung eines möglichst breiten Spektrums von Meinungen wurden mittels Zufallsauswahl 203 Mitarbeiter der öffentlichen Verwaltung befragt. Die Stichprobe umfaßt Mitarbeiter aus zahlreichen Ressorts mit unterschiedlichem dienstlichen Status, Geschlecht und Alter. Nach Bereichen der Verwaltung gliedert sich die Stichprobe wie folgt: Finanzen 15%, Soziales 15%, Wissenschaft und Forschung 9%, Unterricht 13%, Inneres 20%, auswärtige Angelegenheiten 5%, wirtschaftliche Angelegenheiten 4%, Landesverteidigung 6%, Post 13%. Dabei wurden sowohl die jeweiligen Zentralstellen als auch deren nachgeordnete Dienststellen einbezogen. Bezogen auf den dienstlichen Status der Befragten umfaßte die Stichprobe 21% Angehörige der Verwendungsgruppe A (höherer Dienst), 47% der Verwendungsgruppe B (gehobener Dienst) und 32% der Verwendungsgruppe C (Fachdienst). 36% Frauen und 64% Männer gehörten folgenden Altersgruppen an: 22% bis 30 Jahre, 62% 31-50 Jahre und 16% über 50 Jahre.

Als Methode zur Erhebung wurde die schriftliche Befragung mittels strukturiertem Fragebogen gewählt.

Zunächst stand die Frage im Vordergrund, wie die Möglichkeit eingeschätzt wird, aufgrund des gegenwärtigen Projekts der Verwaltungsreform Veränderungen zu erzielen. Das diesbezügliche Gesamtergebnis zeigt Übersicht 18.

Veränderungsmöglichkeit [1]	Veränderungen durch Verwaltungsreform				Dienstlicher Status			Geschlecht		Alter		
In %	Gesamt	Eher	Weniger	Nicht	A	B	C	F	M	-30	-50	+50
Ja, sehr	3	17	0	0	13	2	0	1	5	4	3	5
Ja, eher	16	83	0	0	0	19	23	15	17	23	13	18
Nein, weniger	64	0	100	0	69	64	59	62	65	60	67	56
Nein, gar nicht	17	0	0	100	18	15	18	22	13	13	17	21
POSITIVE STATEMENTS	19	100	0	0	13	21	23	16	22	27	16	23
Gutes Konzept der Verwaltungsreform	2	12	0	0	8	1	1	1	3	3	1	5
Gute Durchschlagskraft der Politiker	3	15	0	0	4	5	0	2	4	4	2	5
Echte Veränderungsbereitschaft der Beamten	8	43	0	0	4	8	12	8	9	13	8	6
Immer größere Notwendigkeit der Veränderung	10	50	0	0	0	11	15	7	11	18	6	12
Druck der Öffentlichkeit	2	10	0	0	0	2	3	0	3	0	1	6
NEGATIVE STATEMENTS	81	0	100	100	87	79	77	84	78	73	84	77
Schlechtes Konzept der Verwaltungsreform	32	0	38	43	28	31	35	42	26	35	30	34
Mangelnde Durchschlagskraft der Politiker	41	0	50	70	59	32	41	39	42	20	44	56
Mangelnde Veränderungsbereitschaft der Beamten	54	0	69	69	68	57	39	49	56	45	59	41
Unflexible und unüberschaubare Strukturen	4	0	7	2	9	2	3	8	2	10	3	0
Gewerkschaftseinfluß	1	0	1	2	2	0	2	2	1	2	1	0
PERSONENANZAHL	203	40	129	34	43	95	65	73	130	44	127	32

[1]) Filterfrage: Nur jene Befragten, die sich mit "Ja, sehr" und "Ja, eher" äußerten, zeichneten in der Folge für die positiven Statements verantwortlich, bzw. vice versa; Mehrfachangaben waren möglich.

Übersicht 18: Möglichkeiten grundlegender Veränderungen durch die gegenwärtige Verwaltungsform (Strunz/Stockinger 1991, 257)

Übersicht 18 zeigt, daß die Möglichkeit von Veränderungen durch das gegenwärtige Projekt der Verwaltungsreform von 19% der Befragten positiv eingeschätzt wird. Die überwiegende Mehrheit von 81% beurteilt diese Frage allerdings negativ. Die Ursachen dafür sind - wie die positiven und negativen Statements zeigen - vielfältiger Art. Chancen werden dem Projekt vor allem durch die immer größere Notwendigkeit von Veränderungen eingeräumt. Mangelnde Bereitschaft zu Veränderungen seitens der Mitarbeiter der öffentlichen Verwaltung wird vor allem als Grund für die Einschätzung, daß nur wenige oder keine Möglichkeiten der Veränderung bestehen, gesehen.

Die Aussagen wurden sodann nach Signifikanzen in bezug auf Dienststatus, Geschlecht und Alter der Befragten untersucht. Das Ergebnis zeigt Übersicht 19.

Veränderungsmöglichkeit	Dienstlicher Status	Geschlecht	Alter
Ja, sehr	V-Gruppe A	männlich	gemischt
"Optimisten"			
Ja, eher (19 v.H.)	V-Gruppe C	gemischt	bis 30
Nein, weniger	nach Status steigend	gemischt	bis 30
"Pessimisten"			
Nein, gar nicht (81 v.H.)	eher V-Gruppen A und C	weiblich	über 50

Übersicht 19: Signifikanzen bei der Beurteilung von Veränderungsmöglichkeiten (Strunz/Stockinger 1991, 258)

Signifikant erscheint, daß Optimisten vor allem in der Verwendungsgruppe A zu finden sind. Die überwiegende Mehrheit konzentriert sich allerdings - nach Status gemischt - bei der Einschätzung "nein, weniger". In bezug auf das Geschlecht erweisen sich die befragten Frauen tendenziell pessimistisch, die Männer eher optimistisch. Altersmäßig sind insgesamt kaum Signifikanzen ersichtlich.

Nach dieser allgemeinen Einschätzung der Möglichkeit von Veränderungen durch die gegenwärtige Verwaltungsreform war es von Interesse, zu erheben, wo die befragten Mitarbeiter der öffentlichen Verwaltung aufgrund ihrer persönlichen beruflichen Erfahrungen Ansatzpunkte für mögliche und sinnvolle Veränderungen sehen. Die Frage richtet sich dabei auf organisationsinterne Vorgänge, weil eine Verwaltungsreform hauptsächlich diese anspricht. Konkret wurden dafür die Führungsfunktionen Kommunikation, Entscheidung, Zielsetzung und Planung, Motivation, Organisation und Überwachung herangezogen (vgl. auch Abschnitt 6.2.). Der Grund dafür liegt in der Möglichkeit der systematischen Analyse und der möglichen breiten inhaltlichen Abdeckung. Die einzelnen Funktionen und ihre wesentlichen Aspekte bilden den Rahmen, innerhalb dessen die Notwendigkeiten und potentiellen Möglichkeiten der Veränderung erfragt wurden. Die Ergebnisse im einzelnen sind aus Übersicht 20 ersichtlich.

Das Gesamtergebnis zeigt, daß in sämtlichen Bereichen großer Bedarf an Veränderung gesehen wird. Besonders die Funktionen Motivation (89%) und Organisation (88%) werden diesbezüglich von fast 90% der Befragten genannt. Kommunikation und Entscheidung mit je 76% sowie Zielsetzung/Planung (62%) und Überwachung (46%) stehen gegenüber den erstgenannten etwas zurück. Jedoch kommt auch hier großes Reformpotential zum Ausdruck. Die Problemerkenntnis der Befragten kann jedenfalls als außerordentlich hoch beurteilt werden. Ob die Bereitschaft zu tatsächlichen Veränderungen damit Schritt halten könnte, kommt dadurch jedoch nicht zum Ausdruck.

Veränderungsmöglichkeit [1]	Veränderungen durch Verwaltungsreform				Dienstlicher Status			Geschlecht		Alter		
In %	Gesamt	Eher	Weniger	Nicht	A	B	C	F	M	30	-50	+50
Bereich KOMMUNIKATION	76	71	74	91	73	79	75	80	74	90	76	72
Kommunikationsstil	50	41	55	42	56	50	45	55	46	36	52	62
Informationsbeschaffung	38	50	36	33	37	45	29	43	35	41	37	41
Informationsweitergabe	73	78	72	68	64	78	70	68	75	73	75	63
Bereich ENTSCHEIDUNG	76	83	75	71	67	81	73	70	78	76	73	84
Mitsprache	63	58	63	73	58	60	72	77	57	61	67	53
Autonomie	23	20	27	13	37	28	7	20	25	13	22	40
Flexibilität	62	74	60	50	56	70	51	60	63	75	58	55
Bereich ZIELSETZUNG/ PLANUNG	62	68	62	57	68	57	66	45	72	62	65	50
Strategie	30	30	31	25	46	32	17	29	30	26	22	79
Zielvorgabe	40	40	42	35	47	36	41	31	43	43	41	31
Planung	59	53	59	66	50	65	58	63	58	58	60	57
"Marktorientierung"	31	27	30	44	12	46	26	36	30	34	28	45
Bereich MOTIVATION	89	88	88	97	87	88	93	84	92	88	91	85
Image der Organisation	47	54	48	34	64	46	37	40	50	47	45	54
Aufstiegsmöglichkeiten	43	34	45	42	25	39	59	40	44	45	42	43
Verantwortung	63	57	69	51	64	63	62	62	64	65	63	60
Entlohnung	53	54	59	34	47	56	53	56	52	70	48	51
Begünstigungen	11	14	9	13	4	13	12	11	11	24	7	10
Bereich ORGANISATION	88	85	90	82	86	93	81	81	92	89	87	90
Struktur	42	53	40	35	56	41	34	33	46	39	42	45
Arbeitsteilung	30	36	26	38	14	33	37	32	29	29	30	31
Kooperation	49	53	50	45	43	60	35	64	42	57	49	40
Koordination	65	54	70	55	67	68	58	71	62	69	70	40
Bereich ÜBERWACHUNG	46	50	46	44	50	39	54	43	48	33	50	48
Überwachungsinstanz	37	45	35	32	47	36	32	24	43	27	42	24
Leistungskontrolle	58	64	57	54	61	52	63	61	56	54	55	76
Andere Bereiche	7	7	8	2	7	8	5	4	9	9	8	0
Keine Veränderungen	3	0	3	4	3	2	4	7	1	2	3	4
PERSONEN	203	40	129	34	43	95	65	73	130	44	127	32

[1] Filterfrage: Nur jene Befragten, die einen bestimmten Bereich (z.B. Kommunikation) als Ansatzpunkt für Veränderungen nannten, wurden zu diesem Punkt weiter befragt; Mehrfachangaben waren möglich.

Übersicht 20: Ansatzpunkte für Veränderungen nach betrieblichen Funktionsbereichen (Strunz/Stockinger 1991, 259)

Betrachtet man die Funktionen im einzelnen, ergibt sich folgendes Bild: Im Bereich Kommunikation stellt sich besonders die Weitergabe von Informationen als problematisch dar. Für 73% ergeben sich diesbezüglich Schwierigkeiten. Sicherlich sind hier Zusammenhänge mit dem Kommunikationsstil (für 50% problematisch) zu sehen. Signifikanzen zeigen sich hier insofern, als die Weitergabe von Informationen für Mitarbeiter über 50 Jahre weniger problematisch ist. Demgegenüber erscheint der Kommunikationsstil für diese Altersgruppe veränderungsbedürftiger als für jüngere Mitarbeiter. Insgesamt haben mit Kommunikation ältere Mitarbeiter weniger Probleme als jüngere, Männer weniger Schwierigkeiten als Frauen.

Bezüglich Entscheidung sind es vor allem die Bereiche Mitsprache und Flexibilität, die als reformbedürftig erscheinen. (Mangelnde) Mitsprache ist besonders für Mitarbeiter der Verwendungsgruppe C ein vorrangiges Problem. Mitarbeiter der Verwendungsgruppe A sehen aufgrund ihrer offenbar höheren Befugnisse zur Entscheidung zwar weniger Probleme, für die Autonomie der Entscheidung trifft dies jedoch nicht zu, besonders bei Mitarbeitern über 50 Jahre. Mitarbeiter der Verwendungsgruppe B wiederum problematisieren vor allem den Bereich Flexibilität der Entscheidung.

Innerhalb von Zielsetzung und Planung wird besonders die Planung als veränderungsbedürftig erkannt. Daß "Marktorientierung" von (nur) 31% als verbesserungswürdig erkannt wurde, läßt gewisse Rückschlüsse in bezug auf Servicedenken und Bürgernähe der öffentlichen Verwaltung zum gegenwärtigen Zeitpunkt zu. Möglichkeiten der Verbesserung in diesem Bereich sind offenkundig, werden allerdings nicht in entsprechendem Ausmaß identifiziert.

Motiviation ist der mit 89% am meisten problematisierte Bereich. Leitet man daraus Folgerungen betreffend die allgemeine Motivation in der öffentlichen Verwaltung ab, kommt dem Motivationsmanagement eine Schlüsselfunktion zu. Dies steht auch mit der erfolgreichen Durchsetzung einer Verwaltungsreform in enger Beziehung. Gelingt die Motivation dafür nämlich nicht, ist auch das Gelingen eines Reformprojekts nicht gesichert. Die Befragung unterstreicht diesen Gesichtspunkt auch. Signifikant ist nämlich der Umstand, daß 97% der Mitarbeiter, die den Bereich Motivation für verbesserungsbedürftig halten, gleichzeitig die Gruppe repräsentieren, die der gegenwärtigen Verwaltungsreform keine Chancen auf Veränderung einräumen. Im einzelnen stellt sich der Bereich "Verantwortung" als besonders problematisch dar. Demnach wird persönliche Verantwortung von den Mitarbeitern der öffentlichen Verwaltung - besonders auch als Motivationsfaktor - hoch eingeschätzt. Diese Schlußfolgerung wird durch die Ergebnisse einer Zusatzfrage gestützt: 68% der Befragten bevorzugen eine Tätigkeit mit Verantwortung, 9% können dies nicht ausdrücklich feststellen. 23% äußerten sich zu dieser Frage unentschieden. Auch der Umstand, daß auf relativ hohem Niveau der Problematisierung keine Signifikanzen in bezug auf dienstlichen Status, Geschlecht und Alter erkennbar sind, legitimiert die allgemeine Bedeutung dieses Bereiches. Entlohnung als positiver Faktor der Motivation kommt bei 70% der Mitarbeiter unter 30 Jahre nicht zur Geltung: Die Unzufriedenheit mit der Entlohnung ist bei dieser Gruppe signifikant am höchsten.

Ähnlich wie Motivation wird auch der Bereich Organisation - ohne Signifikanzen - als sehr veränderungsbedürftig beurteilt. Besonders im Zusammenhang mit Koordination und Kooperation werden Mängel festgestellt. Die Dysfunktionalitäten der bürokratischen Struktur können sicherlich als wesentliche Ursachen für die georteten Probleme gesehen werden. Das Bedürfnis nach Veränderungen geht hier vor allem von jüngeren Mitarbeitern aus.

Im Bereich Überwachung - der an sich weniger als die anderen Bereiche als veränderungsbedürftig gesehen wird - wird besonders in bezug auf die Kontrolle der Leistung kritisch Stellung genommen. Vor allem ältere Mitarbeiter wie auch jene, die dem gegenwärtigen Projekt der Verwaltungsreform Chancen zur Veränderung einräumen, sind hier zu nennen. Als Vorschläge für diesbezügliche Veränderungen werden etwa die Einrichtung von Instrumentarien zur Kontrolle, resultatsorientiertes Management sowie die Forderung nach Steigerung der Produktivität genannt. Die Bereiche Motivation und Überwachung weisen eindeutige Bezüge zueinander auf. Der Wunsch nach Wahrnehmung von Verantwortung beinhaltet letztlich auch die Erbringung von Leistungen. Deren Honorierung wiederum setzt auch diesbezügliche Mechanismen der Überwachung bzw. Beurteilung voraus. Gerade hier werden aber Probleme, vor allem in bezug auf die mangelnde Kontrolle der erbrachten Leistungen, gesehen.

Die Ergebnisse der Erhebung lassen sich in zwei wesentlichen Aussagen darstellen:

- Zum einen räumt dem Projekt der Verwaltungsreform in seiner gegenwärtigen Form nur der kleinere Teil der Befragten - aus verschiedenen Gründen - Potential zur Erreichung von Veränderungen ein

- Zum anderen werden - durchaus selbstkritisch - zahlreiche Problembereiche erkannt, deren eingehende Behandlung aus der Sicht der Befragten Inhalt einer Verwaltungsreform sein müßte.

Die Notwendigkeit einer Veränderung der internen Strukturen und Prozesse im allgemeinen bietet sich an, Gegenstand umfassender Organisationsentwicklung zu sein. Dieses Konzept bietet die Möglichkeit, durch detaillierte Arbeit mit Hilfe zahlreicher Techniken auf der Ebene von Individuum und Gruppe substantielle Effekte zu erzielen. Dabei wird durchaus auch die Perspektive des Gesamtsystems berücksichtigt. Positiv zu beurteilen ist auch der in diesem Zusammenhang stehende Aspekt der Selbsterneuerung. Dennoch ist das Erfolgspotential derartiger Methoden mit Vorsicht zu beurteilen. Aufgrund der Größe und Vielschichtigkeit des Systems öffentlicher Verwaltung sind - nicht zuletzt aufgrund festzustellenden Beharrungsvermögens - Bemühungen zur Veränderung nur in langsamer, schrittweiser und auf allen Ebenen arbeitsintensiver Form erfolgversprechend.

9. Zusammenfassung

Im vorliegenden Band wird „Verwaltung“ umfassend als Management von Organisationen interpretiert. Der Grund dafür liegt im Umstand, daß Verwaltung üblicherweise im Kontext öffentlicher - oder noch enger - staatlicher Verwaltung gesehen wird. Verwaltung tritt jedoch auch in zahlreichen anderen Arten auf. Als Beispiel dafür seien etwa große Unternehmen genannt. Beide Sichtweisen erfassen allerdings die inhaltliche Weite des „Administrierens“ nicht. Davon ausgehend versucht der vorliegende Text, Probleme der Verwaltung in einem erweiterten Sinn zu erörtern und Lösungsvorschläge dafür anzubieten. Dafür werden die Gegebenheiten in öffentlichen und privaten Organisationen gleichermaßen besonders berücksichtigt.

Zunächst wird auf die historische Entwicklung der Verwaltung eingegangen. Ausgewählte Beispiele aus den gesellschaftlichen Bereichen Staat, Kultur und Wirtschaft zeigen, wie in der Vergangenheit Aufgaben und Probleme von Management, Verwaltung und Organisation in oft bemerkenswerter Weise bewältigt wurden. Die Erkenntnise aus der Entwicklung der Verwaltung führen zur Formulierung von Arbeitshypothesen, die - aufgrund ihrer historischen, organisationstheoretischen und wissenschaftstheoretischen Basis - das Feld der weiteren Untersuchung abstecken.

Im Anschluß an die Herstellung des historischen Kontexts wird der vielschichtige Begriff „Verwaltung“ einer terminologischen Analyse unterzogen, die zur Klärung der häufig anzutreffenden begrifflichen Unsicherheit und Verwirrung beitragen soll. Die Aufarbeitung der wesentlichen Entwicklungslinien mündet im gegenwärtigen begrifflichen Status in Rechtswissenschaft, Betriebswirtschaftslehre und Soziologie. Dabei wird vor allem offenkundig, daß bisher weder innerhalb der einzelnen Disziplinen noch fächerübergreifend ein inhaltlicher Konsens erzielt werden konnte.

Verwaltung vollzieht sich regelmäßig im Rahmen von Organisationen. Aufgrund dessen ist deren theoretische Analyse von Interesse, die vor dem Hintergrund der Erkenntnisinteressen jener Disziplinen, die sich mit Organisationen beschäftigen, erfolgt. Dazu werden die jeweiligen disziplinären Erkenntnisinteressen herausgearbeitet; dabei häufig festzustellenden Unklarheiten entgegenzuwirken, die vor allem beim Überschreiten enger fachlicher Grenzen entstehen, dient der Versuch, die Vielfältigkeit der organisationsrelevanten Aspekte zu fokussieren. Dabei tritt deutlich die Notwendigkeit interdisziplinärer Zusammenarbeit bei der Behandlung von Organisationen hervor. Diese ist zwar insgesamt nur schwierig zu realisieren; angesichts des gegenwärtigen Standes der Bemühungen kann allerdings beim Erzielen von nur kleinen diesbezüglichen Fortschritten bereits von Erfolg gesprochen werden.

Verwaltung ist zwar grundsätzlich in jeder Art von Organisation festzustellen, tritt aber doch in unterschiedlichen Erscheinungsformen auf. Um in weiterer Folge differenzierter vorgehen zu können, erfolgt anhand spezifischer Kriterien eine Abgrenzung öffentlicher Verwaltungen, Verbände, öffentlicher Unternehmen, Genossenschaften, privater

Unternehmen und privater Haushalte. Dabei werden insbesondere die jeweiligen Spezifika dieser sehr verschiedenen Organisationstypen herausgearbeitet.

Verwaltung im Sinn von Management wird hier als zentrale Aufgabe in Organisationen betrachtet. Vor diesem Hintergrund erfolgt die Darstellung der diesbezüglich wesentlichen Elemente. Dabei stellen sich die Elemente in Form von Funktionen dar, konkret als Führungsfunktionen, Sachfunktionen und Informationsfunktionen mit ihren jeweiligen Teilfunktionen. Eine detailliertere Analyse der wesentlichen diesbezüglichen Inhalte zeigt wichtige Probleme auf, die wiederum die Grundlage für entsprechende Lösungsvorschläge bieten. Insgesamt wird auf die Verhältnisse in großen öffentlichen und privaten Organisationen Bezug genommen.

Ausgewählte Fragen der Verwaltung in öffentlichen und privaten Organisationen stehen im Anschluß daran zur vertiefenden Diskussion. Die Analyse signifikanter Probleme beim Management dieser Organisationstypen führt zur Erkenntnis, daß trotz vieler Gemeinsamkeiten auch erhebliche Unterschiede zu berücksichtigen sind. Diese bestehen besonders im Bereich der Zielsetzung und Steuerung, aber auch im operativen Bereich.

Schließlich werden ausgewählte Herausforderungen thematisiert, die sich moderner Verwaltung stellen. Die Gestaltung der gesellschaftlichen und wirtschaftlichen Rahmenbedingungen für Organisationen erweist sich dabei als wesentliche Aufgabe der (staatlichen) Verwaltung. Diesbezügliche Erfordernisse werden aufgezeigt und entsprechende Möglichkeiten der Strukturierung von Rahmenbedingungen skizziert. Es zeigt sich, daß vor allem eine systemische Sichtweise die Möglichkeit bietet, die dabei gegebene Komplexität zu erfassen.

Die Bewahrung der natürlichen Umwelt stellt sich als eine der wichtigsten Aufgaben der heutigen Zeit dar. Öffentlichen und privaten Institutionen gleichermaßen stehen zahlreiche Möglichkeiten zur Verfügung, um wesentliche Beiträge zu leisten. Als solche stellen sich insbesondere die im wesentlichen von der öffentlichen Hand zu gestaltenden Instrumente Umweltrecht und Umweltpolitik sowie vielfältige Methoden betrieblichen Umweltschutzes dar. Freiwilliges Handeln auf ethischer Grundlage erweist sich dabei gegenüber Auflagen als zielführender.

Die Notwendigkeit der Reform von Verwaltungen ist ein konstantes Thema im Rahmen der gestellten Thematik. Aus diesem Grund stehen abschließend die jüngsten Bemühungen zur Reform der öffentlichen Verwaltung in Österreich zur Diskussion. Diese werden aus der Sicht von Mitarbeitern des österreichischen öffentlichen Dienstes kritisch beurteilt. Dabei tritt vielfach auch Selbstkritik hervor, die nicht zuletzt in konstruktiven Vorschlägen zu nachhaltigen Verbesserungen mündet. In methodischer Sicht bietet sich insbesondere das Konzept der Organisationsentwicklung an, um eine umfassende Veränderung der Strukturen und Prozesse zu bewältigen. Insgesamt zeigt sich, daß Bemühungen zur Veränderung nur in langsamer, schrittweiser und auf allen Ebenen arbeitsintensiven Form erfolgversprechend sind.

Literaturverzeichnis

AL-ANI A. (1992): Auswirkungen eines Executive Information System auf die betrieblichen Prozesse, in: Die Unternehmung 2/1992, S. 101-111.

ADAMOVICH, L. K./FUNK, B.-C. (1986): Allgemeines Verwaltungsrecht. Wien/New York, NY.

ADORNO, T. W. (1958): Dissonanzen. Musik in der verwalteten Welt. Göttingen.

AKTIENGESETZ 1965 (AktG), BGBl 1965/98, i.d.F. BGBl 1979/139.

BACH, G. L. (1977): Microeconomics. Englewood Cliffs, NJ.

BAUER, L./MATIS, H. (1988): Geburt der Neuzeit. München.

BECKER, B. (1989): Öffentliche Verwaltung. Starnberg.

BELLINGER, B. (1967): Geschichte der Betriebswirtschaftslehre. Stuttgart.

BITZ, M./DELLMANN, K./DOMSCH, M./EGNER, H. (Hrsg.) (1990): Vahlens Kompendium der Betriebswirtschaftslehre, 2 Bände. München.

BLAU, P. M./SCOTT, W. R. (1962): Formal Organizations. San Francisco, Ca.

BOSETZKY, H./HEINRICH, P. (1981): Verwaltung, in: BECKERATH, P. G. v./SAUERMANN, P./WISWEDE, G. (Hrsg.) Handwörterbuch der Betriebspsychologie und Betriebssoziologie, S. 379-382. Stuttgart.

BRAUDEL, F. (1990): Sozialgeschichte des 15. - 18. Jahrhunderts, Band 2: Der Handel, München.

BRAUN, G. E. (1988): Ziele in öffentlicher Verwaltung und privatem Betrieb. Baden-Baden.

BREASTED, J. (1936): Geschichte Ägyptens. Wien.

BRUNNER, O. (1949): Adeliges Landleben und europäischer Geist. Salzburg.

CHMIELEWICZ, K. (1971): Überlegungen zu einer Betriebswirtschaftslehre der öffentlichen Verwaltung, in: Zeitschrift für Betriebswirtschaft 1971, S. 583-610.

DAMKOWSKI, W. (1969): Die Entstehung des Verwaltungsbegriffes. Köln/Berlin/Bonn/München.

DUVERGER, M. (1951): Les parties politiques. Paris.

EDWARDS, I. E. S. (1947): The Pyramids of Egypt. London.

EICHHORN, P. (1987a): Allgemeine und Öffentliche Betriebswirtschaftslehre, insbesondere Doppik und Kameralistik, in: EICHHORN, P. (Hrsg.): Doppik und Kameralistik, S. 48-62. Baden-Baden.

EICHHORN, P. (1987b): Was können Unternehmen und Verwaltungen voneinander lernen?, in: Baden-Württembergische Verwaltungspraxis 10/1987, S. 317-321.

ETZIONI, A. (1961): A Comparative Analysis of Complex Organizations. New York, NY.

FAYOL, H. (1929): Allgemeine und industrielle Verwaltung. München/Berlin.

FLYNN, M. (1990): Public Sector Management. London.

GEORGE, C. S. (1972): The History of Management Thought. Englewood Cliffs, NJ.

GOULDNER, A. W. (1954): Patterns of Industrial Bureaucracy. Glencoe, Ill.

GRINSELL, L. V. (1947): Egyptian Pyramids. Gloucester.

HALL, R. H. (1972): Organizations. Englewood Cliffs, NJ.

HELFRITZ, H. (1938): Geschichte der Preußischen Heeresverwaltung. Berlin.

HOFMANN, M. (1988): Einführende und grundsätzliche Überlegungen zum funktionalen Management, in: HOFMANN, M./ROSENSTIEL, L. v. (Hrsg.): Funktionale Managementlehre, S. 7-37. Berlin/Heidelberg/New York, NY.

HOFMANN, M. (1989): Einführung in die allgemeine Managementlehre; Teil 1. Wien.

HOFMANN, M./STRUNZ, H. (1991): Probleme des Managements öffentlicher Unternehmen, in: Zeitschrift für öffentliche und gemeinwirtschaftliche Unternehmen 1/1991, S. 42-64.

HOFMANN, M./STRUNZ, H. (1993): Elemente des Verwaltungsmanagements, in: HOFMANN, M./ZAPOTOCZKY, K./STRUNZ, H. (Hrsg.): Gestaltung öffentlicher Verwaltungen, S. 37-55. Heidelberg.

KATZ, D./KAHN, R. L. (1966): The Social Psychology of Organizations. New York, NY./London.

KETS de VRIES, M./MILLER, D. (1984): The Neurotic Organization. San Francisco, Ca.

KIESER, A./KUBICEK, H. (1978): Organisationstheorien, Bd. 1. Stuttgart.

KORTZFLEISCH, G. v. (1969): Militärorganisation, in: GROCHLA, E. (Hrsg.): Handwörterbuch der Organisation, Sp. 990-100. Stuttgart.

KOZINSKI, W. (1969): The Investment Process Organization of the Cheops Pyramid. Warschau.

KRAUSE, J. H. (1972): Olympia, oder Darstellung der großen olympischen Spiele und der damit verbundenen Festlichkeiten. Hildesheim/New York, NY.

LEFTON, M./ROSENGREN, W. R. (1966): Organizations and Clients: Lateral and Longitudial Dimensions, in: American Sociological Review 31/1966, S. 802-810.

LEGRAND, P. H. (Hrsg.) (1948): Herodot Histoires. Paris.

LÖFFELHOLZ, J. (1980): Repetitorium der Betriebswirtschaftslehre. Wiesbaden.

LUHMANN, N. (1985): Soziale Systeme. Grundriß einer allgemeinen Theorie. Frankfurt am Main.

LUHMANN, N. (1988): Die Wirtschaft der Gesellschaft. Frankfurt am Main.

LYNN, N. B./WILDAVSKY, A. (1990): Public Administrations: The State of the Discipline. Chatham.

MACHIAVELLI, N. (1532): Der Fürst, in: Reclam Universal Bibliothek, Nr. 1218. Leipzig 1961.

MARCUSE, H. (1967): Der eindimensionale Mensch. Neuwied/Berlin.

MARX, K. (1894): Das Kapital, Bd. 1. Berlin 1962.

MAY, G. (1969): Kirchenorganisation, in: GROCHLA, E. (Hrsg.): Handwörterbuch der Organisation, Sp. 805-817. Stuttgart.

MAYNTZ, R. (1963): Soziologie der Organisation. Reinbek.

McKELVEY, B. (1975): Guidelines for the Empirical Classification of Organizations, in: Administrative Science Quarterly 20/1975, S. 509-525.

MILLER, D./FRIESEN, P. H. (1984): Organizations: A Quantum View. Englewood Cliffs, NJ.

MORSTEIN-MARX, F. (1957): The Administrative State. Chicago, Ill.

NACK, E./WÄGNER, W. (1976): Rom, Land und Volk der alten Römer. Wien.

OFFICE OF MANAGEMENT AND BUDGET (1972): Standard Industrial Classification Manual. Washington, DC.

OPITZ, H.-J. (1955): Der Verwaltungsbegriff in der Betriebswirtschaftslehre. Freiburg (Schweiz).

PARSONS, T. (1960): Structure and Process in Modern Societies. Glencoe, Ill.

PERROW, C. (1970): Organizational Analysis: A Sociological View. Belmont, Ca.

PERRY, J. (ed.) (1989): The Handbook of Public Administration. San Francisco, Ca.

PUGH, D. S./HICKSON, D. J./HININGS, C. R. (1969): An Empirical Taxonomy of Structures of Work Organizations, in: Administrative Science Quarterly 14/1969, S. 115-126.

REICHARD, C. (1987): Betriebswirtschaftslehre der öffentlichen Verwaltung. Berlin/New York, NY.

RIEGER, F. H. (1983): Unternehmen und öffentliche Verwaltungsbetriebe. Berlin.

RIEGER, F. H. (1991): Grundlagen der Betriebswirtschaftslehre öffentlicher Verwaltungsbetriebe, in: Wirtschaftswissenschaftliches Studium 5/1991, S. 382-387 und 8-9/1991, S. 602-607.

RILL, H. P. (1979): Zum Verwaltungsbegriff, in: ERMACORA, F./WINKLER, G./KOJA, F./RILL, H. P./FUNK, B.-C. (Hrsg.): Allgemeines Verwaltungsrecht, S. 35-59. Wien.

SCHAUER, R. (1984): Die Verwaltung als betriebliches Teilsystem. Wien.

SCHAUER, R. (1988): Leitfaden für die Reform des öffentlichen Rechnungswesens, in: Das öffentliche Haushaltswesen in Österreich 1-2/1988, S. 59-62.

SCOTT, W. R. (1986): Grundlagen der Organisationstheorie. Frankfurt am Main/New York, NY.

SELLIEN, R./SELLIEN, H. (Hrsg.) (1980): Gablers Wirtschafts-Lexikon (Stichwort: Verwaltung, Band VI, Sp. 1962-1966). Wiesbaden.

STAEHLE, W. (1989): Management. Eine verhaltenswissenschaftliche Perspektive. München.

STRUNZ, H. (1988): Die Entwicklung der Verwaltung in exemplarischer Betrachtung, in: HOFMANN, M./HUBER, H./STRUNZ, H. (Hrsg.): Verwaltungsmanagement 1. Ausgewählte Beiträge zur Situation der öffentlichen Wirtschaft und Verwaltung in Österreich, S. 9-40. Wien.

STRUNZ, H. (1989a): Funktionales Management in der öffentlichen Verwaltung, in: Das öffentliche Haushaltswesen in Österreich 1/1989, S. 1-14.

STRUNZ, H. (1989b): Verwaltungsspezifische betriebswirtschaftliche Forschung: Entwicklung und derzeitiger Status, in: Das Wirtschaftsstudium 12/1989, S. 670-672.

STRUNZ, H. (1990a): Organisationsform und Management, in: Journal für Betriebswirtschaft 3-4/1990, S. 161-186.

STRUNZ, H. (1990b): Ökologieorientierte Unternehmensführung, in: io Management Zeitschrift 7-8/1990, S. 54-68.

STRUNZ, H. (1991): Organisation als Determinanten wirtschaftlicher Entwicklung, in: Journal für Entwicklungspolitik 1/1991, S. 1-23.

STRUNZ, H. (1993a): Der Verwaltungsbegriff, in: HOFMANN, M./ZAPOTOCZKY, K./STRUNZ, H. (Hrsg.): Gestaltung öffentlicher Verwaltungen, S. 3-35. Heidelberg.

STRUNZ, H. (1993b): Organisationen als Gegenstand interdisziplinärer Betrachtung, in: HOFMANN, M./ZAPOTOCZKY, H./STRUNZ, H. (Hrsg.): Gestaltung öffentlicher Verwaltungen, S. 137-174. Heidelberg.

STRUNZ, H. (1993c): Umweltmanagement. Konzepte, Probleme, Perspektiven. Wien/New York, NY.

STRUNZ, H./STOCKINGER, C. (1991): Verwaltungsreform aus der Sicht von Mitarbeitern des öffentlichen Dienstes, in: Das öffentliche Haushaltswesen in Österreich 3-4/1991, S. 254-262.

TAYLOR, F.W. (1911): The Principles of Scientific Management. New York, NY.

THIEMEYER, T. (1975): Wirtschaftslehre öffentlicher Betriebe. Reinbek.

THIEMEYER, T. (1989): Instrumentalfunktion öffentlicher Unternehmen, in: Handwörterbuch der Öffentlichen Betriebswirtschaft (HWÖ), Sp. 672-683. Stuttgart.

THOMPSON, J. D. (1967): Organizations in Action. New York, NY.

ULRICH, H. (1970): Die Unternehmung als produktives soziales System. Stuttgart.

WARREN, R. L. (1967): The Interorganizational Field as a Focus for Investigation, in: Administrative Science Quarterly 12/1967, S. 396-419.

WEBER, J. (1988): Einführung in das Controlling. Stuttgart.

WEBER, M. (1922): Wirtschaft und Gesellschaft. Tübingen 1985.

WICKE, L. (1989): Umweltökonomie. München.

WINKLER, G. (1958): Zum Verwaltungsbegriff, in: Österreichische Zeitschrift für öffentliches Recht 1958, S. 66-86.

WISSENSCHAFTLICHE KOMMISSION "ÖFFENTLICHE UNTERNEHMEN UND VERWALTUNGEN" IM VERBAND DER HOCHSCHULLEHRER FÜR BETRIEBSWIRTSCHAFT e.V. (1987): Ziele und Ausbildungskonzepte der Öffentlichen Betriebswirtschaftslehre (Betriebswirtschaftslehre öffentlicher Unternehmen und Verwaltungen), in: Zeitschrift für betriebswirtschaftliche Forschung 1/1987, S. 3-15.

WOLFF, H. J. (1956): Verwaltungsrecht I. München/Berlin.

WOODWARD, J. (1965): Industrial Organization. Theory and Practice. New York, NY.

Übersichtsverzeichnis

Stichwortverzeichnis

www.ingramcontent.com/pod-product-compliance
Lightning Source LLC
LaVergne TN
LVHW042242300926
849161LV00003B/439